Y

| 王向远译学四书 |

日本美学译谭

【王向远】———— 著

九州出版社
JIUZHOUPRESS

图书在版编目（CIP）数据

日本美学译谭／王向远著 . -- 北京：九州出版社，
2021. 11

ISBN 978-7-5225-0726-2

Ⅰ.①日… Ⅱ.①王… Ⅲ.①美学思想—研究—日本
Ⅳ.①B83-093.13

中国版本图书馆 CIP 数据核字（2021）第 249509 号

日本美学译谭

作　　者	王向远　著	
责任编辑	王海燕	
出版发行	九州出版社	
地　　址	北京市西城区阜外大街甲 35 号（100037）	
发行电话	（010）68992190/3/5/6	
网　　址	www.jiuzhoupress.com	
印　　刷	唐山才智印刷有限公司	
开　　本	880 毫米×1230 毫米　32 开	
印　　张	12.25	
字　　数	255 千字	
版　　次	2023 年 1 月第 1 版	
印　　次	2023 年 1 月第 1 次印刷	
书　　号	ISBN 978-7-5225-0726-2	
定　　价	99.00 元	

前　言

　　《日本美学译谭》作为《王向远译学四书》之一，收录的是 2020 年之前作者为自译的十几部日本美学与文论著作所写的译本序跋，共计 14 篇。

　　从中国古代佛典翻译的序、跋、记，到现代各种译作的译本序和后记，随着翻译事业的发展与繁荣，译本序跋形成了一种有着悠久历史的特殊文体。诚然，并不是每一本译作都一定要有译本序跋，由于种种原因，一些译作并没有译本序跋。不过，没有译本序跋，对读者来说观感效果是不一样的。一本译作若没有译本序，就好比一个穿了礼服的绅士没戴帽子；一本译作若没有译本后记，就好像一个人没穿袜子。从这个角度来看，译本序跋对一本译作而言，常常是不可缺少的。大凡有经验的读者，在购读、选择一本译作的时候，往往先是书名吸引了他的注意，然后拿过来翻翻目录，接着就要看看译本序，以此可对译作的大体内容进行初步判断，再翻到最后，看看卷末有无译者后记（跋），以此可对这本译作的来龙去脉有所了解。

　　"译本序"，有的是译者自己写的"译者序"，有的是请别人撰写的"他序"。在中国翻译史上，佛典翻译的一些"序"

"跋""记"，情况就是如此。古代佛典翻译的程序比较复杂，不仅仅是一个翻译的问题，而且也有一个编辑成书的问题，从翻译到付梓的整个过程称为"出经"。因此译本序跋往往并不出自翻译者之手，而是出自负责校勘、修订、出书的人之手，因为他更了解情况。到了现代，就一部经典的、严肃的文学作品或学术著作的译本而言，无论是译者序，还是他序，总是不可或缺的。有的译本序就是译者序，有的译本序是找另外的有研究、有影响的学者来写的。例如，20世纪中后期人民文学出版社、上海译文出版社联合出版的那套著名的外国文学名著译丛，译本序的作者大多是学界名家，而不是译者本人。那时一些翻译家就是纯粹的翻译家，他们习惯于翻译的转换，但似乎不习惯于学术写作，也不为自己的译本作序。

至于我自己，几十年来一直都是努力将翻译与研究结合起来。在选题上，是为了研究而去选择翻译对象，或是因为看准了翻译对象，才决定对它进行研究。换言之，凡是我要翻译的作品，都是我要研究的作品。值得翻译的作品，本身要具有研究的价值。这种意识贯穿于我的翻译与研究的整个过程。而我表达对原作的体悟与见解最便捷的方式方法，也是最容易被读者所接受的方式方法，就是撰写译本序跋。译本序跋不仅是对原作的研究心得，也是作为译者的翻译体验的表达。

译者的体验依赖于原作的细读。在文史哲研究中，人们都在提倡文本细读。但细读的方式与程度有所不同。对本国古籍的校勘、注释，对外国文献经典的翻译，无疑是细读的最为有效的方式方法，尤其字斟句酌的翻译，本身就是一种最严格意义上的细读。因为这种细读容易深入文字的肌理，也容易生发新的感悟。而且，作为译者，是站在自身文化立场进行翻译转换的，因此他往往可以看出、悟出原作者所没有明确意识到的一些东西，发现原作最有价值之处，同时也容易看出其问题与局限。这样的翻译不只是做原作的传声筒，而是能够入乎其内，超乎其外，在翻转中赋予原作新的生命。这样，译本就有了不同于原作的独特价值。

日本美学的翻译尤其需要如此。众所周知，日本文化的一大特色就是其审美文化的发达。审美文化的发达，也自然表现为美学的发达，于是，自古及今，积累了不少现在看来属于美学范畴的原典著作。这些著作依托于日本的各种艺术形式，表现为汉诗论、和歌论、物语论、俳谐论、戏剧（净瑠璃、歌舞伎、狂言等）论等，还表现为茶道、书道、画道等各种"艺道"论，这些均与各时代日本人的审美活动、审美实践密切相关。他们从中国引进了一系列汉语概念，来表达其审美意识与审美体验，同时还形成了一整套日本美学所独有的概念范畴，例如"幽玄""物哀""侘寂""意气（色气、粹）"等基础范畴以及"型""涩味""色气""数奇"等相关概念。这些都极具日本特色，感性火花十分耀眼，感悟极为独到新鲜，包含着丰富的美学意蕴。但由于日本人长于感性思维，而拙于抽象表达，因此在理论与逻辑层面上概括力不够，表达不系统，自觉的体系建构更是薄弱，这就给译者的研究阐发留下了空间。于是，译本序跋的撰写也就有话要说、有话可说了。

收于《日本美学译谭》中的译者序跋，不同于一般的学术论文，是努力将学术论文的原创性、学理性与序跋文的亲和性、可读性结合起来的。作为"译家之言"，各篇都贯穿着译者关于翻译文学尤其是"译文学"的理论与方法，发表了译者对所译日本文学、日本美学作品的体会与见解，传达了翻译活动的甘苦体验。其宗旨不仅是与读者分享日本之文与日本之美，而且还要揭示中日审美文化之间的交流、中国传统美学对日本美学的深刻影响。这不仅是东方美学建构的需要，也是从中国立场出发的东亚审美共同体建构的基础工作。

目 录
CONTENTS

"物哀"是理解日本文学与文化的一把钥匙

——《日本物哀》译本序跋①

一

日本古代文论与日本古代文学一样，有着悠久的传统和丰厚的积淀。一方面，日本文论家常常大量援引中国文学的概念和标准来诠释日本文学，例如在奈良时代旨在为和歌确定标准范式的所谓"歌式"类文章中，在平安时代最早的文学理论文献《〈古今和歌集〉序》中，都大量援引中国古代文论特别是《毛诗序》中的概念与观点，并直接套用于和歌评论。另一方面，在独具日本民族特色的文学创作实践的基础上，日本文学也逐渐形成了一系列独特的文论概念与审美范畴，如：文、道、心、气、诚、秀、体/姿、雅、艳、寂、花/实、幽玄、余情、好色、粹、物哀等。这些概念与范畴大多取自中

---

① 本文是《日本物哀》（本居宣长著，王向远译，吉林出版集团有限责任公司，2010 年）的译本序跋（最后一节为跋）。原题为《"物哀"是理解日本文学与文化的一把钥匙》。

国，或多或少地受到了中国哲学、美学、文学与文论的影响，但经过日本人的改造，都确立了不同于中国的特殊的内涵与外延，并且在理论上自成体系。其中，产生于日本近世（17 世纪后的江户时代）的相关概念极少受到中国影响，属于日本本土性的文论范畴，"物哀"便是其中之一。

"物哀"① 是日本传统文学、诗学、美学理论中的一个重要概念。可以说，不了解"物哀"就不能把握日本古典文论的精髓，就难以正确深入地理解以《源氏物语》、和歌、能乐等为代表的日本古典文学，就无法认识日本文学的民族特色，不了解"物哀"也很难全面地进行日本文论及东西方诗学的比较研究。中国的一些日本文学翻译与研究者，较早就意识到了"物哀"及其承载的日本古典文学、文论观念的重要性。早在 1980 年代初，我国的日本文学翻译与研究界就对"物哀"这个概念如何翻译、如何以中文来表达，展开过研究与讨论，大体上可以归纳为两种意见。一种意见认为"物哀"是一个日语词，要让中国人理解，就需要翻译成中文，如李芒先生在《"物のあわれ"汉译探索》② 一文中，就主张将"物のあわれ"译为"感物兴叹"。李树果先生在随后发表的《也谈"物のあわれ"的汉译》③ 中表示赞同李芒先生的翻译，但又认为可以翻译得更为简练，应译为"感物"或"物感"。后

---

① 日文写作"物の哀"或"もののあわれ"，读作"mononoaware"。
② 李芒：《"物のあわれ"汉译探索》，《日语学习与研究》1985 年第 6 期。
③ 李树果：《也谈"物のあわれ"的汉译》，《日语学习与研究》1986 年第 2 期。

来，佟君先生的《日本古典文艺理论中的“物之哀”浅论》①一文，也在基本同意李芒译法的基础上，主张将“感物兴叹”译为“感物兴情”等。有些学者没有直接参与“物哀”翻译的讨论，但在自己的有关文章或著作中，也对“物哀”做出了解释性的翻译。例如1920年代谢六逸先生在其《日本文学史》一书中，将“物哀”译为“人世的哀愁”，1980年代刘振瀛（佩珊）先生翻译的西乡信纲等《日本文学史》则将“物哀”译为“幽情”，吕元明在《日本文学史》一书中则译为“物哀怜”，赵乐甡在翻译铃木修次的《中国文学与日本文学》一书时，将“物哀”翻译为“愍物宗情”。另有一些学者不主张将“物哀”翻译为中文，而是直接按日文表述为“物之哀”或“物哀”。例如，叶渭渠先生在翻译理论与实践中一直主张使用“物哀”，陈泓先生认为“物哀”是一个专门名词，还是直译为“物之哀”为好，赵青认为，还是直接写作“物哀”，然后再加一个注释即可②。笔者在1990年的一篇文章《“物哀”与〈源氏物语〉的审美理想》③及其他相关著作中，也不加翻译直接使用了“物哀”。

从中国翻译史与中外语言词汇交流史上看，引进日本词汇与引进西语词汇，其途径与方法颇有不同。引进西语的时候，无论是音译还是意译，都必须加以翻译，都须将拼音文字转换

---

① 佟君：《日本古典文艺理论中的“物之哀”浅论》，《中山大学学报（社会科学版）》1999年第6期。
② 赵青：《“物のあわれ”译法之我见》，《日语学习与研究》1989年第3期。
③ 王向远：《“物哀”与〈源氏物语〉的审美理想》，《日语学习与研究》1990年第1期。

为汉字，而日本的名词概念绝大多数是用汉字标记的。就日本古代文论而言，相关的重要概念，如"幽玄""好色""风流""雅""艳"等，都是直接使用汉字标记，对此我们不必翻译，如果勉强去"翻译"，实际上也不是真正的"翻译"，而是"解释"。解释虽有助于理解，但往往会使词义增值或改变。清末民初我国从日本引进的上千个所谓"新名词"，实际上都不是"翻译"过来的，而是直接按汉字引进来的，如"干部""个人""人类""抽象""场合""经济""哲学""美学""取缔"等等，刚刚引进时一些人看着不顺眼、不习惯，但汉字所具有的会意的特点，也使得每一个识字的人都能大体上直观地理解其语义，故能使之很快融入汉语的词汇系统中。具体到"物哀"也是如此。将"物哀"翻译为"感物兴叹""感物""物感""感物触怀""愍物宗情"乃至"多愁善感""日本式的悲哀"等，都多少触及了"物哀"的基本语义，但却很难表现出"物哀"的微妙蕴含。

要具体全面了解"物哀"究竟是什么，就必须系统地研读18世纪的日本著名学者、"国学"泰斗本居宣长的相关著作。

二

本居宣长（1730—1801年）生于伊势松坂富裕商人之家，幼名小津富之助，通称弥四郎，实名荣贞，26岁后改实名为宣长，曾号石上散人、芝兰等，别号铃屋。宣长自幼好学，23

岁到京都学医，主攻汉方（中医学），同时师从医生与儒学家堀景山学儒学与汉学，又受国学家契冲的影响立志研究日本古典。1757 年（宝历七年），本居宣长回乡行医，同时潜心研究《源氏物语》等平安朝文学。1763 年（宝历十三年）与国学名家贺茂真渊相识并在真渊的影响与指导下，为探索古代日本人的精神世界，开始研究《万叶集》《古事记》，撰写出了研究和歌的论著《石上私淑言》（1763 年）、研究鉴赏《万叶集》的《万叶集玉小琴》（1779 年）、研究《源氏物语》的《紫文要领》（1763 年）和《源氏物语玉小栉》（1796 年）等，此外还有大量关于音韵学、文字学、历史学、政治学等方面的著作以及和歌、散文等作品。至晚年（1799 年）完成了研究《古事记》的鸿篇巨制《古事记传》四十四卷。本居宣长一生著作等身，多达九十种，是公认的日本"国学"的集大成者。

本居宣长在对日本传统的物语文学、和歌的研究与诠释中，首次对"物哀"这个概念做了系统深入的发掘、考辨、诠释与研究。

在研究和歌的专著《石上私淑言》一书中，本居宣长认为和歌的宗旨是表现"物哀"，为此，他从辞源学角度对"哀"（あはれ）、"物哀"（もののあはれ）进行了追根溯源的研究。他认为，在日本古代，"あはれ"（aware）是一个感叹词，用以表达高兴、兴奋、激动、气恼、哀愁、悲伤、惊异等多种复杂的情绪与情感。日本古代只有言语没有文字，汉字输入后，人们便拿汉字的"哀"字来书写"あはれ"，但

"哀"字本来的意思（悲哀）与日语的"あはれ"并不十分吻合。"物の哀"则是后来在使用的过程中逐渐形成的一个固定词组，使"あはれ"这个叹词或形容词实现了名词化。本居宣长对"あはれ"及"物の哀"进行了词源学、语义学的研究与阐释，从和歌作品中进行了大量的例句分析，呈现出了"物哀"一词从形成、演变，到固定的轨迹，使"物哀"由一个古代的感叹词、名词、形容词而转换为一个重要概念，并使之范畴化、概念化。

几乎与此同时，本居宣长在研究《源氏物语》的专著《紫文要领》一书中，以"物哀"概念对《源氏物语》做了前所未有的全新解释。他认为，长期以来人们一直站在儒学、佛学的道德主义立场上，将《源氏物语》视为"劝善惩恶"的道德教诫之书，而实际上，以《源氏物语》为代表的日本古代物语文学的写作宗旨是"物哀"和"知物哀"，而绝非道德劝惩。从作者的创作目的来看，《源氏物语》就是表现"物哀"；从读者的接受角度看，就是要"知物哀"（"物の哀を知る"）。本居宣长指出："每当有所见所闻，心即有所动。看到、听到那些稀罕的事物、奇怪的事物、有趣的事物、可怕的事物、悲痛的事物、可哀的事物，不只是心有所动，还想与别人交流与共享。或者说出来，或者写出来，都是同样。对所见所闻，感慨之，悲叹之，就是心有所动。而心有所动，就是'知物哀'。"本居宣长进而将"物哀"及"知物哀"分为两个方面，一是感知"物之心"，二是感知"事之心"。所谓的"物之心"主要是指人心对客观外物（如四季自然景物）的感受，所谓"事之心"主要是指通达人际与人情，"物之心"与"事之心"合起来就是感知"物心人情"。他举例说，看见异常美丽的樱花开放，觉得美丽可爱，这就是知"物之心"；见樱花之美，从而心生感动，就是"知物哀"。反过来说，看到樱花无动于衷，就是不知"物之心"，就是不知"物哀"。再如，能够体察他人的悲伤，就是能够察知"事之心"，而体味别人的悲伤心情，自己心中也不由地有悲伤之感，就是"知物哀"。"不知物哀"者对这一切都无动于衷，看到他人痛不欲生毫不动情，是不通人情的人。他强调指出："世上万事万物，形形色色，不论是目之所及，抑或耳之所闻，抑或身之所触，都收纳于心，加以体味，加以理解，这就是知物哀。"综合本居宣长的论述可以看出，"物哀"及"知物哀"就是由外在事物的触发引起的种种感情的自然流露，就是对自然人性的广泛的包容、同情与理解，其中没有任何功利目的。

在《紫文要领》中，本居宣长进而认为，在所有的人情中，最令人刻骨铭心的就是男女恋情。在恋情中，最能使人"物哀"和"知物哀"的是背德的不伦之恋，亦即"好色"。本居宣长认为："最能体现人情的，莫过于'好色'。因而'好色'者最感人心，也最知'物哀'。"《源氏物语》中绝大多数的主要人物都是"好色"者，都有不伦之恋，包括乱伦、诱奸、通奸、强奸、多情泛爱等，由此而引起的期盼、思念、兴奋、焦虑、自责、担忧、悲伤、痛苦等，都是可贵的人情。只要是出自真情，都无可厚非，都属于"物哀"，都能使读者"知物哀"。由此，《源氏物语》表达了与儒教、佛教完全不同的善恶观，即以"知物哀"为善，以"不知物哀"为恶。看上去《源氏物语》对背德之恋似乎是津津乐道，但那不是对背德的欣赏或推崇，而是为了表现"物哀"。本居宣长举例说：将污泥浊水蓄积起来，并不是要欣赏这些污泥浊水，而是为了栽种莲花。如要欣赏莲花的美丽，就不能没有污泥浊水。写背德的不伦之恋正如蓄积污泥浊水，是为了得到美丽的"物哀之花"。因此，《源氏物语》中的那些道德上有缺陷、有罪过的离经叛道的"好色"者，都是"知物哀"的好人。例如源氏一生风流好色成性，屡屡离经叛道，却一生荣华富贵并获得了"太上天皇"的尊号。相反，那些道德上的卫道士却被写成了"不知物哀"的恶人。所谓劝善惩恶，就是写善有善报，恶有恶惩，使读者生警诫之心，而《源氏物语》绝不可能成为"好色"的劝诫。假如以劝诫之心来阅读《源氏物语》，对"物哀"的感受就会受到遮蔽，因而教诫之论是理解《源氏物语》的"魔障"。

就这样，本居宣长在《源氏物语》的重新阐释中完成了"物哀论"的建构，并从"物哀论"的角度，彻底颠覆了日本的《源氏物语》评论与研究史上流行的、建立在中国儒家学说基础上的"劝善惩恶"论及"好色之劝诫"论。他强调，《源氏物语》乃至日本传统文学的创作宗旨、目的就是"物哀"，即把作者的感受与感动如实表现出来与读者分享，以寻求他人的共感并由此实现审美意义上的心理与情感的满足，除此之外没有教诲、教训读者等任何功用或实利的目的。读者的审美宗旨就是"知物哀"，只为消愁解闷、寻求慰藉而读，也没有任何其他功用的或实利的目的。在本居宣长看来，"物哀"与"知物哀"就是感物而哀，就是从自然的人性与人情出发，不受伦理道德观念束缚，对万事万物包容、理解、同情与共鸣，尤其是对思恋、哀怨、寂寞、忧愁、悲伤等使人挥之不去、刻骨铭心的心理情绪有充分的共感力。"物哀"与"知物哀"就是既要保持自然的人性，又要有良好的情感教养，要有贵族般的超然与优雅，女性般的柔软、柔弱、细腻之心，要知人性、重人情、可人心、解人意、富有风流雅趣。用现代术语来说，就是要有很高的"情商"。这既是一种文学审美论，也是一种人生修养论。本居宣长在《初山踏》中说："凡是人，都应该理解风雅之趣。不解情趣，就是不知物哀，就是不通人情。"在他看来，"知物哀"是一种高于仁义道德的人格修养特别是情感修养，是比道德劝诫、伦理说教更根本、更重要的功能，也是日本文学有别于中国文学的道德主义、合理主义倾向的独特价值之所在。

"物哀论"的提出有着深刻的历史文化背景。它既是对日本义学民族特色的概括与总结，也是日本文学发展到一定阶段后，试图摆脱对中国文学的依附与依赖，确证其独特性、寻求其独立性的集中体现，标志着日本文学观念的一个重大转折。

历史上，由于感受到中国的强大存在并接受中国文化的巨大影响，日本人较早形成了国际感觉与国际意识，产生了朴素的比较文学与比较文化观念。日本的文人学者谈论文学与文化上的任何问题，都要拿中国做比较，或者援引中国为例来证明日本某事物的合法性，或者拿中国做基准来对日本的某事物做出判断。一直到 16 世纪后期的丰臣秀吉时代之前，日本人基本上是将中国文化与中国文学作为价值尺度、楷模与榜样，以此比照日本自身。但丰臣秀吉时代之后，由于中国明朝后期国力衰微并最终为"蛮夷"（清朝）所灭，中国文化出现严重的禁锢与僵化现象，而江户时代日本社会经济繁荣，武士集团日益强悍，于是日本人心目中的中国偶像破碎了。他们虽然对中国古代文化（特别是汉唐文化及宋文化）仍然尊崇，江户时代幕府政权甚至将来自中国的儒学作为官方意识形态，使儒学及汉学出现了前所未有的繁荣，但同时却又普遍对现实中的中国（明、清两代）逐渐产生了蔑视心理。在政治上，幕府疏远了中国，还怂恿民间势力结成倭寇，以武装贸易的方式屡屡骚扰进犯中国东南沿海地区。在这种情况下，不少日本学者把来自中国的"中华意识"与"华夷观念"加以颠倒和反转，彻底否定了中华中心论，将中国作为"夷"或"外朝"，而称自己为"中国""中华""神州"并从各个方面论证日本文化如何优越于汉文化。特别是江户时代兴起的日本"国学"，从契冲、荷田春满、贺茂真渊、本居宣长到平田笃胤，其学术活动的根本宗旨就是在《万叶集》《古事记》《日本书纪》《源氏物语》等日本古典的注释与研究中极力摆脱"汉意"，寻求和论证日本文学与文化的独特性，强调日本文学与文化的优越性，从而催生了一股强大的复古主义和文化民族主义思潮。这股思潮将矛头直指中国文化与中国文学，直指中国文化与文学的载体——汉学，直指汉学中所体现的所谓"汉意"即中国文化观念。"物哀论"正是在日本本土文学观念意欲与"汉意"相抗衡的背景下提出来的。

三

正因为"物哀论"的提出与日中文学、文化之间的角力有着密切的关联，所以，只有对日本与中国的文学、文化加以比较，只有对中国文学观念加以否定与批判，只有对日本文学与日本文化的优越性加以突显与张扬，"物哀论"才能成立。从这一角度看，本居宣长的"物哀论"很大程度上就是他的日中比较文学和比较文化论。

在本居宣长看来，日本文学中的"物哀"是对万事万物的一种敏锐的包容、体察、体会、感觉、感动与感受，这是一种美的情绪、美的感觉、感动与感受，这一点与中国文学中的理性文化、理智文化、说教色彩、伪饰倾向都迥然不同。

在《石上私淑言》第63至66节中，本居宣长将中国的"诗"与日本的"歌"做了比较评论，认为诗与歌二者迥异其趣。中国之"诗"在《诗经》时代尚有淳朴之风，多有感物兴叹之篇，但中国人天生喜欢"自命圣贤"，再加上儒教经学在中国无孔不入，区区小事也要谈善论恶，辨别是非。随着岁月推移，此种风气越演越烈，诗也堕入生硬说教之中，虽有风雅，但常常装腔作势；虽有感物兴叹之趣，但往往刻意而为，看似堂而皇之，却不能表现真情实感。本居宣长接着谈到了中国诗歌何以如此的原因，他认为这是中国的社会政治使然："中国不是日本这样的神国，从远古时代始，坏人居多，暴虐无道之事不绝如缕，动辄祸国殃民，世道多有不稳。为了治国安邦，他们绞尽脑汁，想尽了千方百计试图寻找良策，于是催生出一批批谋略之士，上行下效，以至无论何事，都作一本正经、深谋远虑之状，费尽心机，杜撰玄虚理论，对区区小事，也论其善恶好坏。流风所及，使该国上下人人自命圣贤，而将内心软弱无靠的真情实感深藏不露，以流露儿女情长之心为耻，更何况赋诗作文，只写堂而皇之的一面，使他人完全不见其内心本有的软弱无助之感。这是治国安邦之道所致，乃虚伪矫饰之情，而非真情实感。"在该书第74节中，本居宣长指出：与中国的诗不同，日本的和歌"只是'物哀'之物，无论好事坏事，都将内心所想和盘托出，至于这是坏事、那是坏事之类，都不会事先加以选择判断……和歌与这种道德训诫毫无关系，它只以'物哀'为宗旨，而与道德无关，所以和歌对道德上的善恶不加甄别，也不做任何判断。当然，这也并不是视恶为善、颠倒是非，而只是以吟咏出'物哀'之歌为至善"。

在《紫文要领》中，本居宣长又从物语文学的角度，比较说明了日本文学与中国文学对人的真实感情的不同表现。他认为人的内心本质就像女童那样幼稚、愚懦和无助，坚强而自信不是人情的本质，常常是表面上有意假装出来的。如果深入其内心世界，就会发现无论怎样的强人，内心深处都与女童无异，对此不可引以为耻加以隐瞒。日本文学中的"物哀"就是一种弱女子般的感情表现，《源氏物语》正是在这一点上对人性做了真实深刻的描写，作者只是如实表现人物的脆弱无助的内心世界，让读者感知"物哀"。而中国人写的书仿佛是照着镜子涂脂抹粉、刻意打扮，看上去冠冕堂皇、慷慨激昂，一味表现其如何为君效命、为国捐躯的英雄壮举，但实际上是装腔作势、有所掩饰，无法表现人情的真实。进而，本居宣长将日本作家"物哀"的低调和谦逊，与中国书籍中好为人师、冠冕堂皇的高调说教加以比较，凸现日本文学的主情主义与中国文学的教训主义之间的差异。在《紫文要领》中，本居宣长认为，将《源氏物语》与《紫式部日记》联系起来看，可知紫式部博学多识，但她的为人、为文都相当低调，讨厌卖弄学识，炫耀自己，讨厌对他人指手画脚地说教，讨厌讲大道理，认为一旦炫耀自己，一旦刻意装作"知物哀"，就很"不知物哀"了。因此，《源氏物语》通篇没有教训读者的意图，也没有讲大道理的痕迹，唯有以情动人而已。

在《石上私淑言》第 85 节中，本居宣长还从日中文学的差异进一步论述了日本人与中国人的宗教信仰、思维方式、民族性格差异。他认为，中国人喜欢"讲大道理"，以一己之心来推测世间万物，认为天地之间万事万物都应符合自己设定的道理，而对于一些与道理稍有不合的事物便加以怀疑，认为它不应存在。在本居宣长看来，中国人的这种思维方式是很不可靠的。因为天地之理并非人的浅心所能囊括，有很多事情都是那些大道理所不能涵盖的。他认为日本从神代以来，就有各种各样不可思议的灵异之事，用中国的书籍则难以解释，后世也有人试图按中国的观念加以合理解释，结果更令人莫名其妙，也从根本上背离了神道。他认为这就是中国的"圣人之道"

与日本的"神道"的区别。他说:"日本的神不同于外国的佛和圣人,不能拿世间常理对日本之神加以臆测,不能拿常人之心来窥测神之御心并予以善恶判断。天下所有事物都出自神之御心,出自神的创造,因而必然与人的想法有所不同,也与中国书籍中所讲的大道理多有不合。所幸我国天皇完全不为那种大道理所束缚,并不自命圣贤对人加以训诫,一切都以神之御心为准则,以此统治万姓黎民。而天下黎民也将天皇御心作为自心,靡然而从之,这就叫作'神道'。所以,'歌道'也必须抛弃中国书籍中讲的那些大道理,并以'神道'为宗旨来思考问题。"在本居宣长看来,日本的"神道"是一种感情的依赖、崇拜与信仰,是神意与人心的相通,神道不靠理智的说教,而靠感情与"心"的融通,依凭于神道的"歌道"也不做议论与说教,只是真诚情感的表达。

由上可见,本居宣长的"物哀"论及其立论过程中的日中文化与文学比较论,大体抓住并突显了日本文学与中国文学的某些显著的不同特点,特别是指出了中国文学中无处不在的泛道德主义,日本文学中的以"物哀"为审美取向的情绪性、感受性的高度发达,是十分具有启发性的概括,但他的日中比较是为价值判断的需要而进行的,是刻意凸现两者差异的反比性的比较,而不是建立在严谨的实证与逻辑分析基础之上的科学的比较,因而带有强烈的主观性,有些结论颇有片面偏激之处,例如他断言中国诗歌喜欢议论说教、慷慨激昂、冠冕堂皇,虽不无道理,但也难免以偏概全。实际上中国文学博大精深,风格样式复杂多样,很难一言以蔽之,如对以抒写儿女情长为主的婉约派宋词显然就不能如此概括。从根本上看，本居宣长是在"皇国优越"论的预设前提下进行日中比较的，他在《玉胜间》第373篇中声称："我们皇国比许多国家都要优秀。越是了解了许多国家，越是有助于感受皇国的优越。"他的日中比较要导出的正是这样一个结论。

四

本居宣长要证明日本的优越，就要贬低中国；为了说明日本与中国如何不同并证明日本的独特，就要切割日本与中国文化上的渊源关系。本居宣长的"物哀论"的立论过程及日中文学与文化的对比，明显体现了这样一个根本意图，那就是彻底清除日本文化中的中国影响即所谓的"汉意"，以日本的"物哀"对抗"汉意"，从确认日本民族的独特精神世界开始，确立日本民族的根本精神，即寄托于所谓"古道"中的"大和魂"。

在学术随笔集《玉胜间》中，本居宣长描述了"汉意"对日本人的渗透程度并做了一个判断，他认为："所谓汉意，并不是只就喜欢中国、尊崇中国的风俗人情而言，而是指世人万事都以善恶论，都要讲一通大道理，都受汉籍思想的影响。这种倾向，不仅是读汉籍的人才有，即便一册汉籍都没有读过的人也同样具有。照理说不读汉籍的人就不该有这样的倾向，但万事都以中国为优，并极力学习之，这一习惯已经持续了千年之久，汉意也自然弥漫于世，深入人心，以致成为一种日常的下意识。即便自以为'我没有汉意',或者说'这不是汉意,而是当然之理',实际上也仍然没有摆脱汉意。"他举例说,在中国,无论是人生的祸福、国家的治乱,世间万事都以所谓"天道""天命""天理"加以解释,这是因为中国人眼里没有"神",真正的"神道"湮灭不传,《古事记》所记载的神创造了天地、国土与万物,神统治着世间的一切,对此中国人完全不能理解,所以就只能拎出"天道""天命""天理"之类的抽象概念来解释一切。而长期以来,在对日本最古老的典籍《古事记》《日本书纪》的研究中,许多日本学者一直拿中国人杜撰的"太极""无极""阴阳""乾坤""八卦""五行"等一大套繁琐抽象的概念理论加以牵强附会的解释,从而对《古事记》神话的真实性产生了怀疑。在本居宣长看来,对神的作为理解不了,便认为是不合道理,这就是"汉意"在作怪。

正是意识到了"汉意"在日本渗透的严重性与普遍性,本居宣长便将清除"汉意"作为文学研究与学术著述的基本目的之一,一方面在日中文学的比较中论证"汉意"的种种弊端,另一方面则努力论证以"物哀"为表征的"大和魂"与作为"大和魂"之归依的日本"古道"之优越。换言之,对本居宣长来说,对"物哀"精神的弘扬是为了清除"汉意",清除"汉意"是为了突显"大和魂",突显"大和魂"是为了归依"古道",而学问研究的目的正是为了弘扬"古道"。所谓"古道",就是"神典"(《古事记》《日本书纪》)所记载的、未受中国文化影响的诸神的世界,也就是与中国"圣人之道"完全不同的"神之道",亦即神道教的传统。在本居宣长看来,日本不同于中国的独特的审美文化与精神世界,是在物语、和歌中所表现出的"物哀"。"物哀"是"大和魂"的文学表征,而"大和魂"的源头与依托则是所谓"古道"。因此,本居宣长的"物哀"论又与他的"古道"论密不可分。

在《初山踏》中,本居宣长认为"汉意"遮蔽了日本的"古道",因此他强调:"要正确地理解日本之'道',首先就需要将'汉意'彻底加以清除。如果不彻底加以清除,则难以理解'道'。初学者首先要从心中彻底清除'汉意'而牢牢确立'大和魂',就如武士奔赴战场前首先要抖擞精神、全副武装一样。如果没有确立这样坚定的'大和魂',那么读《古事记》《日本书纪》时,就如临阵而不戴盔甲,仓促应战,必为敌人所伤,必定堕入'汉意'。"在《玉胜间》第23篇中他又说:"做学问,是为了探究我国古来之'道',所以首先要从心中祛除'汉意'。倘若不把'汉意'从心中彻底干净地除去,无论怎样读古书、怎样思考,也难以理解日本古代精神。不理解古代之心,则难以理解古代之'道'。"不过,本居宣长也意识到,要清除"汉意",必得了解"汉意"。在本居宣长那里,"汉意"与"大和魂"是一对矛盾范畴,没有"汉意"的比照,也就没有"大和魂"的凸显。所以,本居宣长虽然厌恶"汉意",但在《初山踏》中也主张做学问的人要阅读汉籍。同时他又强调:一些人心中并未牢固确立"大和魂",读汉文则会被其文章之美所吸引,从而削弱了"大和魂"；如果能够确立"大和魂"不动摇，不管读多少汉籍，也不必担心被其迷惑。在《玉胜间》第 22 篇中，本居宣长认为：有闲暇应该读些汉籍，因为汉籍可以反衬出日本文化的优越，不读汉籍就无从得知"汉意"有多不好，知道"汉意"有多不好，也是坚固"大和魂"的一种途径。

本居宣长反复强调"汉意"对日本广泛深刻的渗透，就是承认了"汉意"对日本的广泛深刻的影响，但另一方面却又千方百计地否定中国文学对日本文学的影响。

在《石上私淑言》等著作中，本居宣长认为在古老的"神代"，各地文化大致相同，日本有着自己独特的言语文化，与中国文化判然有别，并未受中国影响。奈良时代后，虽然中国书籍及汉字流传到日本，但文字是为使用的方便而借来的，先有言语（语音），后有文字书写（记号），语音是主，文字是仆，日语独特的语音中包含着"神代"所形成的日本人之"心"。即使后世许多日本人盲目学习中国，但日本与中国的不同之处也很多。在该书第 68 节中，本居宣长强调，和歌作为纯粹日本的诗歌样式是在"神代"自然产生的独特的语言艺术，不夹杂任何外来的东西，丝毫未受中国自命圣贤、老道圆滑、故作高深之风的污染，一直保持着神代日本人之"心"，保持神代的"意"与"词"。和歌心地率直、词正语雅，即便夹杂少量汉字汉音，也并不妨碍听觉之美，而模仿唐诗而写诗的日本人同时也作和歌，和歌与汉诗两不相扰，和歌并未受汉诗影响而改变其"心"，也未受世风影响而改变其本。在《紫文要领》中，本居宣长认为："物语"也是日本文学中一种特殊的文学样式，没有受到中国文化的污染与影响，与来自中国的儒教、佛教之书大异其趣，此前一些学者认为《源氏物语》"学习《春秋》褒贬笔法"，或者说《源氏物语》"总体上是以庄子寓言为本"，有人认为《源氏物语》的文体"仿效《史记》笔法"，甚至有人臆断《源氏物语》"学习司马光的用词，对各种事物的褒贬与《资治通鉴》的文势相同"，等等之类，都是拿中国的书对《源氏物语》加以比附，是张冠李戴、强词夺理的附会之说。诚然，如本居宣长所言，像此前的一些日本学者那样，以中国影响来解释所有的日本文学现象是牵强的、不科学的。然而，本居宣长却矫枉过正，走向了另一个极端，一概否定中国影响。现代的学术研究已经证明，《古事记》及所记载的日本的"神代"文化本身，就不纯粹是日本固有的东西，而是有着大量的大陆文化影响印记，而和歌、物语等日本文学的独特样式中也包含了大量中国文学的因子。抱着这种与中国断然切割的态度，本居宣长不仅否定日本古代文学所受中国影响，而且对自己学术所受中国影响也矢口否认。例如，当时一些评论者就指出，本居宣长的"古道"论依据的是中国老子的学说，但本居宣长却在《玉胜间》第410篇中辩解说：中国的老子对"皇国之道"一无所知，自己的"道"与老子没有关系，两者仅仅是看上去"不谋而合"罢了。平心而论，日本古代语言中原本就没有"道"（どう）字，连"道"字这个概念都来自中国，怎能说对日本之"道"没有影响？本居宣长与老子相隔数千年，如何"不谋而合"呢？

无论如何，中国文学对日本文学，包括物语与和歌的广泛而深刻的影响是不可否认的事实。本居宣长对中国影响的否定不是科学的学术判断，而是出于自己的民族主义、复古主义思想主张的需要。正因为如此，"物哀论"的确立一方面对本居宣长而言解决了《源氏物语》乃至日本古典文学研究诠释中的自主性问题，另一方面反映了本居宣长及18世纪的日本学者力图摆脱"汉意"即中国影响，从而确立日本民族独立自主意识的明确意图。"物哀论"的确立就是日本文学独立性、独特性的确立，也是日本文化独立性、独特性确立的重要步骤，它为日本文学摆脱汉文学的价值体系与审美观念，准备了逻辑的和美学的前提。

五

从世界文学史、文学理论史上看，"物哀论"既是日本文学特色论，也具有普遍的理论价值。在世界各国古典文论及其相关概念范畴中，论述文学与人的感情的理论与概念不知凡几，但与"物哀"在意义上大体一致的概念范畴似乎没有。

例如，古希腊柏拉图的"灵感说""迷狂说"与"物哀论"一样，讲的都是作家创作的驱动力与情感状态，但"灵感说"与"迷狂说"解释的是诗人创作的奥秘，而"物哀"强调的则是对外物的情绪感受。"物哀"源自个人的内心，"灵感说"与"迷狂说"来自神灵的附体；"灵感说"是神秘主义的，"物哀论"是情感至上主义的。古希腊亚里士多德的

"卡塔西斯"讲的是戏剧文学对人的情感的净化与陶冶，"卡塔西斯"追求的结果是使人获得道德上的陶冶与情感上的平衡与适度，而"物哀"强调的则是不受道德束缚的自然感情，绝不要求情感上的适度中庸，甚至理解并且容许、容忍情感情欲上的自然失控，如果这样的情感能够引起"物哀"并使读者"知物哀"的话。

印度古代文学中的"情味"概念，也把传达并激发人的各种感情作为文学创作的宗旨，但"情味"要求文学特别是戏剧文学将观众或读者的艳情、悲悯、恐惧等人的各种感情，通过文学形象塑造激发出来，从而获得满足与美感。这与日本的"物哀论"讲的都是作品与接受者的审美关系，在功能上是大体一致的。然而印度的"情味"论带有强烈的婆罗门教的宗教性质，人的"情味"是受神所支配的，文学作品中男女人物的关系及其感情与情欲，往往也不是常人的感情与情欲，而是"神人交合""神人合一"的象征与隐喻。日本的"物哀论"虽然与日本古道、神道教有关，但"物哀论"本身却不是宗教性的。本居宣长推崇的"神代"的男女关系，是不受后世伦理道德束缚的自然的男女关系与人伦情感，"物哀论"不是"神人合一"而是"物我合一"。另外，印度的"情味"论强调文学作品的程式化与模式化特征，将"情"与"味"做了种类上的繁琐而又僵硬的划分，这与强调个人化的、情感与感受之灵动性的"物哀论"，也颇有差异。

中国古代文论中的"物感""感物""感兴"等，与本居宣长的"物哀论"在表述上有更多的相通之处，指的都是诗人、作家对外物的感受与感动。"感物"说起于秦汉，贯穿整个中国古代文论史，在理论上相当系统和成熟，而日本的"物哀论"作为一种理论范畴的提出则晚在18世纪。虽然本居宣长一再强调"物哀"的独特性，但也很难说没有受到中国文论的影响。"物哀论"与刘勰《文心雕龙》中的"人禀七情，应物斯感，感物咏志，莫非自然"，与钟嵘《诗品序》中的"气之动物，物之感人，故摇荡性情，形诸歌咏"，尤其是与陆机《赠弟士龙诗序》中所说的"感物兴哀"，在涵义和表述上都非常接近。但日本"物哀"中的"物"与中国文论中"感物"论中的"物"的内涵外延都有不同。中国的"物"除自然景物外，也像日本的"物哀"之"物"一样包含着"事"，所谓"感于哀乐、缘事而发"（《汉书·艺文志》）；但日本的"物哀"中的"物"与"事"，指的完全是与个人情感有关的事物，而中国的"感物"之"物"（或"事"）更多侧重社会政治与伦理教化的内容。中国的"感物"论强调感物而生"情"，这种"情"是基于社会理性化的"志"基础上的"情"，是社会化、伦理化的情志合一、情理合一；但日本"物哀论"中的"情"及"人情"则主要是指人的与理性、道德观念相对立的自然感情即私情。中国"感物"的感情表现是"发乎情，止乎礼仪"，"乐而不淫，哀而不伤"；而日本的"物哀"的情感表现则是发乎情、止乎情，乐而淫、哀而伤。此外，日本"物哀论"与中国明清诗论中的"情景交融"或"情景混融"论也有相通之处，但"情景交融"论属于中国独特的"意境"论的范畴，讲的是审美主体与审美客体的关系，主体使客体诗意化、审美化，从而实现主客体的契合与统一，达成中和之美。"物哀论"的重点则不在主体与客体、"情"与"境"的关系，而是侧重于作家作品对人性与人情的深度理解与表达，并且特别注重读者的接受效果，也就是让读者"知物哀"，在人所难免的行为失控、情感失衡的体验中加深对真实的人性与人情的理解，实现作家作品与读者之间的心灵共感。

中国明代异端思想家李贽的"童心说"，在许多方面与本居宣长的"物哀论"相同。"童心说"反对儒学特别是程朱理学，这与本居宣长"物哀论"反对儒学及朱子学是完全一致的。"童心说"的"童心"又称"真心"，与本居宣长"物哀论"所说的"心"及"诚之心"意思相同，都是指未受伦理教条污染的本色的人性与人情。"童心说"认为"童心"的丧失是由于"道理闻见"，是"读书识义理"的结果，读了儒家之书，丧失了童心，人就成了"假人"，言就成了"假言"，事就成了"假事"，文就成了"假文"，而本居宣长的"物哀论"也认为读儒佛之书会丧失"诚之心"。李贽先于本居宣长约一百年，明代学术文化对江户时代的日本有较大影响，在反正统儒学的问题上，本居宣长的"物哀论"与李贽的"童心说"是不约而同的，抑或是前者受到后者的影响，尚值得探讨与研究。

本居宣长的"物哀论"与几乎同时期以卢梭为代表的"自然人性论""返回自然论"等，作为一种生存哲学与人生价值论也有一定的共通之处，反映了17—18世纪东西方市民阶级形成后，某些不约而同的冲破既成道德伦理的禁锢，解放情感、解放思想、返璞归真的要求。但卢梭的"自然人性论""返回自然论"是一种"反文学"的理论，因为他认为现代文明特别是科学及文学艺术败坏了自然人性，这与"物哀论"肯定文学对人性与人情的滋润与涵养作用是完全不同的。

总之，"物哀论"既是独特的日本文学论，也与同时期世界其他国家的文论具有一定的共通性，它涉及文学价值论、审美判断论、创作心理与接受心理论、中日文学与文化比较论等，从世界文论史、比较文学史上看也具有普遍的理论价值。但长期以来，由于"西方中心主义"及"中西中心主义"的强势氛围，东方比较文论与比较诗学未能深入展开，日本的"物哀论"也没有纳入比较诗学与文学理论的研究视野。这与本居宣长作品的汉译一直缺位也有一定关系。笔者翻译此书，不仅想为中国读者了解日本文学特别是和歌与物语提供必读文献，也想为日本文论、比较诗学与比较文论的研究提供一份重要的文本资料。

六

在国家社科基金项目《日本古典文论选译》的编译过程中，我深感 18 世纪日本最重要的"国学家"本居宣长的文论博大精深、自成体系，具有鲜明的日本民族特色，很有必要在《日本古典文论选译》之外翻译出版一个单行本。为此，我在紧张的写作安排中拿出了五个月的时间，集中精力译成此书。

在选题上以"物哀论"为中心，突出其比较文学与比较文化的视角，力求反映本居宣长学术思想的最重要的方面。

本着这一选题原则，我认为《紫文要领》与《石上私淑言》两书是集中体现"物哀论"的代表作。前者是物语研究，后者是和歌研究，各有侧重，应该纳入选译范围。

本居宣长从物语研究的角度论述"物哀"的主要有两部著作，一部是《紫文要领》，另一部是《源氏物语玉小栉》。在《紫文要领》中本居宣长首先提出并系统阐述了"物哀论"，其主要内容后来被纳入以考证注释为主的《源氏物语玉小栉》第一、二卷。《紫文要领》是本居宣长的早期著作，所提出的"物哀论"是他的文学理论与学术思想的基础与出发点而且终生坚持，一直未变。虽然在构架布局上未臻完善，但观点振聋发聩，文气文势十足，理论色彩浓厚，故此次将《紫文要领》全书完整译出。

本居宣长从和歌研究的角度论述"物哀"的著作是《排芦小船》和《石上私淑言》。《排芦小船》对"物哀"有所触及，《石上私淑言》是在该文基础上扩写而成，材料和观点均有补充和改进。这样，《排芦小船》就因被覆盖而可以不译，需要翻译的自然是《石上私淑言》，故此次也将《石上私淑言》全书完整译出。

此外，本书选译的另外两个作品——《初山踏》与《玉胜间》，都属于本居宣长后期的重要代表作。《初山踏》是应弟子们的要求而撰写的国学入门性质的小书，阐述了学术研究的基本理念与方法；《玉胜间》作为由一千多篇短文构成的学术随笔集，涉及了方方面面的问题。两书对"物哀论"都有进一步的补充和阐发，故此次将《初山踏》全文译出，《玉胜间》因篇幅庞大，内容驳杂，只择要选译相关重要篇目。

本居宣长的原作使用的是日本古语，翻译难度较大。我的译文采用现代汉语，这样做一是为了方便中国读者阅读，二是鉴于作者所处的时代较为晚近（18世纪），勉强译为古汉语反倒有点不自然。需要指出的是，本居宣长的文章虽然具有很高的学术理论价值，在日本传统学者中算是出类拔萃的了，但也仍然难以摆脱日本人著述的一般特点：谋篇布局缺乏逻辑体系性（体系构建能力的缺乏似乎是他喜欢使用问答体的原因之一），语言表达虽细致入微却不免啰嗦絮叨。我的译文虽力求简洁洗练，但中国读者读之恐怕仍会感到絮烦。翻译毕竟要以"信"为第一，不能过于追求"归化"，这是需要读者见谅的。在翻译中，我以东京筑摩书房版《本居宣长全集》（全23卷）为底本，同时参照了新潮社《新潮日本古典集成·本居宣长集》（收《紫文要领》《石上私淑言》两书）等版本，并根据中国读者的需要做了一些必要的注释，做注释时也对日本学者的有关研究成果有所参照。在翻译时虽尽力而为，但由于本人水平有限，不当乃至错误之处，敬请方家指教。

据我所知，本书或许是本居宣长著作的第一个中文译本，所收作品既是本居宣长的代表作，也是公认的日本古典名著，学日本文学与日本文化者应必读，学文学理论者应必读，学比较文学者也应必读。而且从情感教育、情商培养的角度说，读读"物哀"论、知一知"物哀"，似乎也不多余。不过，再想想，说"必读"，恐怕也只是译者的一厢情愿罢了。在如今的中国，在这样的年代，人们都忙着争名于朝、争利于市，或者为求生存而早出晚归，疲于奔命，还有什么心情读这贵族气十足的东西？读之何用之有？会有多少人关心"物哀"？有多少人"知物哀"？又有多少人需要"知物哀"？多少人能够"知物哀"？……对于这些问题，译者只是想得，却奈何不得。我所能做的只是翻译而已。

翻译工作十分重要，对于日本文学翻译而言，古典文学的翻译更为重要。可惜，多年来我国的日本文学翻译领域考虑更多的是译本的发行量及经济效益，因而对他们认为读者较少（其实未必少）的日本古典著作（包括古典文论与古典学术），翻译界、出版界作为不够。再加上日本古文难懂，翻译难度大，虽然应该翻译的作品很多，却迟迟不见有人动手。我历来认为，只有难度较大的、译者通常不愿问津的、较少有商业性的古典（古代）作品才更有翻译的价值，才更能发挥译者的译力。更重要的是，古典文学是人类历史文化精华的积淀与浓缩，外国古典名著的全面、系统、高质量的翻译也是本国翻译文学繁荣发达的重要表征，更值得本来以研究为主业的学者投入足够的精力与时间。许多人都想译、都能译的东西，译了未必有多大意义。这种想法我由来已久，二十年前我在上海译文出版社出版的第一部译著，翻译的就是日本古典作家井原西鹤的作品。在今后若干年中，我仍打算用相当一部分精力与时间，将应该翻译的日本古典文学作品一部部地、逐步系统地译为中文，同时在翻译的基础上，从中国学者的立场及比较文学的角度出发，力图做一些不同于日本学者的有新意的诠释与研究。

这就是我在时隔十几年之后，重拾文学翻译的缘由。

到目前为止，我以《日本古典文论选译》为中心、以翻译为主业的生活已有一年多了，要完成该项目的一百万字的翻译计划，还要再持续一年以上的时间。翻译不同于创作，创作有滞涩、有起伏、有爆发，而翻译却是一个有板有眼、平心静气、从容不迫、细水长流的活儿。在远离世间尘嚣的书斋里，埋头伏案、浸淫原典、且读且译、不为物所役、不为人所使，虽然也有疲倦、寂寞、烦恼和苦痛，却也可以聊以自慰，充实自在。

我在日本古典文论的翻译与研究中，得到了资深翻译家、学者叶渭渠先生和著名日本文学学者王晓平先生的宝贵支持与关心，博士后流动站研究人员、日语专家卢茂君博士细心校阅译稿，在此深表感谢。

2010 年 2 月 28 日

入"幽玄"之境

——《日本幽玄》译本序跋①

在日本的一系列传统文论与美学概念范畴中，"物哀"与"幽玄"无疑是两个最基本、最具有日本民族特色的概念。如果说"物哀"是理解日本文学与文化的一把钥匙，那么"幽玄"则是通往日本文学文化堂奥的必由之门。"幽玄"作为一个汉语词在日本的平安时代零星使用，到了镰仓时代和室町时代即日本历史上所谓的"中世"时期，这个词不仅在上层贵族文人中普遍使用，甚至也作为日常生活中为人所共知的普通词汇之一广泛流行。翻阅那一时期日本的歌学（研究和歌的学问）、诗学（研究汉诗的学问）、艺道（各种艺术、技艺领域的学问）、佛教、神道等各方面的文献，到处可见"幽玄"。可以说，至少在公元 12 到 16 世纪约五百年间，"幽玄"不仅是日本传统文学的最高审美范畴，也是日本古典文化的关键词之一。

---

① 本文是《日本幽玄》（能势朝次、大西克礼著，王向远译，吉林出版集团，2011 年）的译本序跋（最后一节为跋）。原序题为：《入"幽玄"之境：通往日本文化堂奥的必由之门》。

一

　　什么是"幽玄"？虽然这个词在近代、现代汉语中基本上不再使用了，但中国读者仍可以从"幽玄"这两个汉字本身一眼便能看出它的大概意思来。"幽"者，深也、暗也、静也、隐蔽也、隐微也、不明也；"玄"者，空也、黑也、暗也、模糊不清也。"幽"与"玄"二字合一，是同义反复，更强化了该词的深邃难解、神秘莫测、暧昧模糊、不可言喻之意。这个词在魏晋南北朝到唐朝的老庄哲学、汉译佛经及佛教文献中使用较多。使用电子化手段模糊检索《四库全书》，"幽玄"的用例约有340多个（这比迄今为止日本研究"幽玄"的现代学者此前所发现的用例，要多得多）。这些文献中的"幽玄"用例绝大多数分布在宗教哲学领域，少量作为形容词出现在诗文中，没有成为日常用语，更没有成为审美概念。宋元明清之后，随着佛教的式微，"幽玄"这个词渐渐用得少了，甚至不用了，以至于以收录古汉语词汇为主的《辞源》也没有收录，近年编纂的《汉语大辞典》才将它编入。可以说，"幽玄"在近现代汉语中差不多已经成了一个"死词"。

　　"幽玄"一词在中国式微的主要原因，从语言学的角度看，可能是因为汉语中以"幽"与"玄"两个字做词素的、表达"幽""玄"之意的词太丰富了。其中，"幽"字为词素的词有近百个，除了"幽玄"外，还有"幽沉""幽谷""幽明”“幽冥”“幽昧”“幽致”“幽艳”“幽情”“幽款”“幽涩”“幽愤”“幽梦”“幽咽”“幽香”“幽静”“清幽”，等等；以“玄”字为词素者则不下二百个，如“玄心”“玄元”“玄古”“玄句”“玄言”“玄同”“玄旨”“玄妙”“玄味”“玄秘”“玄思”“玄风”“玄通”“玄气”“玄寂”“玄理”“玄谈”“玄著”“玄虚”“玄象”“玄览”“玄机”“玄广”“玄邈”，等等。这些词的大量使用相当大程度地分解并取代了“幽玄”的词义，使得“幽玄”的使用场合与范围受到了制约。而日本对这些以“幽”与“玄”为词素的相关词的引进与使用是相当有限的。例如“玄”字，日语中只引进了汉语的“玄奥”“玄趣”“玄应”“玄风”“玄默”“玄览”“玄学”“玄天”“玄冬”“玄武”（北方水神名称）等，另外还有几个自造汉词如“玄水”“玄关”等，一共只有十几个；而以“幽”为词素的汉字词，除了“幽玄”则有“幽暗”“幽远”“幽艳”“幽闲”“幽境”“幽居”“幽径”“幽契”“幽魂”“幽趣”“幽寂”“幽邃”“幽静”“幽栖”“幽明”“幽幽”“幽人”“幽界”“幽鬼”等，一共有二十来个。综览日语中这些以“幽”字与“玄”字为词组的汉字词，不仅数量较之汉语中的相关词要少得多，而且在较接近于“幽玄”之意的“玄奥”“玄趣”“玄览”“幽远”“幽艳”“幽境”“幽趣”“幽寂”“幽邃”“幽静”等词中，没有一个词在词义的含蕴性、包容性、暗示性上能够超越“幽玄”。换言之，日本人要在汉语中找到一个表示文学作品基本审美特征——内容的含蕴性，意义的不确定性，虚与实、有与无、心与词的对立统一性——的抽象概念，舍此"幽玄"，似乎别无更好的选择。

"幽玄"概念在日本的成立，有着种种内在必然性。曾留学唐朝的空海大师在9世纪初编纂的《文镜秘府论》，几乎将中国诗学与文论的重要概念范畴都搬到了日本，日本人在诗论乃至初期的和歌论中确实也借用或套用了中国诗论中的许多概念，但他们在确立和歌的最高审美范畴时，最终没有选定中国文论中那些重要概念，却偏偏对在中国流通并不广泛也不曾作为文论概念使用的"幽玄"一词情有独钟，这是为什么呢？

笔者认为，"幽玄"这一概念的成立，首先是由日本文学自身发展需要所决定的，主要是出于为本来浅显的民族文学样式——和歌，寻求一种深度模式的需要。

日本文学中最纯粹的民族形式是古代歌谣，在这个基础上形成了和歌。和歌只有五句、三十一个音节。三十一个音节大约只相当于十几个有独立意义的汉字词，因此可以说和歌是古代世界各民族诗歌中最为短小的诗体。和歌短小，形式上极为简单，在叙事、说理方面都不具备优势，只以抒发刹那间的情绪感受见长，几乎人人可以轻易随口吟咏。及至平安时代日本歌人大量接触汉诗之后，对汉诗中音韵体式的繁难、意蕴的复杂，印象深刻。空海大师的《文镜秘府论》所辑录的中国诗学文献，所选大部分内容也都集中于体式音韵方面，这极大地刺激和促进了和歌领域形式规范的设立。在与汉诗的比较中，许多日本人似乎意识到了没有难度和深度的艺术很难成为真正的艺术，和歌浅显，人人能为，需要寻求难度与"深"度感，而难度与深度感的标尺就是艺术规范。和歌要成为一种真正的艺术，必须确立种种艺术规范（日本人称为"歌式"）。艺术规范的确立意味着创作难度的加大，而创作难度的加大不外体现在两个方面：一是外部形式，日本称之为"词"；另一个就是内容，日本人称之为"心"。

于是，从奈良时代后期（8世纪后期）开始，到平安时代初期（9世纪），日本人以中国的汉诗及诗论、诗学为参照，先从外部形式——"词"——开始为和歌确定形式上的规范，开始了"歌学"的建构，陆续出现了藤原滨成的《歌经标式》等多种"歌式"论著作，提出了声韵、"歌病"、"歌体"等一系列言语使用上的规矩规则。到了10世纪，"歌学"的重点则从形式（词）论逐渐过渡到了以内容（心）论与形式论并重。这种转折主要体现在10世纪初编纂《古今和歌集》的"真名序"（汉语序）和"假名序"（日语序）两篇序言中。两序所谈到的基本上属于内容及风体（风格）的问题。其中"真名序"在论及和歌生成与内容嬗变的时候，使用了"或事关神异，或兴入幽玄"这样的表述。这是歌论中第一次使用"幽玄"一词。所谓"兴入幽玄"的"兴"，指的是"兴味""感兴""兴趣"，亦即情感内容；所谓"入"，作为一个动词，是一个向下进入的动作，"入"的指向是"幽玄"，这表明"幽玄"所表示的是一种深度，而不是一种高度。换言之，"幽玄"是一种包裹的、收束的、含蕴的、内聚的状态，所以"幽玄"只能"入"。后来，"入幽玄"成为一种固定搭配词组，或称"兴入幽玄"或称"义入幽玄"，更多的则是说"入幽玄之境"，这些都在强调"幽玄"的沉潜性特征。

如果说《古今和歌集·真名序》"兴入幽玄"的使用还有明显的随意性，对"幽玄"的特征也没有做出具体解释与界定，那么到了10世纪中期，壬生忠岑的《和歌体十种》再次使用"幽玄"并以"幽玄"一词对和歌的深度模式做出了描述。壬生忠岑将和歌体分为十种，即"古歌体""神妙体""直体""余情体""写思体""高情体""器量体""比兴体""华艳体""两方体"，每种歌体都举出五首例歌并对各自的特点做了简单的概括。对于列于首位的"古歌体"，他认为该体"词质俚以难采，或义幽邃以易迷"。"义幽邃"，显然指的是"义"（内容）的深度，而且"幽邃"与"幽玄"几乎是同义的。"义幽邃以易迷"是说"义幽邃"容易造成理解上的困难，但即便如此，"幽邃"也是必要的，壬生忠岑甚至认为另外的九体都需要"幽邃"，都与它相通（"皆通下九体"），因而即便不把以"幽邃"为特点的"古歌体"单独列出来也未尝不可（"不可必别有此体耳"）。例如："神妙体"是"神义妙体"；"余情体"是"体词标一片，义笼万端"；"写思体"是"志在于胸难显，事在于口难言……言语道断，玄又玄也"，强调的都是和歌内容上的深度。在这十体中，壬生忠岑最为推崇的还是其中的"高情体"，断言"高情体"在各体中是最重要的（"诸歌之为上科也"），指出"高情体"的典型特征首先是"词离凡流，义入幽玄"并认为"高情体"具有涵盖性，它能够涵盖其他相关各体，"神妙体""余情体""器量体"都出自这个"高情体"；换言之，这些歌体中的"神妙""难言""义笼万端""玄又玄"之类的特征，也都能够以"幽玄"一言以蔽之。于是,"幽玄"就可以超越各种体式的区分而弥漫于各体和歌中。这样一来,虽然壬生忠岑并没有使用"幽玄"一词作为"和歌十体"中的某一体的名称,却在逻辑上为"幽玄"成为一个凌驾于其他概念之上的抽象概念提供了可能。

然而日本人传统上毕竟不太擅长抽象思考,表现在语言上,就是日语固有词汇中的形容词、情态词、动词、叹词高度发达,而抽象词严重匮乏,带有抽象色彩的词汇绝大部分都是汉语词。日本文论、歌论乃至各种艺道论,都非常需要抽象概念的使用,可至少在以感受力或情感思维见长的平安时代,面对像"幽玄"这样的高度抽象化的概念,绝大多数歌人都显出了踌躇和游移。他们一方面追求、探索着和歌深度化的途径,一方面仍然喜欢用更为具象化的词汇来描述这种追求。他们似乎更喜欢用较为具象性的"心"来指代和歌内容,用"心深"这一纯日语的表达方式来描述和歌内容的深度。例如藤原公任在《新撰髓脑》中主张和歌要"心深,姿清";在《和歌九品》中,他认为最上品的和歌应该是"用词神妙,心有余"。这对后来的"心"论及"心词关系论"的歌论产生了深远影响。然而,"心深"虽然也能标示和歌之深度,但抽象度、含蕴度仍然受限。"心深"指个人的一种人格修养,是对创作主体而言,而不是对作品本体而言,因而"心深"这一范畴也相对地带有主观性。"心"是主观情意,需要付诸客观性的"词"才能成为创作。所以"心深"一词难以成为一个表示和歌艺术之本体的深度与含蕴度的客观概念,"心深"不可能取代"幽玄"。"幽玄"既可以表示创作主体，称为"心幽玄"，也可以指代作品本身，称为"词幽玄"，还可以指代"心"与"词"结合后形成的艺术风貌或风格——"姿"或"风姿"，称为"姿幽玄"。因而，"心深"虽然一直贯穿着日本歌论史，与"幽玄"并行使用，但当"幽玄"作为一个歌学概念被基本固定之后，"心深"则主要是作为"幽玄"在创作主体上的具体表现而附着于"幽玄"。就这样，在"心深"及其他相近的概念如"心有余""余情"等词语的冲击下，"幽玄"仍然保持其最高位和统驭性。

　　"幽玄"被日本人选择为和歌深度模式的概念，不仅出自为和歌寻求深度感、确立艺术规范的需要，还出自这种民族文学样式的强烈的独立意识。和歌有了深度模式、有了规范才能成为真正的艺术；成为真正的艺术才能具备自立、独立的资格。而和歌的这种"独立"意识又是相对于汉诗而言的，汉诗是它唯一的参照。换言之，和歌艺术化、独立化的过程，始终是在与汉诗的比较甚至是竞赛、对抗中进行的，这一点在《古今和歌集·假名序》中有清楚的表述，那就是寻求和歌与汉诗的不同点，强调和歌的自足性与独立价值。同样的，歌论与歌学也需要逐渐摆脱对中国诗论与诗学概念的套用与模仿。我认为，正是这一动机决定了日本人对中国诗学中现成的相关概念的回避而促成了对"幽玄"这一概念的选择。中国诗论与诗学中本来有不少表示艺术深度与含蕴性的概念，例如"隐""隐秀""余味""神妙""蕴藉""含蓄"，等等，还有"韵外之致""境生象外""词约旨丰""高风远韵"等等，这些词有许多很早就传入日本，但日本人最终没有将它们作为歌学与歌论的概念或范畴加以使用，却使用了在中国诗学与诗论中极少使用的"幽玄"。这表明大多数日本歌学理论家们并不想简单地挪用中国诗学与诗论的现成概念，有意识地避开中国诗学与诗论的相关词语，从而拎出了一个在中国的诗学与诗论中并不使用的"幽玄"。

二

不仅如此，"幽玄"概念的成立还有一个更大更深刻的动机和背景，那就是促使和歌及在和歌基础上生成的"连歌"，还有在民间杂艺基础上形成的"能乐"实现雅化与神圣化，继而通过神圣化与雅化这两个途径，使"歌学"上升为"歌道"或"连歌道"，使"能乐"上升为"能艺之道"即"艺道"。

首先是和歌的神圣化。本来，"幽玄"在中国就是作为一个宗教哲学词汇而使用的，在日本，"幽玄"的使用一开始就和神圣性联系在一起了。上述的《古今和歌集·真名序》中所谓"或事关神异，或兴入幽玄"就暗示了"幽玄"与"神异"、与佛教的关系。一方面，和歌与歌学需要寻求佛教哲学的支撑，另一方面佛教也需要借助和歌来求道悟道。镰仓时代至室町时代的日本中世，佛教日益普及，"幽玄"也最被人所推崇。如果说此前的奈良、平安朝的佛教主要是在社会上层流行，佛教对人们的影响主要表现在生活风俗与行为的层面，那么镰仓时代以后，佛教与日本的神道教结合，开始普及于社会的中下层并渗透于人们的世界观、审美观中。任何事物要想有宇宙感、深度感，有含蕴性，就必然要有佛教的渗透。在这种背景下，僧侣文学、隐逸文学成为那个时代最有深度、最富有神圣性的文学，故而成为中世文学的主流。在和歌方面，中世歌人、歌学家都笃信佛教，例如，在"歌合"（赛歌会）的"判词"（评语）中大量使用"幽玄"一词并奠定了"幽玄"语义之基础的藤原基俊（法号觉舜）、藤原俊成（出家后取法名释阿）、藤原定家（出家后取法名明净），对"幽玄"做过系统阐释的鸭长明、正彻、心敬等人，都是僧人。在能乐论中，全面提倡"幽玄"的世阿弥与其女婿禅竹等人都笃信佛教，特别是禅竹，他付出了极大的努力将佛教哲理导入其能乐论，使能乐论获得了幽深的宗教哲学基础。因而，正如汉诗中的"以禅喻诗"曾经是一种时代风气一样，在日本中世的歌论、能乐论中，"以佛喻幽玄"是"幽玄"论的共同特征，歌人、歌学家们有意识地将"幽玄"置于佛教观念中加以阐释，有时哪怕是生搬硬套也在所不辞。对于这种现象，日本现代著名学者能势朝次在《幽玄论》一书中有精到的概括，他写道：

　　……事实是，在爱用"幽玄"这个词的时代，当时的社会思潮几乎在所有的方面，都强烈地憧憬着那些高远的、无限的、有深意的事物。我国中世时代的特征就是如此。

　　指导着中世精神生活的是佛教。然而佛教并不是单纯教导人们世间无常、厌离秽土、欣求净土，而是在无常的现世中，在那些行为实践的方面，引导人们领悟到恒久的生命并加以把握。……要求人们把一味向外投射的眼光收回来，转而凝视自己的内心，以激发心中的灵性为指归。……艺术鉴赏者也必须超越形式上的美，深入艺术之堂奥，探求艺术之神圣。因而，在这样一个时代人们心目中的美用"幽玄"这个词来表述，是最为贴切的。所谓"幽玄"，就是超越形式、深入内部生命的神圣之美。①

"幽玄"所具有的宗教的神圣化，也必然要求"入幽玄之境"者脱掉俗气，追求典雅、优雅。换言之，不脱俗、不雅化，就不能"入幽玄之境"，这是"幽玄"的又一个必然要求，而脱俗与雅化则是日本文学贵族化的根本途径。

日本文学贵族化与雅化的第一个阶段，是将民间文学加以整理以去粗取精。奈良时代与平安时代，宫廷文人收集整理民间古歌，编辑了日本第一部和歌总集《万叶集》，这是将民间俗文学加以雅化的第一个步骤。10世纪初又由天皇诏令将《万叶集》中较为高雅的作品再加筛选并优选新作，编成了第二部和歌总集《古今和歌集》。到了1205年，则编纂出了全面体现"幽玄"理想的《新古今和歌集》。另一方面，在高雅的和歌的直接影响与熏陶下，一些贵族文人写出了一大批描写

① 〔日〕能势朝次：《幽玄论》，见《能势朝次著作集》第二卷，东京：思文阁出版，1981年，第200—201页。

贵族情感生活的、和歌与散文相间的叙事作品——物语。在和歌与物语创作繁荣的基础上形成了平安王朝时代以宫廷贵族的审美趣味为主导的审美思潮——"物哀"。说到底，"物哀"的本质就是通过人情的纯粹化表现，使文学脱俗、雅化。进入中世时代后，以上层武士与僧侣为主体的新贵阶层努力继承和模仿王朝贵族文化，使自己的创作保持贵族的高雅。这种审美趣味与理想就集中体现在"幽玄"这个概念中。可以说，"幽玄"是继"物哀"之后日本文学史上的第二波审美主潮。两相比较，"物哀"侧重于情感修养，多体现于男女交往及恋情中；"幽玄"则是"情"与"意"皆修，更注重个人内在的精神涵养。"物哀"因其情趣化、情感化的特质在当时并没有被明确概念化、范畴化，直到18世纪才有本居宣长等"国学家"加以系统的阐发。而"幽玄"一开始概念的自觉程度就比较高，渗透度与普及度也更大。在当时频频举行的"歌合"与连歌会上，"幽玄"每每成为和歌"判词"的主题词；在日常生活中，也常常有人使用"幽玄"一词来评价那些高雅的举止、典雅的贵族趣味、含蓄蕴藉的事物或优美的作品，而且往往与"离凡俗""非凡俗"之类的评语连在一起使用。（对此，日本学者能势朝次先生在他的《幽玄论》中有具体的文献学的列举，读者可以参阅。）

可以说，"幽玄"是中世文学的一个审美尺度、一个过滤网、一个美学门槛，有了"幽玄"，那些武士及僧侣的作品就脱去了俗气、具备了贵族的高雅；有了"幽玄"，作为和歌的通俗化游艺而产生的"连歌"才有可能登堂入室，进入艺术的殿堂。正因为如此，连歌理论的奠基人二条良基才在他的一系列连歌论著中，比此前任何歌论家都更重视、更提倡"幽玄"。他强调，连歌是和歌之一体，和歌的"幽玄"境界就是连歌应该追求的境界，如果不对连歌提出"幽玄"的要求，那么连歌就不能成为高雅的、堪与古典和歌相比肩的文学样式。于是二条良基在和歌的"心幽玄""词幽玄""姿幽玄"之外，更广泛地提出了"意地的幽玄""音调的幽玄""唱和的幽玄""聆听的幽玄"乃至"景物的幽玄"等更多的"幽玄"要求。稍后，日本古典剧种"能乐"的集大成者世阿弥在其一系列能乐理论著作中，与二条良基一样反复强调"幽玄"的理想。他要求在能乐的剧本写作、舞蹈音乐、舞台表演等一切方面都要"幽玄"化。为什么世阿弥要将和歌的"幽玄"理想导入能乐呢？因为能乐本来是从先前不登大雅之堂的叫作"猿乐"的滑稽表演中发展而来的。在世阿弥看来，如果不将它加以贵族化、加以脱俗、加以雅化，它就不可能成为一门真正的艺术，所以世阿弥才反复不断地叮嘱自己的传人：一定要多多听取那些达官贵人的意见，以他们的审美趣味为标杆；演员一定首先要模仿好贵族男女们的举止情态，因为他们的举止情态才是最"幽玄"的。他提醒说，最容易出彩的"幽玄"的剧目是那些以贵族人物为主角的戏，因此要把此类剧目放在最重要的时段演出；即便是表演那些本身并不"幽玄"的武夫、小民、鬼魂、畜牲类，也一定要演得"幽玄"，模仿其神态动作不能太写实而应该要"幽玄地模仿"，也就是要注意化俗为雅。……由于二条良基在连歌领域、世阿弥在能乐领域全面提倡"幽玄","幽玄"的语义也被一定程度地宽泛化、广义化了。世阿弥说："唯有美与优雅之态，才是'幽玄'之本体。"可见"幽玄"实际上成了高雅之美的代名词。而这又是连歌与能乐的脱俗、雅化的艺术使命所决定的。当这种使命完成以后，"幽玄"也大体完成了自己的使命而从审美理念中淡出了。进入近世（江户时代）以后，市井町人文化与文学成为时代主流，那些有金钱但无身份地位的町人们以露骨地追求男女声色之乐为宗，町人作家们则以"好色"趣味去描写市井小民卑俗享乐的生活场景，与此前贵族式的"幽玄"之美的追求截然不同，于是"幽玄"这个词的使用便极少见到了。从17世纪一直到明治时代的三百多年间，"幽玄"从日本文论的话语与概念系统中悄然隐退。值得注意的是，"幽玄"在日本文论中的这种命运与"幽玄"在中国的命运竟有着惊人的相似：从魏晋南北朝到唐代，中国的贵族文化、高雅文化最发达，较多使用"幽玄"，而在通俗文化占主流地位的元明清时代，"幽玄"几近消亡。虽然在中国"幽玄"并没有像在日本那样成为一个审美概念，但两者都与高雅、去俗的贵族趣味密切相连，都与贵族文化、高雅文学的兴亡密切相关。

三

在对"幽玄"的文论历程及成立的必然性做了动态的分析论述之后，还需要对"幽玄"做静态的剖析，看看"幽玄"内部究竟是什么。

正如"风骨""境""意境"等概念在中国文论史上长期演变的情形一样，"幽玄"在日本文论发展史上，其涵义也经历了确定与不确定、变与不变、可言说与不可言说的矛盾运动过程。历史上不同的人在使用"幽玄"的时候，各有各的理解，各有各的侧重点，各有各的表述。有的就风格而言，有的就文体形式而论，有的在宽泛的意义上使用，有的在具体意义上使用，有的不经意使用，有的刻意使用，这就造成了"幽玄"词义的多歧、复杂甚至混乱。直到20世纪初，日本学者才开始运用现代学术方法，包括语义考古学、历史文献学以及文艺美学的方法，对"幽玄"这个概念进行动态的梳理和静态的分析研究，大西克礼、久松潜一、谷山茂、小西甚一、能势朝次、冈崎义惠等学者都发表了自己的研究成果。其中，对"幽玄"做历史文献学与语义考古学研究的最有代表性的成果，是著名学者能势朝次先生的《幽玄论》，而用西方美学的概念辨析方法对"幽玄"进行综合分析的有深度的成果，则是美学家大西克礼的《幽玄论》。

　　大西克礼在《幽玄论》中认为"幽玄"有七个特征：第一，"幽玄"意味着审美对象被某种程度地掩藏、遮蔽、不显露、不明确，追求一种"月被薄雾所隐""山上红叶笼罩于雾中"的趣味。第二，"幽玄"是"微暗、朦胧、薄明"，这是与"露骨""直接""尖锐"等意味相对立的一种优柔、委婉、和缓，正如藤原定家在宫川歌合的判词中所说的"于事心幽然"，就是对事物不太追根究底、不要求在道理上说得一清二白的那种舒缓、优雅。第三是寂静和寂寥。正如鸭长明所说的，面对着无声、无色的秋天的夕暮，人会有一种不由自主地潸然泪下之感，这是被俊成评为"幽玄"的那首和歌——"芦苇茅屋中，晚秋听阵雨，倍感寂寥"——所表现的那种心情。第四就是"深远"感。这种深远感不单是时间与空间的距离感，而是具有一种特殊的精神上的意味，它往往意味着对象所含有的某些深刻、难解的思想（如"佛法幽玄"之类的说法）。歌论中所谓的"心深"或者定家所谓的"有心"等，所强调的就是如此。第五，与以上各点联系更为紧密相连，就是所谓"充实相"。这种"充实相"是以上所说的"幽玄"所有构成因素的最终合成与本质。这个"充实相"非常巨大，非常厚重、强有力，与"长高"乃至崇高等意味密切相关，藤原定家以后作为单纯的样式概念而言的"长高体""远白体"或者"拉鬼体"等，只要与"幽玄"的其他意味不相矛盾，就都可以统摄到"幽玄"这个审美范畴中来。第六，是具有一种神秘性或超自然性，指的是与"自然感情"融合在一起的、深深的"宇宙感情"。第七，"幽玄"具有一种非合理的、不可言说的性质，是飘忽不定、不可言喻、不可思议的美的情趣，所谓"余情"也主要是指和歌的字里行间中飘忽摇曳的那种气氛和情趣。最后，大西克礼的结论是："'幽玄'作为美学上的一个基本范畴，是从'崇高'中派生出来的一个特殊的审美范畴。"[1]

---

[1] 〔日〕大西克礼：《幽玄とあはれ》，东京：岩波书店，1939年，第85—102页。

大西克礼对"幽玄"意义内涵的这七条概括，综合了此前的一些研究成果，虽然逻辑层次上稍嫌凌乱，但无疑具有相当的概括性，其观点今天我们大部分仍可表示赞同。然而他对"幽玄"的美学特质的最终定位，即认为"幽玄"是从"崇高"范畴中派生出来的东西，这一结论事关"幽玄"在世界美学与文论体系中的定性与定位，也关系到我们对日本文学民族特征的认识，应该慎重论证才是，但是大西克礼却只是简单一提，未做具体论证，今天我们不妨接着他的话题略做探讨。

　　如果站在欧洲哲学与美学的立场上，以欧洲美学对"美"与"崇高"这两种感性形态的划分为依据，对日本的"幽玄"加以定性归属的话，那么我们不妨权且把"幽玄"归为"崇高"。因为在日本的广义上的（非文体的）"幽玄"的观念中，也含有所谓的"长高"（高大）、"拉鬼"（强健、有力、紧张）等可以认为是"崇高"的因素。然而，倘若站在东西方平等、平行比较的立场上看，即便"幽玄"含有"崇高"的某些因素，"幽玄"在本质上也不同于"崇高"。首先，欧洲美学意义上的"崇高"是与"美"相对的。正如康德所指出的，美具有合目的性的形式，而崇高则是无形式的，"因为真正的崇高不能含在任何感性的形式里，而只涉及理性的观念"；"崇高不存在于自然的事物里，而只能在我们的观念里去寻找。"① 也就是说，"美"是人们欣赏与感知的对象，"崇

---

① 〔德〕康德：《判断力批判》上卷，宗白华译，北京：商务印书馆，1964年，第84、89页。

高"则是人们理性思索的对象。日本的"幽玄"本质上是"美"的一种形态，是"幽玄之美"，这是一种基于形式而又飘逸出形式之外的美感趣味，更不必说作为"幽玄体"（歌体之一种）的"幽玄"本来就是歌体形式，作为抽象审美概念的"幽玄"与作为歌体样式观念的"幽玄"往往是密不可分的。欧洲哲学中的"崇高"是一种没有感性形式的"无限的"状态，所以不能凭感性去感觉，只能凭"理性"去把握，崇高感就是人用理性去理解和把握"无限"的那种能力；而日本"幽玄"论者却强调："幽玄"是感觉的、情绪的、情趣性的，因而是排斥说理、超越逻辑的。体现在思想方式上，欧洲的"崇高"思想是"深刻"的，是力图穿透和把握对象，而日本的"幽玄"则"深"而不"刻"，是感觉、感受和体验性的。

　　而且，我们不能单单从哲学美学的概念上，还要从欧洲与日本的文学作品中来考察"崇高"与"幽玄"的内涵。荷马史诗以降的欧洲文学在自然景物的描写上，"崇高"表现为多写高耸的山峦、流泻的江河、汹涌的大海、暴风骤雨、电闪雷鸣，以壮丽雄大为特征，给人以排山倒海的巨大、剧烈感和压迫感；而日本文学中的"幽玄"则多写秀丽的山峰、潺潺的流水、海岸的白浪、海滨的岸树、风中的野草、晚霞朝晖、潇潇时雨、薄云遮月、雾中看花之类，以优美秀丽、小巧、纤弱、委曲婉转、朦朦胧胧、"余情面影"为基本特征。在人事题材描写上，欧洲的"崇高"多写英雄人物九死一生的冒险传奇经历，日本文学则写多情男女，写人情的无常、恋爱的哀伤。表现在人物语言上，欧洲的"崇高"多表现为语言的挥霍，人物常常言辞铺张、滔滔不绝，富有雄辩与感染力；日本的"幽玄"的人物多是言辞含蓄，多含言外之意。在人物关系及故事情节的描写中，欧洲文学中的"崇高"充满着无限的力度、张力和冲突，是悲剧性的、刚性的；日本文学中的"幽玄"则极力减小力度、缓和张力、化解冲突，是软性的。在外显形态上，欧洲文学中的"崇高"是高高耸立着的、显性的，给人以压迫感、威慑感、恐惧感乃至痛感；日本文学中的"幽玄"是深深沉潜着的、隐性的，给人以亲切感、引诱感、吸附感。正因为如此，日本人所说的"入幽玄之境"就是投身入、融汇于"幽玄"之中。这里的"境"也是一个来自中国的概念，"境"本身就是物境与人境的统一，是主客交融的世界。就文学艺术而言，"境"就是一种艺术的、审美的氛围。"入幽玄之境"也是一种"入境"，"境"与"幽玄之境"有着艺术与美的神妙幽深，却没有"崇高"的高不可及。要言之，欧洲的"崇高"是与"美"对峙的范畴，日本的"幽玄"则是"美"的极致；欧洲的"崇高"是"高度"模式，日本的"幽玄"是"深度"模式。

总之，日本的"幽玄"是借助中国语言文化的影响而形成的一个独特的文学概念和审美范畴，具有东方文学、日本文学的显著特性，是历史上的日本人特别是日本贵族文人阶层所崇尚的优美、含蓄、委婉、间接、朦胧、幽雅、幽深、幽暗、神秘、冷寂、空灵、深远、超现实、"余情面影"等审美趣味的高度概括。

四

"幽玄"作为一个概念与范畴是复杂难解的，但可以直觉与感知；"幽玄"作为一种审美内涵是沉潜的，但有种种外在表现。

"幽玄"起源于日本平安王朝宫廷贵族的审美趣味，我们在表现平安贵族生活的集大成作品《源氏物语》中处处可以看到"幽玄"：男女调情没有西方式的直接表白，而往往是通过事先互赠和歌做委婉的表达；男女初次约会大都隔帘而坐，只听对方的声音，不直接看到对方的模样，以造成无限的遐想；女人对男人有所不满却不直接与男人吵闹，而是通过出家表示自己的失望与决绝，就连性格倔犟的六条妃子因嫉妒源氏的多情泛爱，也只是以其怨魂在梦中骚扰源氏而已。后来，宫廷贵族的这种"幽玄"之美，便被形式化、滞定化了，在日本文学艺术乃至日常生活的一切方面都有表现。例如，《万叶集》中的和歌总体上直率质朴，但《古今和歌集》特别是《新古今和歌集》之后的和歌，却刻意追求余情余韵的象征性表达，如女歌人小野小町的一首歌"若知相逢在梦境，但愿长眠不复醒"，写的是梦境，余情面影，余韵无穷。这一点虽然与汉诗有所相似，但汉诗与和歌的最大不同，就是汉诗无论写景抒情都具有较明显的思想性与说理性，因而语言总体上是明晰的、表意是明确的，而古典和歌的"幽玄"论者却都强调和歌不能说理，不要表达思想观念，只写自己的感受与情趣，追求暧昧模糊性。和歌中常见的修辞方法，如"挂词"（类似于汉语的双关语）、"缘语"（能够引起联想的关联词）等，为的就是制造一种富有间接感的余情余韵与联想，这就是和歌的"幽玄"。

　　"幽玄"也表现在古典戏剧"能乐"的方方面面。能乐的曲目从一般所划分的五类内容上看，大部分是超现实的，其中所谓"神能""修罗能""鬼畜能"这三类，都是神魔鬼畜，而所谓"鬘能"（假发戏）又都是历史上贵族女性人物以"显灵"的方式登场的。仅有的一类以现实中的人物为题材的剧目，却又是以疯子特别是"狂女"为主角的，也有相当的超现实性。因为这些独特的超现实题材是最有利于表现"幽玄"之美，最容易使剧情、使观众"入幽玄之境"。在表演方面，西洋古典戏剧中演员的人物面部表情非常重要，而能乐中的人物为舍弃人的自然表情的丰富性、直接性，大都需要戴假面具，叫作"能面"，追求一种"无表情""瞬间固定表情"，最有代表性的、最美的"女面"的表情被认为是"中间表情"，为的是让观众不是直接地通过最表面的人物表情，而是通过音乐唱词、舞蹈动作等间接地推察人物的感情世界，这种间接性就是"幽玄"。能乐的舞台艺术氛围也不像欧洲和中国戏剧那样辉煌和明亮，而是总体上以冷色调、暗色调为主，在晚间演出时只点蜡烛照明，有意追求一种超现实的幽暗，这种幽暗的舞台色调就是"幽玄"。在剧情方面，"能乐"则更注意表现"幽玄"。例如被认为是最"幽玄"的剧目《熊野》的故事情节是：女主人公、武将平宗盛的爱妾熊野听说家乡的老母患病，几次向宗盛请求回乡探母，宗盛不许，却要她陪自己去清水寺赏花。赏花中熊野看见凋零的樱花想起家中抱病的老母，悲从中来，当场写出一首短歌，宗盛接过来看到上句——"都中之春固足惜"，熊野接着啜泣地吟咏出下句——"东国之花且凋零"。宗盛听罢，当即表示让熊野回乡探母……。此前熊野的直接恳求无济于事，而见落花吟咏出来的思母歌却一下子打动了宗盛。这种间接的、委曲婉转的表述就是"幽玄"。"幽玄"固然委婉、间接，却具有动人的美感。

"幽玄"也表现在日常生活中，例如日本传统女性在化妆时喜欢用白粉将脸部皮肤遮蔽，显得"惨白"却适合在微暗中欣赏。日本式建筑不喜欢取明亮的光线，特别是茶室，窗户本来就小还要有围帘遮挡，以便在间接的弱光和微暗中见出美感。甚至日本的饮食也都有"幽玄"之味，日本作家谷崎润一郎在《阴翳礼赞》中列举了日本人对"阴翳"之美的种种嗜好，在谈到日本人最为常用的漆器汤碗的时候，他这样写道：

　　漆碗的好处就在于当人们打开盖子拿到嘴边的这段时间，凝视着幽暗的碗底深处，悄无声息地沉聚着和漆器的颜色几乎无异的汤汁，在这瞬间人们会产生一种感受。人们虽然看不清在漆碗的幽暗中有什么东西，但他可以通过拿着汤碗的手感觉到汤汁的缓缓晃动，可以从沾在碗边的微小水珠知道腾腾上升的热气，并且可以从热气带来的气味中预感到将要吸入口中的模模糊糊的美味佳肴。这一瞬间的心情，比起用汤匙在浅陋的白盘里舀出汤来喝的西洋方式，真有天壤之别。这种心情不能不说有一种神秘感，颇有禅宗家情趣。①

谷崎润一郎所礼赞的这种幽暗、神秘的"阴翳"，实际上就是"幽玄"。这种"幽玄"的审美趣味作为一种传统，对现代日本文学的创作与欣赏，也持续不断地产生着深刻影响。现代学者铃木修次的《中国文学与日本文学》将这种"幽玄"称为"幻晕嗜好"。在"幻晕嗜好"一章中，他写道：

> 读福田麟太郎先生的《读书与人生》可以看到这样一段轶事："诗人西胁顺三郎是我引以为荣的朋友，他写的一些诗很难懂。他一旦看到谁写的诗一看就懂，就直率地批评说：'这个一看就懂啊，没有不懂的地方就没味啦。'"读完这段话实在教人忍俊不禁。福原先生是诙谐之言，并不打算评长论短，然而不可否认的是，我看了这段话也不由得感到共鸣。认为易懂的作品就不高级，高级的作品就不易懂，这种高雅超然的观点，每个日本人多多少少都会有一点吧？这种对幽深趣味的嗜好，并不是从明治以后的时

① 〔日〕谷崎润一郎：《阴翳礼赞——日本和西洋文化随笔》，丘仕俊译，北京：三联书店，1992年，第15页。

髦文化中产生的，实际上是日本人的一种传统的嗜好。[①]

实际上，作为一个中国读者，我们也常常会在具有日本传统文化趣味的近现代文学的阅读中感到这种"不易懂"的一面。例如，从这个角度看川端康成的小说，其最大的特点可以说是"不易懂"，但这种"不易懂"并不像西方的《神曲》《浮士德》《尤利西斯》那样由思想的博大精深所造成，相反，却是由感觉、感情的"幽玄"的表达方式造成的，我们读完川端的作品，常常会有把握不住、稍纵即逝的感觉，不能明确说出作者究竟写了什么，更难以总结出它的"主题"或"中心思想"，这就是日本式的"幽玄"。

懂得了"幽玄"的存在，我们对日本文学与文化就有了更深一层的理解。"入幽玄之境"是日本人最高的审美境界，"入幽玄之境"也是我们通往日本文化、文学之堂奥的必由之门。

五

我翻译的《日本物哀》（本居宣长著）一书，2010年10月由吉林出版集团出版后，据说卖得很不错。我原来以为像这

---

① 〔日〕铃木修次：《中国文学と日本文学》，东京：东京书籍株式会社，1978年，第104页。

样的古典学术著作应该"常销",难以畅销,不让出版社赔钱就不错了。本来我也只是出于研究的需要才翻译这种难译又难卖的学术书。我明白学术是很"小众"的,学者不是影视"明星",大众不拱,明星不明,学者的天职是探讨学术、生产知识,需要面壁安坐,不必从俗从众。《日本物哀》是外国学术著作,而且相当古典,也相当贵族,难讨众人欢心,却为许多高品位的读者所观赏。我作为译者自然是很欢心、很欣慰的。

回望最近三十年,时代在发展,我国读者的阅读品位、接受水平也在提高。昨天的读者大多只盯住西方欧美,今天的读者则环顾全球将东方纳入视野;昨天的读者读的大多是小说等虚构性作品,今天的读者开始重视学术著作等非虚构作品;昨天的读者更多的似乎是"拿来主义",把适合自己口味的外国的东西拿过来以满足自己既有的观念与兴味,而今天的读者,似有更多的人奉行"走进主义"。"走进主义"就是走到人家那里,走到时间的、历史的深处,走进原典的内部去登堂探奥。如此,精华阅读的"小众"读者群也就越来越大了。就日本文学而言,1980 年代初期我们翻译阅读的主流是石川达三、山崎丰子等人的作品,这是长期的批判现实主义的阅读惯性使然。1990 年代,森村诚一、松本清张、赤川次郎等人的推理小说,渡边淳一的婚恋小说等大众通俗作品成为我们翻译阅读的主流,而新世纪以来则是极其古典的《源氏物语》被充分认可、极其日本味的川端康成被充分理解、极其后现代的村上春树大受欢迎的时期,日本文学翻译阅读进入了纵深化、多元化的时代，因而《日本物哀》之类的日本古典学术著作也竟有许多人爱读，这岂不预示着东方古典、原典翻译阅读的更大可能吗？

这部《日本幽玄》是《日本物哀》的姊妹篇，将现代著名学者能势朝次（1894—1955 年）、日本现代美学家大西克礼（1888—1959 年）的两部同名著作《幽玄论》（原作分别由河出书房 1944 年出版、岩波书店 1940 年出版）全文译出（原书均没有脚注和尾注，少量脚注为译者所加）。两书可谓现代"幽玄"研究的经典著作。其中，能势朝次的《幽玄论》从历史文献学、概念史的角度对"幽玄"概念的生成与流变做了纵向的梳理研究，是幽玄研究的经典之作，至今仍无出其右者；大西克礼的《幽玄论》则从美学角度对"幽玄"做了横向的综合分析，虽然有些表述稍显繁琐晦涩，但理论概括程度较高。本次译本同时又将日本文学史及文论史上关于"幽玄"的原典择要译出。有关"幽玄"的原典资料甚多，这里主要从文学艺术论的角度选取相关的名家名篇。选编与翻译所依据的主要底本是东京岩波书店 1961 年版《日本古典文学大系》的《歌论集·能乐论集》《连歌论集·俳论集》及 1974 年版《日本思想大系·世阿弥禅竹》等，在翻译时考虑中国读者的阅读需要，加了较多的脚注。如此，古代"幽玄"原典与现代"幽玄"研究相得益彰，共同构成了一千年间的"日本幽玄"论。译者希望读者能够通过这部《日本幽玄》系统深入地了解日本人的"幽玄"观，把握日本古典文学及传统文化的神韵。不过，作为外国原典，《日本幽玄》正如它的名字所显示的，是一部有纵深度、有难度的书，虽说"幽玄"，但只要读者慢慢走进去，必定会有别样的感觉、别样的收获。

《日本物哀》《日本幽玄》之后还有《日本风雅》，这三本书形成了一个相对完整的日本审美文化关键词的系列译丛。① 这些选题都是《日本物哀》出版后乘兴而来的想法。当初我打算只做一本《日本物哀》（原名《物哀论》），作为我承担的国家社科基金研究项目《日本古典文论选译》的前期衍生成果并与某大学出版社签订了出版合同，但该社复审人命我删改原作，我不肯删改，最后只能终止出版合同。现在看来，《日本物哀》在吉林出版集团出版，可谓因错而对。假如没有吉林出版集团策划编辑、作家瓦当先生的卓越眼光和有力支持，就没有《日本物哀》的成功，也就没有这本《日本幽玄》的问世。为此，我对吉林出版集团北京吉版图书公司（北京汉阅传播），对瓦当先生，对责编孙祎萌女士，表示我衷心的钦敬和感谢。

2011 年 2 月 22 日

---

① 后来增加了第四本《日本意气》，是日本美学的关键词研究系列，更趋充实。

风雅之"寂"

——《日本风雅》译本序跋①

一

　　"寂"是日本古典文艺美学，特别是俳谐美学的一个关键词和重要范畴，也是与"物哀"②"幽玄"③并列的三大美学概念之一。在比喻的意义上可以说，"物哀"是鲜花，它绚烂华美，开放于平安王朝文化的灿烂春天；"幽玄"是果，它成熟于日本武士贵族与僧侣文化鼎盛时代的夏末秋初；"寂"是飘落中的叶子，它是日本古典文化由盛及衰、新的平民文化兴起的象征，是秋末初冬的景象，也是古典文化终结、近代文化

---

① 本文是《日本风雅》（大西克礼著，王向远译，吉林出版集团，2012 年）的译本序跋（最后一节为跋）。原序题为：《风雅之寂：对日本俳谐及古典文艺美学一个关键词的解析》。

② 关于日本的"物哀"论，请参见本居宣长著《紫文要领》《石上私淑言》等著作，中文译文见王向远编译《日本物哀》（长春：吉林出版集团，2010 年）。

③ 关于日本文论史上的"幽玄"论，参见能势朝次等著：《日本幽玄》，王向远编译，长春：吉林出版集团，2011 年。

萌动的预告。从美学形态上说，"物哀论"属于创作主体论、艺术情感论，"幽玄论"是艺术本体论和艺术内容论，"寂论"则是审美境界论、审美心胸论或"审美态度"论；就这三大概念所指涉的具体文学样式而言，"物哀"对应于物语与和歌，"幽玄"对应于和歌、连歌和能乐，"寂"则对应于日本短诗"俳谐"（近代以后称为"俳句"），是俳谐论（简称"俳论"）的核心范畴，因为"俳圣"松尾芭蕉及其弟子（通称"蕉门弟子"）常常把俳谐称为"风雅"，所以"寂"就是俳谐之"寂"，亦即蕉门俳论所谓的"风雅之寂"。

　　"寂"是一个古老的日文词，日文写作"さび"，汉字传入后，日本人以汉字"寂"来标记"さび"。对于汉字"寂"，我国读者第一眼看上去就会立刻理解为"寂静""安静""闲寂""空寂"，佛教词汇中的"圆寂"（死亡）也简称"寂"。如果可以单纯从字面上做这样的理解的话，事情就比较简单了。但是"寂"作为日语词，其涵义相当复杂，而且作为日本古典美学与文论的概念，它又与日本传统文学中的某种特殊文体——俳谐（这里主要指"俳谐连歌"中的首句即"发句"，近代以来称为"俳句"，共"五七五"十七字音）——相联系。如果说，"物哀"主要是对和歌与物语的审美概括，"幽玄"主要是对和歌、连歌与"能乐"的概括。那么，"寂"则是对俳谐创作的概括，它是一个"俳论"（俳谐论）概念，特别是以"俳圣"松尾芭蕉为中心的所谓"蕉风俳谐"或称"蕉门俳谐"所使用的核心的审美概念，在日本古典美学概念范畴中占有极其重要的位置。

但是，相对于"物哀"与"幽玄"，"寂"这一概念在日本古典俳论中显得更为复杂含混，更为众说纷纭。现代学者对于"寂"的研究较之"物哀"与"幽玄"，也显得很不足。日本美学家大西克礼在1941年写了一部专门研究"寂"的书，取名为《风雅论——"寂"的研究》，是最早从美学角度对"寂"加以系统阐发的著作。该书许多表述显得啰嗦、迂远、不得要领，暴露出了不少日本学者难以克服的不擅长理论思维的一面，尽管如此，该书仍奠定了"寂"研究的基本思路与方法，而且此后一直未见有更大规模的相关研究成果问世，另外的一些篇幅较短的论文更显得蜻蜓点水、浅尝辄止。较有代表性的是语言学家、教育家西尾实的论文《寂》（收于《日本文学的美的理念·文学评论史》，东京河出书房，1955年），西尾实觉察到"寂"在内涵上有肯定与否定的对立统一的"二重构造"或"立体构造"，但他并没有将这种构造清楚地呈现出来。至于在我国，虽然有学者在相关著作中提到"寂"，但只是一般性的简单介绍，难以称为研究。

为了给我国学者的相关研究提供关于"寂"的原典资料，我把松尾芭蕉及其弟子的俳论择要翻译出来，又译出了大西克礼的《风雅论——"寂"的研究》，合在一起编译了《日本风雅》①一书，在此基础上，我运用概念辨析的方法，特别是历

① 〔日〕大西克礼等著：《日本风雅》，王向远译，长春：吉林出版集团，2012年。

史文化语义学、比较语义学的方法，试图将"寂"的复杂的内部构造描画出来，将其审美意义揭示、呈现出来。

二

综合考察日本俳论原典对"寂"的使用，我认为"寂"有三个层面的意义。第一是"寂之声"（寂声），第二是"寂之色"（寂色），第三是"寂之心"（寂心）。以下逐层加以说明。

"寂"的第一个意义层面是听觉上的"寂静""安静"，也就是"寂声"。这是汉字"寂"的本义，也是我们中国读者最容易理解的。松尾芭蕉的著名俳句"寂静啊，蝉声渗入岩石中"，表现的主要就是这个意义上的"寂"。正如这首俳句所表现的，"寂声"的最大特点是通过盈耳之"声"来表现"寂静"的感受，追求那种"有声比无声更静寂""此时有声胜无声"的听觉上的审美效果。

"寂"的第二个层面，是视觉上的"寂"的颜色，可称为"寂色"。据《去来抄》的"修行"章第37则记载，松尾芭蕉在其俳论中用过"寂色"（さび色）一词，认为"寂"是一种视觉上的色调。汉语中没有"寂色"一词，所以中国读者不好理解。"寂色"与我们所说的"陈旧的颜色"在视觉上相近，但"色彩陈旧"常常是一种否定性的视觉评价，而"寂色"却是一种完全意义上的肯定评价。换言之，"寂色"是一种具有审美价值的"陈旧之色"。用现在的话来说，"寂色"

就是一种古色、水墨色、烟熏色、复古色。从色彩感觉上说，"寂色"给人以磨损感、陈旧感、黯淡感、朴素感、单调感、清瘦感，但也给人以低调、含蕴、简洁、洒脱的感觉，所以富有相当的审美价值。"寂色"是日本茶道、日本俳谐所追求的总体色调（茶道中"寂"又常常写作"侘"，假名写作"わび"）。茶道建筑——茶室——的总体色调就是"寂"色：屋顶用黄灰色的茅草修葺，墙壁用泥巴涂抹，房梁用原木支撑，里里外外总体上呈现发黑的暗黄色。"寂色"的反面例子是中国宫廷式建筑的大红大紫、辉煌繁复、雕梁画栋。中世时代以后的日本男式日常和服也趋向于单调古雅的灰黑色，也就是一种"寂色"；与此相对照的是女性和服的明丽、灿烂和光鲜。

日本古典俳谐喜欢描写的事物常常是枯树、落叶、顽石、古藤、草庵、荒草、黄昏、阴雨等带有"寂色"的东西。"寂色"不仅在古代日本文化中具有重要的审美价值，而且在现代文化中也同样具有普遍的审美价值。众所周知，在现代审美文化潮流中，"寂色"也相当彰显，甚至"寂色"已成为一种不衰的时尚。例如，1950年代后，从北美、欧洲到东方的日本，全世界都逐渐兴起了一股返璞归真的审美运动，表现在服装上则是以牛仔服的颜色为代表的"寂色"服装持久流行，更有服装设计与制造者故意将新衣服加以磨损，使其出现破绽，追求"破衣烂衫"的效果与情趣，反而可以显出一种独特的"时尚"感。这种潮流到1990年代后逐渐传到中国，如今人们已经习以为常。但现代汉语中还没有一个恰当的词来表示这种色彩与风格，我认为借用日本俳谐美学的"寂"及"寂色"这个名词来概括最为合适。

"寂"的第三个层面，指的是一种抽象的精神姿态，是深层的心理学上的含义，是一种主观的感受，可以称为"寂心"。"寂心"是"寂"的最核心、最内在、最深的层次。有了这种"寂心"就可以摆脱客观环境的制约，从而获得感受的主导性、自主性。例如，客观环境喧闹不静，但是主观感受可以在闹中取静。从人的主观心境及精神世界出发，就可以进一步生发出"闲寂""空寂""清静""孤寂""孤高""淡泊""简单""朴素"等形容人精神状态的词，而一旦"寂"由一种表示客观环境的物理学词汇上升到心理学词汇，就很接近于一种美学词汇，很容易成为一个审美概念了。

日本俳谐所追求的"寂心"，或者说是"寂"的精神状态、生活趣味与审美趣味，主要是一种寂然独立、淡泊宁静、自由洒脱的人生状态。所谓"寂然独立"，是说只有拥有"寂"的状态，人才能独立；只有独立，人才能自在；只有自在，才能获得审美的自由。这一点在"俳圣"松尾芭蕉的生活与创作中充分体现了出来。芭蕉远离世间尘嚣，或住在乡间草庵或走在山间水畔，带着若干弟子，牵着几匹瘦马，一边云游一边创作，将人生与艺术结合在一起，从而追求"寂"、实践"寂"、表现"寂"。要获得这种"寂"之美，首先要孑然孤立、离群索居。对此，松尾芭蕉在《嵯峨日记》中写道："没有比离群索居更有趣的事情了。"近代俳人、评论家正冈子规在《岁晚闲话》中曾对芭蕉的"倚靠在这房柱上，度过了一冬天啊"这首俳句做出评论，说此乃"真人气象，乾坤之寂声"，因为它将寒冷冬天的艰苦清贫的、单调寂寞的生活给审美化了。

过这种"寂"的生活，并非是要做一个苦行僧，而是为了更好地感知美与快乐。对此，芭蕉弟子各务支考在《续五论》一书中说："心中一定要明白：居于享乐则难以体会'寂'；居于'寂'则容易感知享乐。"我认为这实在是一种很高的觉悟。一个沉溺于声色犬马、纸醉金迷之乐的人，其结果往往会走向快乐的反面，因为对快乐的感知迟钝了。对快乐的感知一旦迟钝，对更为精神性的"美"的感知将更为麻木化。所以，"寂"就是要淡乎寡味，在无味中体味有味。芭蕉的另一个弟子森川许六在一篇文章中就说过这个意思的话，他说："世间不知俳谐为何物者，一旦找到有趣的题材，便咬住不放，是不知无味之处自有风流……要尽可能在有味之事物中去除浓味。"（《篇突》）这里所强调的都是"寂"是一种平淡的心境与趣味。这样的心境和趣味容易使人在不乐中感知快乐，在无味中感知有味，甚至可以化苦为乐。这样，"寂"本身就成为一种超然的审美境界，能够超越它原本具有的寂寞无聊的消极性心态，而把"寂寥"化为一种审美境界，摆脱世事纷扰，摆脱物质、人情与名利等社会性的束缚，摆脱不乐、痛苦的感受，使心境获得对非审美的一切事物的"钝感性"乃至"不感性"，自得其乐、享受孤独，从而获得一种心灵上的自由、洒脱的态度。

"寂"作为审美状态是"闲寂""空寂"，而不是"死寂"；是"寂然独立"，不是"寂然不动"，它是一种优哉游哉、游刃有余、不偏执、不痴迷、不执着、不胶着的态度。就审美而言，对任何事物的偏执、入魔、痴迷、执着、胶着，都只是宗教虔诚状态，而不是审美状态。芭蕉自己的创作体验也能很好地说明这一点。他曾在《奥州小道》中提到，他初次参观日本著名风景胜地松岛的时候，完全被那里的美景所震慑住了，一时进入了一种痴迷状态，不可自拔，所以当时竟连一首俳句都写不出来。这就说明，"美"实际上是一种非常可怕的东西，被"美"俘虏的人，要么会成为美的牺牲者，要么成为美的毁灭者，却难以成为美的守护者、美的创造者。例如王尔德笔下的莎乐美为了获得对美的独占，把自己心爱的男人的头颅切下来；三岛由纪夫《金阁寺》中的沟口为了独占金阁的美而纵火将金阁寺烧掉了，他们都成为美的毁灭者。至于为美而死、被美所毁灭的人就更多了。这些都说明，真正的审美必须与美保持距离，要入乎其内然后超乎其外。而"寂"恰恰就是对这种审美状态的一种规定，其根本特点就是面对某种审美对象，可以倾心之，但不可以占有之，要做到不偏执、不痴迷、不执着、不胶着。一句话，"寂"就是保持审美主体的"寂然独立"，对此，芭蕉的高足向井去来在《三册子》中写道：不能被事物的新奇之美所俘虏，"若一味执着于追新求奇，就不能认识该事物的'本情'，从而丧失本心。丧失本心是心执着于物的缘故。这也叫作'失本意'"。古典著名歌人慈圆有一首和歌这样写道："柴户有香花，眼睛不由盯住它，此心太可怕。"在他看来，沉迷于美、胶着于美，是可怕的事情。用日本近代作家夏目漱石的话来说，你需要有一种"余裕"的精神状态，有一种"无所触及"的态度，就是要使主体在对象之上保持自由游走、自由飘游的状态。

三

那么，究竟要在哪里游走飘移，又从何处、到何处游走飘移呢？综观日本古典俳论特别是蕉门俳论，可以发现其中存在着四个对立统一的范畴（"四论"）及其相关命题：

第一是"虚实"论，提出了"游走于虚实之间"的命题。

第二是"风雅"论，提出了"以雅化俗""高悟归俗"的命题。

第三是"老少"论，提出了"忘老少"的命题。

第四是"不易·流行"论，提出了"千岁不易、一时流行"的命题。

要使"寂"这一审美理念得以成立，审美主体或创作主体就是要在"虚与实""雅与俗""老与少""不易与流行"之间飘移，由此形成了既对立又和谐的审美张力并构成了"寂心"的基本内涵。

先说"寂心"中的第一对范畴——"虚实"论。

"虚实"论本来是中国哲学与文论中重要的对立统一的范畴，指的是有与无的关系、现实与想象的关系、生活与艺术的关系、虚构与真实的关系等等。作为文论概念的"虚实"主要指一种艺术手法，具体表述为"虚实兼用""虚实互用"

"虚实互藏""虚实相半""虚实相生""虚实相间""虚实得宜"等，而日本"虚实"概念的含义虽然基本上与中国相当，但与中国文论所不同的是，日本俳论中的"虚实"概念是包含在"寂"论之中的。在日语中，有一个动词写作"さぶ"，名词型写作"さび"，这个词在词源上可能与"寂"有所不同，但显然与"寂"是同音近义的关系，所以也不妨将它作为"寂"的派生用法。"寂"（"さぶ""さび"）这个接尾词可以置于某一个名词之后，表示"带有……的样子"的意思，相当于古汉语中的"……然"的用法。例如："翁さぶ""秋さぶ"分别是"仿佛老人的样子""有秋天的感觉"的意思；"山さび"是说某某东西像是"山"。在这里，本体是"实"，喻体是"虚"，这是"寂"作为接尾词在日语中的独特的语法功能。通过这一功能作用，就可以将"虚"与"实"两种事物联系起来、统一起来。

另一方面，"寂"论中的"虚实"论指的也不是中国文论中的"虚实互用""虚实相间"之类的艺术表现手法，而是主张审美创作者与美的关系，或者说是人与现实之间形成一种既有距离又不远离的若即若离的审美关系。用蕉门俳论中的术语来说就是要"飘游于虚实之间"。对此，《幻住庵俳谐有耶无耶关》一书中，有以芭蕉的名义写的如下一段话："于虚实之间游移，而不止于虚实，是为正风，是为我家秘诀。"并举了一个风筝的例子加以形象的说明："虚：犹如风筝断线，飘入云中。实：风筝断线，从云中飘落。正：风筝断线，但未飘入云中。"以此来说明"以虚实为非，以正为是，飘游于虚实之间，是为俳谐之正。"在这个形象的比喻中，地为实，天（云）为虚，风筝是俳人的姿态。风筝断线，方能与"实"相脱离，但又不能飘入云中，否则就是远离了"实"而"游于虚"。只有"飘游于虚实之间"才是"寂"应有的状态。

对此，大西克礼在《风雅论》一书中，用德国浪漫派美学家提出的"浪漫的反讽"的命题加以解释。他认为，所谓"浪漫的反讽"就是"一边飘游于所有事物之上，一边又否定所有事物的那种艺术家的眼光"。"反讽"的立场，是把现实视为虚空，又把主体或主观视为虚空，结果便在虚与实之间飘游、在"幻像"与"实在"之间飘游、在"否定"与"肯定"之间飘游。按我的理解，"审美的反讽"实际上就是一种审美主体的超越姿态，就是以游戏性的、审美的立场对主客、虚实、美丑等的二元对立加以消解，在对立的两者之间来回反顾，自由地循环往复。这样一来，"虚"便可能成为"实"，而"实"又可能成为"虚"。由此，才有可能自由地将丑恶的现实世界加以抹杀，达到一种芭蕉在《笈之小文》中所提倡的那种自由的审美境界，即"所见者无处不是花，所思者无处不是月"。

这一点集中体现于松尾芭蕉的创作里。在他"寂"的"审美眼"里，世间一切事物都带上了美的色彩。例如，他的俳句"飞到屋檐下，朝面饼上拉屎哦，一只黄莺啊"；"寒冷鱼铺里，咸盐的死鲷鱼，龇着一口白牙"，都是将本来令人恶心的事物和景象，写得不乏美感。19世纪法国诗人波德莱尔的"恶之花"的审美观与艺术表现与此有一点相似，但波德莱尔是立足于颓废主义的立场，强调美与丑、美与道德的对立，而松尾芭蕉并非有意地彰显丑，而是用他的"审美眼"、用"寂心"来看待万事万物。有了"寂心"就不仅会对非审美的东西具有"钝感性"或"不感性"，而且还能够"化腐朽为神奇"、化丑为美。一般而言，把原本美的东西写成美的，是写实；将原本不美的东西写成美的，才是审美。在这方面，不仅芭蕉如此，以"寂"为追求的芭蕉的弟子们也都如此。据《去来抄》记载，一天傍晚，先师对宗次说："来，休息一会儿吧！我也想躺下。"宗次说："那就不见外了。身体好放松啊，像这样舒舒服服躺下来，才觉得有凉风来啊！"于是，先师说："你刚才说的，实际上就是发句呀！你将这首《身体轻松放》整理一下，编到集子里吧！"宗次的这首俳句是："身体轻松放，四仰八叉席上躺，心静自然凉。"所表现的就是俳人的苦中求乐的生态。这种态度，这种表达，就是俳谐精神，就是"寂"的本质。芭蕉的另一个弟子宝井其角夜间睡眠中被跳蚤咬醒了，便起身写了一首俳句："好梦被打断，疑是跳蚤在捣乱，身上有红斑。"同样是将烦恼化成快乐。这些俳谐所表现的就是俳人的甘于清贫、通达、洒脱的本色，是一种无处不在的游戏心态和审美的态度。显然，这洒脱的精神态度中也含有某种程度的"滑稽""幽默""可笑"的意味。实际上，"俳谐"这个词的本义就是滑稽、可笑，因而俳谐与滑稽趣味具有天然的联系。所以大西克礼在《风雅论》中，以西方美学为参照，认为"寂"是属于"幽默"的一个审美范畴。这是因为"寂"飘游于虚实之间，同样也飘游于"痛苦"

与"快乐","严肃"与"游戏","谐谑"与"认真"之间，使对立的两者相互转换。于是，"寂"原本的这种"寂寞""寂寥""清苦"就常常走到其反面，带上了"滑稽""有趣""游戏""满足"乃至"可笑"的色彩。

"虚实"及"虚实"论是一种俳人的人生态度与审美态度，是一个高度抽象的哲学问题。而在具体俳谐创作中，"虚实"论又具体表现为"华实"论。尽管日本俳论中各家对"华实"的解释各有不同，但基本上与中国古代文论中的"华实"论相通，就是主张以"实"为主，以"华"（花）为辅。例如向井去来在《去来抄·同门评》中认为俳谐吟咏的中心对象是"实"，一首俳谐中"实"是确定不变的，而"作为修饰性的'花'可以有多种多样，但应选取有雅趣的事物"。

再说"寂"论的第二对范畴——"雅俗"论。

"寂"所包含的这种淡薄、宁静、自由、洒脱、本色、幽默的生活态度，从另一个角度来说就是"风雅"。所以"寂"常常被称为"风雅之寂"。我认为，"风雅"不同于日语中的另一个近义词"雅"（みやび）。"雅"是宫廷贵族的高贵、高雅之美，其意义结构是单一的，而"风雅"则是一种对立结构，是"风"与"雅"的对立统一，用日语来说，就是"俚"（さとび）与"雅"（みやび）的对立统一。对于"风雅"（ふうが）这个汉字词，日本人历来有种种解释，例如"风"与"雅"是汉诗的"六义"中的两义，"风雅"指诗歌文章之道，是一种艺术性的风流表现。这是汉语中"风雅"

的原意。日本俳论中对"风雅"一词的理解虽然很不一致、很不明确，但是只要我们对日语及日本文学、文论语境中的"风雅"加以分析，就会看出"风雅"是作为"寂"的一个审美条件，指的是"风"与"雅"的对立统一。"风"者，风俗也，世俗也，大众也，民间也，底层也，俚俗也；在"风雅之寂"的审美理念中，"雅"者，高尚也，个性也，高贵也，纯粹也，美好也。"风雅"的实质是就是变"风"为"雅"，就是将大众的、底层的、卑俗的东西予以提炼与提升，把最日常、最通行、最民众、最俚俗的事物加以审美化，就是从世俗之"风"中见出美，也就是通常所说的"俗"与"雅"的对立统一。为此，松尾芭蕉提出"高悟归俗"的主张。"高悟"后再"归俗"，就不是无条件地随俗，而是超越世俗，然后再回归于俗。有时表面看上去很俗，实则脱俗乃至反俗。为此，松尾芭蕉还提出了所谓"夏炉冬扇"说。火炉与扇子固然是俗物，但夏天的火炉，冬天的扇子，一般人都会认为是不合时宜的无用之物，而"夏炉冬扇"作为一种趣味，恰恰可以表示一个人的不合时宜、不从流俗、特立独行的姿态。从语言使用的角度看，俳谐与和歌的不同点就是使用俗语，就此，蕉门俳论书《二十五条》鲜明提出俳谐创作就是"将俗谈俚语雅正化"，与谢芜村在《春泥发句集序》中也提出的俳谐使用"俗语"，但又须要"离俗"，其意思都是一样的。或者在雅归俗或者在俗向雅，都存在着一个"雅"与"俗"互动，或者"俗"与"离俗"互动的审美张力。而根本的指向就是"以雅化俗"，这也是"风雅之寂"的最显著的审美特征。

"风雅之寂"作为一种心胸或态度，又叫"风雅之诚"。"诚"者，不仅仅是指客观的真实，更是指主观的真心、真性情，是很个人化的、很自我的精神世界。"风雅之寂"与"风雅之诚"就是一种超越于雅俗的审美追求。这一点，我们也可以从一些俳人所起的名号中看出来，例如有人叫"去来"，有人叫"也有"，有人叫"横斜"，有人叫"一茶"，有人叫"芜村"等等，通俗至极但奇特至极、风雅至极。站在现代社会的角度看，"风雅之寂"就是人的内在修养的外在表现，是"贵族趣味"与"平民姿态"的对立统一。一个人的精神趣味是贵族的、高雅的、脱俗的，但外在表现上却又是平民的、随和的、朴素的，这就是"风雅之寂"，是人格的一种大美。相反的，则是矫揉造作、假模假式、拿架子、摆派头，那就是不"寂"，是丑。

第三，是"寂"论的第三对范畴——"老少"论。

"寂"这一概念的深层的意义，就是"老""古""旧"。本来，"寂"在日语中作为动词，具有"变旧""变老""生锈"的意思。这个词给人的直观感觉就是"黯淡""烟熏色""陈旧"等，这是汉语中的"寂"字所没有的含义。如果说"寂"的第一层含义"寂静""安静"主要是从空间的角度而言，与此相关的"寂然、寂静、寂寥、孤寂、孤高"等的状态与感觉，就都有赖于空间上的相对幽闭和收缩或者空间上的无限空旷荒凉，可以归结为空间的范畴。而"寂"的"变旧""生锈""带有古旧色"等义都与时间的因素联系在一起，与时间上的积淀性密切关联。

"寂"的这种"古老""陈旧"的意味，如何会成为一种审美价值呢？我们都知道，"古老""陈旧"的对义词是新鲜、生动、蓬勃，这些都具有无可争议的审美价值。而"古老""陈旧"往往表示对象在外部所显示出来的某种程度的磨灭和衰朽。这种消极性的东西，在外部常常表现为不美乃至丑，而不美与丑如何能够转化为美呢？

一方面，衰落、凋敝、破旧干枯的、不完满的事物会引起俳人们对生命、对变化与变迁的怅叹、感慨、惆怅、同情与留恋。早在 14 世纪的僧人作家吉田兼好在其随笔集《徒然草》第八二则中，就明确地提出残破的书籍是美的。在该书的第137 节，吉田兼好认为比起满月，残月更美；比起盛开的樱花，凋落的樱花更美；比起男女的相聚相爱，两相分别和相互思念更美。西尾实从这个角度把《徒然草》看作是"寂"的审美意识的最早的表达。在俳谐中，这种审美意识得到了更为集中的表现。例如，看到店头的萝卜干皱了，俳人桐叶吟咏了一首俳句："还有那干皱了的大萝卜呀！"松尾芭蕉也有一首俳句，曰："买来的面饼放在那里，都干枯了，多可惜呀。"这里所咏叹的是"干皱""干枯"的对象，最能体现"寂"的趣味。用俳人北枝的一首俳句来说，"寂"审美的趣味就是"面目清癯的秋天啊，你是风雅！"在这个意义上，"寂"就是晚秋那种盛极而败的凋敝状态。俳人莺笠在《芭蕉叶舟》一书中认为"句以'寂'为佳，但过于'寂'，则如见骸骨，失去皮肉"，可见"寂"就是老而瘦硬甚至瘦骨嶙峋的状态。莺笠在《芭蕉叶舟》中还说过这样一段话："句有亮光，则显华丽，此为高调之句；有弱光、有微温者，是为低调之句。……亮光、微温、华丽、光芒，此四者，句之病也，是本流派所厌弃者也。中人以上者若要长进，必先去其'光'，高手之句无'光'，亦无华丽。句应如清水，淡然无味。有垢之句，污而浊。香味清淡，似有似无，则幽雅可亲。"这里强调的是古旧之美。芭蕉的弟子之一森川许六在一封书信中写道："我就要四十二岁了，血气尚未衰退，还能做出华丽之句来，随着年龄增长，即便不刻意追求，也会自然吟咏出'寂、枝折'之句来。"（《赠落柿舍去来书》），可见在他看来，"寂"是一种自然而然的"老"的趣味。

但是，仅仅是"老"本身，还不能构成真正的"寂"的真髓，正如莺笠所说的"过于'寂'，则如见骸骨，失去皮肉"。假如没有生命的烛照，就没有"寂"之美。关键是人们要能够从"古老""陈旧"的事物中见出生命的累积、时间的沉淀，才是真正的"寂"之美。这就与人类的生命体验产生了一种不可分割的深刻联系。任何生命都是有限的、短暂的，而我们又可以从某些"古老""陈旧"的事物中某种程度地见出生命的顽强不绝、坚韧性、超越性和无限性。这样一来，"古老""陈旧"就有了生命的移入与投射，就具有了审美价值。最为典型的是古代文物。有时候，尽管"古老""陈旧"的对象是一种自然物，例如一块长着青苔的古老的岩石、一棵枝叶稀疏的老松，只要我们可以从中看出时间与生命的积淀，它们就同样具有审美价值。

另一方面，俳论中的"寂"论虽然确认了有着生命积淀的"古老""陈旧"事物的审美价值，但这并不意味着"寂"专门推崇或特别推崇"古老""陈旧"之美。诚然，正如中国苏东坡所说："大凡为文，渐老渐熟，乃造平淡。"（宋周紫之《竹坡诗话》）；又如明代画家董其昌所说："诗文书画，少而工、老而淡。"（《画旨》）是说人到老了容易走向平淡，也就是容易得到"寂"。但这并不意味着"寂"是老年人的专利，也不意味着"老"本身就是"寂"之美。虽然俳谐的"寂"的审美理念中包含了"古老""陈旧"的审美价值，但我们也不能像大西克礼那样把俳谐划归于"老年文学"。我认为，总体而言，日本文学与中国文学的一个最大的不同就是中国文学在观念上十分推崇"老"之美，常常把"老道""老辣""老成"作为审美的极致状态，而日本文学则把"少"之美作为美的极致而尽力回避老丑的描写。例如在《源氏物语》中，所有主要的女性人物都是十几岁至二十几岁的少女，男性则大多是属于中青年。作者对男主人公源氏也只写到四十岁为止。作者笔下的若干最美的女主人公都是在二十岁前后去世的，这就避免了写到她们的老丑之态。整个平安王朝的贵族文学基本情形就是如此。即便是后起的俳谐文学，也仍然继承了这一传统。最典型的代表是江户时代后期的俳人小林一茶，他在中晚年写了大量充满孩子气、天真稚气的俳句，如"没有爹娘的小麻雀，来跟我一块玩吧"；"瘦青蛙，莫败退，有我一茶在这里"等等之类。可见，在日本文学中，似乎存在着一种"写'少'避'老'"的传统，存在着对"老丑"的一种恐惧感。例如井原西鹤《好色一代女》中的女主人公，在年老色衰后隐遁山中不再见人；又如川端康成《睡美人》中的男主人公，因老年、性力丧失感到羞愧，只能面对服药后昏睡的年轻女子回顾往昔、想入非非；谷崎润一郎的《疯癫老人的日记》所描写的也是如此。

　　这一传统在日本俳谐文学及俳论中的"寂"论中同样也有表现。"寂"论实际上包含了"老"与"少"这对矛盾的范畴。松尾芭蕉在《闭关之说》一文中表达了他对"老少"问题的看法。他认为，年轻时代的男女因为"好色"而做出一些出格的事情来，是可以理解的、可以原谅的，"较之人到老年却仍然魂迷于米钱之中而不辨人情，罪过为轻，尚可宽宥"。在芭蕉看来，青年壮年时代"好色"是人情，是美的，而年老时若只想着柴米油盐而失去对"人情"的感受力与实行力，那是不可原谅的。这是以"少"为中心的价值观，所以芭蕉主张，老年人只有"舍利害、忘老少、得闲静，方可谓老来之乐"。换言之，老年只有"忘老少"即忘掉自己的老龄，"不知老之将至""不失其赤子之心"，才能真正达到"乐"的境界，也就是"寂"的境界。蕉门弟子各务支考在《续五论》中也强调："有人说年轻则无'寂'，这样说，是因为他们不知道俳谐出自于心。"也就是说，有没有"寂"不取决于年龄的老少，而决定于心灵状态。这一点与中国文论的相关议论也颇为吻合。明代项穆在《书法雅言·老少》中，谈到书法风格时说："书有老少……老而不少，虽古拙峻伟，而鲜丰茂秀丽之容；少年不老，虽婉畅纤妍，而乏沉重典实之意。二者混为一致，相待而成者也。"也许正是为了"老"与"少"的"相待而成"，晚年的松尾芭蕉努力提倡所谓"轻"（かるみ）的风格，所谓"轻"，是与"老"相对而言的，实际上就是"少"的意思，就是年轻、青春、轻快、轻巧、生动、活泼的意思。这个"轻"与"寂"所本来带有的"古老""陈旧"的语义是相对立的，而这一对立就是"老"与"少"的对立。可以不妨认为，以芭蕉的"夏炉冬扇"的反俗的、风雅的观点来看，人越是到了老年越要提倡与"老"相反的"轻"、轻快、轻巧、生动、活泼的东西。芭蕉晚年的俳谐作品固然有着老年的不惑与练达，却并没有暮年的老气横秋，也大量表现了新鲜、少壮、蓬勃之美。如此，就使得"寂"的"古老""陈旧"之美中不乏新鲜与生气，不失去其生命活力。这就是"老"与"少"、"寂"与"轻"的相反相成的关系。换言之，"寂"之美就是从"老"与"少"的对立统一中产生出来的。

最后，谈谈"寂"的第四对范畴，就是"不易·流行"论。

空间意义上的"寂"与时间意义上的"寂"的交织，作为一种生命状态、美的状态，不是刻板的、沉闷的，而是时刻都处在变与不变之中。在这个意义上看，"寂"这一审美概念又与松尾芭蕉提出的"不易、流行"论密切关联。

所谓"不易"就是不变，就是"千岁不易"；所谓"流行"就是随时改变，就是所谓的"一时流行"。"不易、流行"就是变与不变的矛盾统一。它有两个层面的意思，浅层的是指俳谐作品的样式，即"不易之句"和"流行之句"。"不易之句"就是有传统底蕴的、风格较为保守固定的俳句，"流行之句"就是追求新风的俳句。这里讲的是创作风格的变与不变的矛盾统一。"不易·流行"的更深层的寓意，乃是指"寂"的一种本质内涵——也就是永恒与变化的矛盾统一、"动"与"静"的矛盾统一。芭蕉弟子之一服部土芳在《三册子》中曾引用芭蕉的一段话："乾坤变化乃风雅之源。静物其姿不变，动物其姿常变。时光流转，转瞬即逝。所谓'留住'，是人将所见所闻加以留存。飞花落叶，飘然落地，若不抓住飘摇之瞬间，则归于死寂，使活物变成死物，销声匿迹。"说的就是"动"与"静"的关系。"不易、流行"论所要揭示的道理就是："不易"是"寂"的根本属性，"流行"是"寂"的外在表征；换言之，"静"是"寂"的根本属性，"动"是"寂"的外在表征。绝对的"不易"或"静"就是纯粹的无生命，就是"死寂"；绝对的"流行"或"动"就是朝生暮死，转瞬即逝。只有"不易"与"流行"、永恒与变化、"动"与"静"的对立统一，才是真正的苍寂而又生气盎然的"寂"的境界。最能体现"寂"之真谛的俳谐，最美、最具有"俳味"的俳谐，都是"不易"与"流行"、"动"与"静"的辩证统一。我们对芭蕉的为数众多的名句加以仔细体味，就可以常常感受到其中的"不易、流行"的奥妙。例如，"古老池塘啊，一只蛙蓦然跳入，池水的声音"；"寂静啊，蝉声渗入岩石中"。这两首俳句写的是"静"还是"动"呢？没有古老池塘的寂静，哪能听得青蛙入水的清幽的响声？没有树林中的寂静，哪能感觉到蝉声渗入坚硬的岩石？在这里，"寂"并非寂静无声，而是因有声而显得更加寂静；"寂"也并非不"动"，而是因为有"动"而更显得寂然永恒。这就是禅宗哲学所说的"动静不二"。"不易"与"流行"及"动""静"所达成的这种审美张力与和谐是宇宙的本质，是世界与人之关系的本质，也是"寂"的本质。

俳谐就是这样，作为世界文学中的最为短小的由十七个字音构成的诗体，体式上极为简单，却包含了上述的颇为复杂的哲学的、宗教的、美学的思想蕴含，也许正是在这个意义上，近代俳人、俳论家高滨虚子才断言："和歌是烦恼的文学，俳谐是悟道的文学。"也就是说，和歌是以抒情为主的，俳句是以表意为主的；和歌是苦闷的象征，俳谐是觉悟的表达。这样，俳谐的简单的体式与复杂的表意之间就构成了一种审美的张力，这也是"寂"的一个重要特点。

以上所说的"寂"论及"寂心"中所内含着的"虚实"论、"雅俗"论、"老少"论、"不易·流行"论这四个对立统一的范畴，作为一种形而上学之"道"，只要被俳人所"悟"，就必然会在具体的俳句作品中体现出来。将这四个对立统一的范畴总体地、浑然地、自然而然地加以综合表现而呈现出来的那种外在状态，就是日本俳论中所主张的所谓的"しおり"（旧假名标记法写作"しをり"），读作"shiori"。

从词源上来看，"しおり"是一个合成词，它的原型是树枝的"枝"字——日语音读为"し"（shi）——后头再加上一个动词"折る"（读作"おる"）而形成的动词"枝折る"

（しおる），其名词形是"枝折"（しおり）。"枝折"的意思是"折枝"，就是将柔软的树枝折弯、折下的状态。在这个意义上，"しおり"又以汉字"挠"字来标记，写作"挠り"。"挠"也是"折"的意思；又因为被折弯或被折下的树枝显得软弱、萎靡、沮丧，所以又以汉字"萎"来标记，写作"萎る"，作为动词，它表示一种萎靡的状态和"蔫"之美。在古代日本，人们在走山路的时候会折下或折弯路边的树枝，用来作为路标，这时也写作"枝折"，又从"路标"这个意思，引申为夹在书本中的书签，写作"栞"（しおり）。

综合上述"枝折"（しおり）的这些意思，可以看出这个词有两大特征：第一，它表示一种柔软、曲折之美，一种可怜、可哀的"蔫"之美；第二，它是一种标志物，有呈现在外的视觉性的特征。我们应该从这两个特征入手对"枝折"一词的美学属性加以分析和理解。

"枝折"这个概念在日本古典俳论中使用得相当多，但由于缺乏明确的概念界定和理论体系上的准确定位，以致一直以来学者们将"枝折"与"寂"乃至与"细柔"作为同一层次的概念相提并论，从而产生了逻辑上的严重混乱。我认为，"枝折"与上述的四对概念一样，也是"寂"的一个从属范畴。如果说，"虚实"论、"雅俗"论、"老少"论、"不易·流行"论这四个对立统一的范畴是"寂"的内在涵义，那么，"枝折"则属于"寂"的外在表现、一种外在标志。正如芭蕉弟子向井去来在《答许子问难辨》中所说："'枝折'是植根于内而显现于外的东西。"倘若借用日本古典文论中常常使用

的"心"（内在精神）、"姿"（外在表现）的比喻来说，四个
对立统一的范畴是"寂之心"，而"枝折"就是"寂之姿"。
"寂"作为俳人的精神内涵，通常是沉潜着的、含而不露的，
当它表现在俳谐创作中的时候，必然要体现出外在的风格特征
与表现形式（日语称为"句姿"），这种体现就是所谓的
"枝折"。

蕉门俳论对俳句的"句姿"的"枝折"做了许多描述，
如《祖翁口诀》中说："句姿应如青柳枝上小雨垂垂欲滴之
状，又如微风吹拂杨柳，摇曳多姿。"这实际上也就是对"枝
折"之美的描述。"枝折"就是指如同柔软的树枝那样的弯
曲、纤细、摇曳、游弋、飘忽、扶摇、婀娜、潇洒的状态。假
如借用上述的"虚实"论中飘游的风筝来做比喻，放风筝者
有一颗"寂之心"，风筝就是"寂之姿"，风筝及风筝线细长、
柔韧、浮游、飘飘忽忽、若有若无、若隐若现，其作用和功能
是把"寂之姿"放飞、呈现出来，这种状态就是"枝折"。正
因为如此，日本古典俳论常常将"枝折"与"细柔"（ほそ
み）连在一起使用。在这种情况下，"细柔"就是"枝折"状
态的一种描述。换言之，"枝折"的，必然就是"细柔"的，
正如风筝线一样，要让风筝飘起来达到"枝折"的效果，就
必然有一条"细柔"之线。再打个比方，"寂"就像一个蚕
茧，蚕茧的外壳是"寂声""寂色"，内部包含着的蚕丝就是
"寂心"。倘若蚕丝不抽出来，那就好比是"寂之心"没有外
化。倘若蚕丝由内及外地抽出来，就使"寂心"有了外在表
现。表现得好、表现得美，就是艺术创作，就是艺术表现，就

呈现出了"枝折"之美、"柔细"之美，这种美就是"寂姿"。"寂姿"表现在具体的俳谐（俳句）创作中，就是日本俳论中常说的"句之姿"，是一种余情不绝、余韵缭绕、摇曳多姿、委曲婉转之美，这就是"枝折"的最基本的审美外化的功能。

四

假如以上的分析与结论可以成立的话，我们就用现代学术的逻辑分析与概念辨析方法，为历来众说纷纭、暧昧模糊的日本"寂"论建立起了一个理论系统，显示出了它内在的逻辑构造。概言之——

"寂"在外层或外观上表现为听觉上的"动静不二"的"寂声"，视觉上以古旧、磨损、简素、黯淡为外部特征的"寂色"；在内涵上，"寂"当中包含了"虚与实"、"雅与俗"、"老与少"、"不易与流行"四对子范畴，构成了"寂心"的核心内容，所表示的是俳人的心灵悟道、精神境界与审美心胸；"寂"表现于具体俳谐作品上则是"寂姿"，是以线状连接、余情余韵为特征的"枝折"，"枝折"将上述四对范畴分别呈现、释放出来，从而使俳谐呈现出摇曳、飘逸、潇洒、诙谐的"枝折"之美。总之，从外在的"寂声""寂色"，到内在的"寂心"，再到外在的"寂姿"，构成了一个入乎其内、超乎其外、由内及外的审美运动的完整过程。

上述结论用一个图示来表示就是：

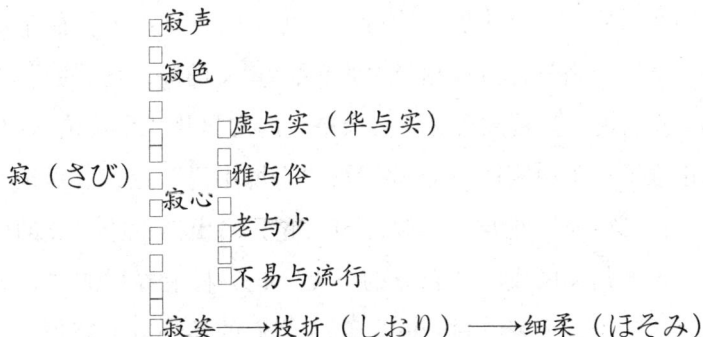

```
          ┌寂声
          │
          │寂色
          │
          │         ┌虚与实（华与实）
          │         │
寂（さび）│         │雅与俗
          │寂心     │
          │         │老与少
          │         │
          │         └不易与流行
          │
          └寂姿──→枝折（しおり）──→细柔（ほそみ）
```

　　这样一来，我们不但解释了"寂"的"内在构造"或"立体构造"，也将"寂"概念与"虚实""不易·流行""雅俗""枝折""柔细"等与其相关的次级概念的逻辑关系做出了清晰的定性、明确的定位与具体的分析阐发，可以解决长期以来日本学界对"寂"概念的解释言人人殊、莫衷一是、缺乏学理建构的混乱局面。

　　而且，将"寂"与"物哀""幽玄"一起作为日本文艺美学的三个一级概念，也相应地廓清了三大概念之间的历史的和逻辑的关系。盛开于平安王朝时代的绚烂的"物哀"之花，到中世文学中结为丰硕的"幽玄"之果，到近世则成为苍寂、飘然的"寂"之叶。"物哀"的王朝文学华丽灿烂，"幽玄"的中世文学含蕴深远，近世的"寂"的文学寂然而又枯淡。时光不断流转，代代有其"流行"，唯有对"美"的追求千岁不易。直至今天，我们仍可以在日本的文学艺术，包括日本的近现代小说、影视作品及动漫作品中，乃至在日本人的日常生活趣味中，看到"物哀""幽玄"与"寂"的面影。诚如西尾实在《寂》一文中所指出的："在我们〔日本人〕的生活中，坚持'寂'还具有相当大的支配力。"的确，就"寂"而言，不妨说，夏目漱石的"有余裕"的文学及"余裕论"，久米正雄等私小说家的"心境"及"心境小说"论，北村透谷的"内部生命"论与"万物之声"论，高山樗牛的"美的生活"论，川端康成的"东方的虚无"论，村上春树的"远游的房间"论，还有"村上式"主人公们的那一点点窘迫、一点点悠闲、一点点热情、一点点冷漠、一点点幽默以及那一点点感伤、无奈、空虚、倦怠，都明显地带有"寂"的底蕴。

说到底，"寂"作为一个美学概念体现了日本文学，特别是俳谐文学的根本的审美追求，具有理论表述与思维构造上的独特性，同时也与其他民族的审美意识有所相通，特别是与中国文化有着深层的关联。在哲学方面，"寂"论显然受到了中国的老庄哲学的返璞归真的自然观、佛教禅宗的简朴而又洒脱的生活趣味与人生观念的影响。在审美意识上，"寂"的状态与刘勰《文心雕龙》中所提倡的"贵在虚静、疏瀹五藏、澡雪精神"的观点十分契合，与中国文论中提倡的"淡"，包括"冲淡""简淡""枯淡""平淡"也一脉相通，与苏东坡提倡的"外枯而中膏、似澹而实美"（《评韩柳诗》），与明代李东阳提倡的"贵淡不贵浓"等主张若合符节。在艺术形态上，日本的俳谐以及由此衍生出来的"俳文""俳话"所显示的"寂"的风韵，与中国古代的瘦硬枯淡的诗、率心由性的随笔散文、空灵淡远的文人水墨画，都是形神毕肖的。日本古代俳人及俳论家的智慧就在于就这些复杂的东西，以一个貌似简单的"寂"字一言以蔽之、一言以贯之，从而表现出日本化的理论思考，体现出了日本古典文艺美学独特的风貌，形成了日本文学从古至今的审美传统，也为今天我们了解日本审美文化乃至日本人的精神世界，提供了一个不可忽略的聚焦点和切入口。

五

在 2011 年上半年就要结束的时候，《审美日本》系列的最后一部书《日本风雅》终于如期完稿，虽说《日本风雅》连同《日本物哀》《日本幽玄》三部书只是《日本古典文论选译》的前期衍生成果，并不意味着此项任务的最终完成，但我还是感觉稍微松了一口气。

对我来说，翻译日本古典文论特别是"寂"论原典的过程，也是对"寂"之美的感受、体悟的过程。两年半以来，除每周二去学校授课之外，我都蛰居家中，埋头伏案，与外界保持最小限度的接触，每天按计划译出固定字数。要把这种生活状态用一个字加以概括，那当然是非"寂"字莫属。对我来说，这种"寂"的状态实际上已经持续了三十多年，如今感觉越来越"寂"了。"寂"的首先是头发，仿佛秋叶，每天都不可挽回地逝去若干。最近，有多日不见的学生对我说："老师的头发好像更少啦……不过头发少一点，更适合您啊！"

学生在 5 月中旬刚刚听了我做的关于"物哀·幽玄·寂"的一场讲座，大概也是从"寂"的角度才说"更适合"吧。不过，想来，"寂"就天生地"更适合"我么？人及动物的天性似乎就是"动"和"闹"——好活动、好热闹、怕寂寞、爱群聚、喜刺激。然而，假若一味地"闹"而不"寂"，与鸟兽何异耶？如果能把"寂"作为一种"美"来接受乃至享受，那也是慢慢养成、习惯成自然的。我青年时代也很不耐"寂"，二十六岁时因强制自己久坐而得了腰椎间盘突出症，十几年间前后八次发作，苦不堪言。究其原因，似乎是因为那时还没有适应艰苦单调的研究生活，于是身体上出现了抗拒反应。不料四十岁以后，案头劳动的强度更大，坐得更久，腰病反而转好，工作效率反而更高了。与此同时，对忙忙碌碌、跑跑颠颠、奔走东西、聚会社交、出头招风、虚名实利之类，更是兴趣索然，视若浮云，这也是因为有了一点"寂"之心的缘故吗？不得而知。若是，那么"寂"就是人生最好的状态，也是对身心的最有效的疗救。

我体会，"寂"作为一种"审美心"，就是寂然独立、甘于寂寞、乐于平淡、善于调适、以雅化俗、动中取静，以求逍遥超然，苦中求甜，自得其乐；作为一种"审美眼"，就是在寂静中听出大音、在束缚中见出自由、在逼仄中见出宽阔、在单调中见出丰富、在古旧中见出鲜活、在简素中见出绚烂、在平淡中品出滋味、在不美中找到美。因此，"寂"就是将日常生活审美化。这不仅是一种审美态度，也是一种"风雅"的生活状态，甚至是一种修心养性、延年养生的方法，似乎比西方式的身体锻炼更为有效。记得曾读到已故的季羡林先生九十多岁时与人谈及身体健康的三"不"秘诀，头一条就是"不锻炼"。"不锻炼"而竟然健康，也许正是得益于"寂"之心吧。

"寂"之心不只是中老年人才能拥有，青少年也能拥有。女儿很小的时候，见父母都在看书写作，很多时候只能自娱自乐，例如坐在床上，将纸片轻轻撕碎，一片片地从一个盒子里转移到另一个盒子里，如此可以静静地玩半个小时以上。三年前升初中后，她便开始感受和思考一些抽象问题了，有一次跟妈妈说：整天听课、写作业，累，没有幸福感……。我得知她说出这话，不禁黯然。在现有的教育体制下，家长根本无法向孩子证明这话不对。但是后来她还是很快适应了那种连成年人都望而生畏的艰苦生活，知道如何在繁重的课业之余自得其乐了，她常常要挤出一些时间，关起房门，大声吟唱喜爱的日文歌曲，还常常把日文歌词译成中文，挂在网上与网友欣赏切磋。她可能没有将时间精力百分之百地用于功课本身，但她能够安之于"寂"，又在"寂"中求乐，玩一些无用的"夏炉冬扇"之类的东西，这肯定无益于应试，但从长远来看，我觉得这种生活姿态的确立更为重要。

在翻译俳论、俳谐的这半年多的时间里，我觉得自己的"寂心"似乎更多了一些。有时为了体验俳人的心境，也忍不住想做个俳人，于是陆续鼓捣出了一些"五七五"调、使用俗语而有韵脚的"汉俳"来。写这些汉俳本是自娱自乐，但是在此也不妨献丑，聊博读者一哂——

今天开春时，我在楼上平台的花池中栽种了各色月季。四月的一天早晨，忽见一朵盛开的花朵中睡着一只指甲大的小甲虫，于是吟咏：

> 月季香味浓，
> 一只黑色小甲虫，
> 安卧花蕊中。

楼上的阳光房里有一棵盆栽的仙人柱（仙人掌科，状高大挺拔，又名"量天尺"），生长缓慢，半年不见其变。不料六月的一天晚间，突然神秘地在顶部斜长出一只花来，花枝加花朵长约二十五厘米，呈清水芙蓉状，堪称奇葩：

> 五尺仙人柱，
> 突然发花在顶部，
> 如同变魔术。

五月底应邀去西安的陕西师范大学主持博士论文答辩并讲学，顺便游华山，在山脚下一饭馆用餐时，发现：

> 桌下有小狗，
> 抬腿仰头吐舌头，
> 想必要吃肉。

于是我把碗里的清炖土鸡块用筷子高高夹起，逗引之。两只小狗竞相跳高，达半米有余，每每得食。由此而对狗心有了一点理解：

> 店家小狗馋，
> 瞪眼巴望盘中餐：
> 骨头留给俺！

炎炎盛夏的黄昏，喜欢在街头餐馆前"风餐"，有一次让服务员把饭桌搬到槐树底下，微风吹拂中：

> 树下吃晚餐，
> 槐花飘落在汤碗，
> 味道非一般。

入夏，北京降下几场大雨，房子四周并无河湖沟渠，但每当雨后夜晚都能听到此起彼伏的蛙声或蛤蟆声：

> 仲夏暴雨后，
> 屋外蛤蟆叫不够，
> 入眠有伴奏。

六月底，去山东威海主持东方文学年会暨研讨会，并应邀为山东大学威海分校的学生做了一场题为"论'寂'"的学

术讲座，不料讲座当晚正逢热带风暴来袭，但还是有七十多位
热情的学生冒着暴风雨前来：

> 打伞穿雨衣，
> 还是成了落汤鸡，
> 为了来听"寂"。

八月中旬，初游东北部某国，感慨万千：

> 处处金光闪，
> 一江隔开三十年，
> 半国三代传。

最近半年主要是跟松尾芭蕉及其弟子们打交道，"芭蕉"
成了我生活中的一个关键词。入夏天热，有时早餐也吃几根比
一般香蕉口感更好的小芭蕉：

> 早餐芭蕉甜，
> 空调就当芭蕉扇，
> 翻译芭蕉篇。

翻译写作，伏案劳形，深感睡眠是最好的充电，尤其是午
睡决不能免。但午睡也会把完整的一个白天切成两段，有些事
情做不了。不得已而放弃午睡时，往往眼睛发涩心里烦，真是

无奈。一天午睡前写下一首汉俳，算是解嘲：

> 活儿堆成山，
> 一摞一本压在肩，
> 睡个午觉先。

到了半夜，完成一天的任务后，常常感到：

> 一天劳作后，
> 浑身都是懒骨头，
> 刷牙都发愁。

如此之类的"汉俳"，虽不成体统，但也部分地记录了我今年春夏的生活与心情。

当然，这其间也有不"寂"的时候。六月三日至八日，作为无党派的"群众"，应邀随"同心行"考察团走红色路，踏察重庆、贵州。归京，应命撰文谈感想，便赋《十六字令》三首共四十八字，以塞文责。一曰："山，连绵万里云贵川，踏旧道，回首忆当年。"二曰："黔，山高路险水湍湍，赤水红，曾是鲜血染。"三曰："渝，红潮滚滚山水绿，红歌行，不愧红色旅。"以纪此行。同时也感到，在当下滚滚红潮、阵阵红歌中，在大都市的嘈杂喧嚣中，要稳坐在书桌前翻译外国古典文献、思考纯粹的美的问题，非要自己雕琢出一个小小的象牙塔不可。

寂之心可琢玉，文之心可雕龙，古今东西，以美贯之。"寂"虽然是日本古典审美观念，但我以为"寂"之美是超越时代、超越民族的，完全可以为现代中国读者所理解并能调动和激发我们的审美体验。这，也许就是编译《日本风雅》一书的价值之所在吧。

本书以日本现代美学家大西克礼《风雅论——"寂"的研究》（岩波书店 1941 年版）为主体，又将松尾芭蕉及弟子的俳论及"寂"论原典择要译出，以供读者延伸阅读。其中，《风雅论——"寂"的研究》是迄今为止从美学角度研究"寂"唯一的一部成规模的专著，也可以说是"寂"论研究的经典著作。该书资料较为翔实，分析全面细致，对于我们理解"寂"有很大的启发性。但该书也有不少地方论述牵强、分析不透彻，表述晦涩、絮叨，再加上文中征引了不少古典俳句及俳论，翻译起来非常困难。为了尽可能使译文表意明确，我不得不在个别地方做一些技术上的调整，力图把话说得清楚、明白些。但恐怕仍有不尽如人意甚至错误的地方，期待方家指正。总体说来，《日本风雅》一书所编译的"寂"论文献，对绝大多数读者而言，恐怕还是一个全新的知识领域，要真正读懂读透，是需要有定力和耐心的。故而本书收入"以慢为美"的《慢书单》中，是为趣味高雅的读者准备的一份"慢餐"，相信读者能够通过"慢"读，读出俳味、品出"寂"味来。

2011 年 8 月 8 日

日本"意气"论

——《日本意气》译本序跋[①]

　　江户时代近二百七十年间社会安定，文化重心由乡村文化转向城市文化，城市人口迅速扩张，商品经济繁荣，市民生活享乐化，市井文化高度发达。有金钱而无身份地位的新兴市民阶层（町人）努力摆脱僵硬拘禁的乡野土气，追求都市特有的时髦、新奇、潇洒、"上品"的生活，其生活品位和水准迅速超越了衰败的贵族、清贫而拘谨的武士，于是，町人取代了中世时代的武士与僧侣而成为极富活力的新的城市文化的创造者。如果说平安文化的中心在宫廷，中世文化的中心在武士官邸和名山寺院，那么德川时代市民文化的核心地带则是被称为"游廓"或"游里"的妓院，还有戏院。"游里"不必说，当时的戏院也带有强烈的色情性质。正是这两处被人"恶所"的地方，却成了时尚潮流与新文化的发源地，成为"恶之花"

---

　　① 本文是《日本意气》（藤本箕山、九鬼周造等著，王向远译，吉林出版集团 2012 年出版）的译本序跋（最后一节为跋）。原序题为：《日本"意气"论——"色道"美学、身体美学与"通""粹""意气"诸概念》。

"美之草"的孳生园地。游里按严格的美学标准将一个个游女（妓女）培养为秀外慧中的楷模，尤其是那些被称为"太夫"的高级名妓，还有那些俳优名角，成为整个市民社会最有人气、最受追捧的人。那些被称为"太夫"的高级游女、潇洒大方的风流客和戏剧名优们的言语举止、服饰打扮、技艺修养等，成为市民关注的风向标，为人们津津乐道、学习和模仿。富有的町人们纷纷跑进游廓和戏院纵情声色，享受挥霍金钱、自由洒脱的快乐，把游里作为逃避现实的世外桃源与温柔乡，在谈情说爱中寻求不为婚姻家庭所束缚的纯爱。当时的思想家荻生徂徕（1666—1728 年）在《政谈》（卷一第九节）中忧心忡忡地说："……达官显贵娶游女为妻的例子不胜枚举，以至普通人家越来越多地把女儿卖去作游女……游女和戏子的习气传播到一般人身上，现在的大名、高官们在言谈中也无所顾忌地使用游女与戏子的语言。武士家的妻女也模仿游女和戏子的做派而不知羞耻，此乃当今流行的风尚……。"在这种情况下，便自然而然地产生了一种以肉体为出发点，以灵肉合一的身体为归结点，以冲犯传统道德、挑战既成家庭伦理观念为特征，以寻求身体与精神的自由超越为指向的新的审美思潮。这种审美思潮在当时"浮世草子""洒落本""滑稽本""人情本"等市井小说乃至"净瑠璃""歌舞伎"等市井戏剧中得到了生动形象的反映和表现。在这种审美思潮中产生了"通""粹""意气"等一系列审美概念，其中的核心范畴便是"意气"。从美学的角度看，这正是当代西方美学家所提倡的一种"身体美学"。"意气"审美思潮由游里这一特殊的社会而及于一般社会，从而成为日本文学、美学中的一个传统。可以说，"意气"已经具备了"前现代"的某些特征，代表了日本传统审美文化的最后一个阶段和最后一种形态，对现代日本人的精神气质及文学艺术也产生着持续不断的潜在影响。

一、德川时代的"色道"与身体审美

"色道"这个词，在古代汉语文献中似乎找不到，应该是日本人的造词。"色道"的始作俑者是德川时代的藤本箕山，他自称创立了色道，是"色道大祖"。什么是"色道"呢？简言之就是为好色、色情寻求哲学、伦理学、美学上的依据并加以伦理上的合法化与道统化、哲学上的体系化、价值判断上的美学化、形式上的艺术化，从而使"色"这种"非道"成为可供人们追求、可供人们修炼的、类似宗教的那种"道"，而只有成其为"道"，才可以大行其"道"。我们可以从藤本箕山的《色道大镜》中看出所谓"色道"究竟是什么。

《色道大镜》共分十八卷，构成如下：

卷一《名目抄》，模仿日本古代类书《节用集》，从"人伦门"到"言辞门"共分六门，对此道中的"通言"（常用通用词汇）加以解释；卷二《宽文格》、卷三卷四《宽文式》，模仿古代律令书《延喜格》和《延喜式》，为色道制定法度规则，其中"宽文"是德川时代的年号，宽文年间也是京都岛原的青楼文化最为鼎盛的时期，"格"与"式"即"格式""规矩"之意；卷五《廿八品》，模仿《法华经》八卷二十八品的格式，讲述色道修炼由浅入深的过程，这一卷后来又被出版者单独抽出加以出版，称为《色道小镜》，可见它是藤本色道论的核心。《色道小镜》将"色"看成是一种修炼的过程，而修炼的极致目标是达到"粹"或"意气"的审美高度，是身在"色"中却能入"道"，最终臻于类似佛道的境界。卷六《心中部》，"心中"指男女之间的"真心""真情"，进而表示为了真心真情而一起情死，该卷讲男女间为了表达情意而如何写信，如何书写相互山盟海誓的"誓文""誓纸"等相关的规矩、典故；卷七《习器部》讲述三弦、古琴等乐器的弹奏，"双六"等棋艺以及酒席宴会上的各种游戏及方法；卷八《音曲部》，讲酒席宴会上流行的各种歌曲小调；卷九《文章部》，讲游女如何给客人写"消息文""色纸""短册"等互通情意的文字；卷十《定纹部》（定纹是纹饰、徽章的意思）；卷十一《人名部》；卷十二、卷十三《游廓部》，介绍全国各地二十八处"游廓"（公娟馆）的历史沿革、特色等；卷十四《杂女部》，讲述一般女子及私娟；卷十五《杂谈部》，讲述名妓及游里的趣闻轶事；卷十六《道统部》，讲述岛原的游女演变的历史；卷十七《烈女传》，是京都的岛原、大阪的新町、江户的吉原三处地方的名妓列传；卷十八《无礼讲式》，列举游里中的不守规矩、不讲礼节的无赖之徒的恶劣行径，以示鉴诫。

由以上标题及大体的内容介绍明显可见，《色道大镜》大都模仿已有的古典古籍，目的显然是攀附古典以利于"色"的道学化。藤本箕山所要建构的色道，是游里中的一种有交往规则、有真情实意、有文艺氛围、有历史积淀、有审美追求的男女游乐之道。"色道"建构的目标，就是要将游里加以组织化、特殊化、风俗化、制度化、观念化，而这一切最终都指向审美化。正是有了审美的追求，才需要将"廓内"（妓院内）作为一种特殊社会来看待，从而规避了普通社会对它的伦理道德上的要求；正因为有了审美的追求，才需要订立一系列规范并且使这些规范由一般的规矩规则上升为特殊的游戏、审美的规则；正因为有了审美的追求，原本肉体交易、卖淫买色这种丑恶无耻的下流行径才能指向对身体之美的观照，从这个角度说，色道的本质就是将身体审美化，将肉体精神化。

在藤本箕山之后，江户时代关于"色道"的书陆续出现，如《湿佛》（ぬれふとけ）、《艳道通鉴》等，甚至还有专讲同性恋——所谓"众道"——的《心友记》，此外还出现了一系列青楼冶游以及与色道相关的理论性、实用性或感想体验方面的书，如《胜草》《寝物语》《独寝》等，也属于广义上的"色道"书。藤本箕山的"色道"可谓"吾道不孤"，蔚为大观，形成一种颇值得注意的文化现象。这些书与《色道大镜》虽然看法上、写法上有所不同，但基本观念却是相通的。

许多有着悠久历史的文明民族都有类似于日本色道的书或者说是关于性爱的经典著作，例如众所周知的古代罗马奥维德写作的《爱经》（公元前1世纪），中国的《素女经》及《黄帝内经》《玉房秘诀》，古代印度的筏蹉衍那的《欲经》（公元1—4世纪之间），古代阿拉伯的《芳香花园》（公元15—16世纪）等。比较而言，古罗马的《爱经》立足于普通人的寻常的现实生活，讲男女之爱的快感与享乐；中国的《素女经》等把男女性爱作为养生延年的途径与方法，是以医学、养生学的面目而获得合法性的；印度的《爱经》立足于印度教的"法利、欲、解脱"的人生价值观，不仅把性爱作为一种满足人生之"欲"的方式，而且还通过性爱体会神人合一的至高无上的境界，以使性爱神圣化。从时间上看，日本人的色道著述显然是后来居上，内容上也具有自己的鲜明特点。

日本"色道"的基本指向是"色"。"色道"的"色"是什么呢？柳泽淇园在《云萍杂志》一书中做了相当清晰的界定和表述，他写道：

> 年轻时无色，便没有青春朝气；年老时无色，就会黯淡而乖僻。世间所谓"色气"者，就是对所喜所爱的追求，并不单单是淫欲。士无色不招人眼，农无色不生嘉禾，工无色不显手巧，商无色没有人缘，天地间若无色，则昏天黑地、死气沉沉。故孟子有大王好色之辨。

这里的"色"不仅仅是指女色或情欲、性欲，它是一种"色气"，即"色之气"，是"色"的普遍化、弥漫化和精神化，在这个角度上说，色"是对所喜所爱的追求，并不单单是淫欲"。在柳泽淇园看来，"色"是一种青春之美，故曰"年轻时无色，便没有青春朝气"；色是一种生命力，故曰"年老时无色，就会黯淡而乖僻"；"色"还是"士农工商"

一切阶层和身份的人，乃至天地自然万事万物都必须具备的东西，没有"色"这种东西，各阶层的人便黯淡无光，无甚可观，天地间也死气沉沉。那么这种"色"究竟是什么东西呢？显然，它不是某种特殊的、具体的美，而是从两性的身体之美推延开去的一般意义上的"美"。

正是因为日本色道具有这种一般审美的性质，所以在日本的色道著作乃至受"色道"影响的"洒落本""浮世草子"中的"好色物""人情本"，乃至于专门为嫖客所写的对游女加以品评的实用性的"游女品评记"中，虽然大都是以游里为舞台、以嫖客与妓女为主人公，却很少像中国的《金瓶梅》《肉蒲团》和印度的《爱经》那样具体地写到性爱技巧、刻意地渲染性感受，而是不厌其烦地描写男女交际的过程，这些过程基本上属于精神层面，当写到性行为本身的时候，往往一笔代过，非常含蓄。这一点常常出乎日本国之外的外国读者的想象，那些大肆标榜"好色""色道"的书似乎显得名不副实，然而这恰恰是日本的特色。这是从平安时代《源氏物语》以来就形成的一脉相承的历史传统，只把性爱停留在感觉、感性的层面上而不做露骨的表现和描写。因而可以说，日本文学中的"好色"在很大程度上就是"好美"，日本的"色道"归根到底就是"美道"。

这种"美"不是大自然中的山川之美，不是鸟木虫鱼之美，而是人之美。而人之美的载体是身体，因而是"身体之美"。换言之，日本色道所追求的是身体的审美化。用西方现代美学的术语来说，日本色道就是"身体美学"。当代的一些欧美美学家鉴于西方传统经典美学虽标榜"感性"却忽略了一个重要的感性存在——肉体、身体的作用与意义，提出了"身体美学"的新的美学建构目标，英国美学家特里·伊格尔顿在《审美意识形态》中提出"美学是一种肉体话语"，美国学者理查德·舒斯特曼明确提出要建立"身体美学"这一学科。实际上，在东方世界，在日本传统文化中，虽然没有"身体美学"之名，却早有了"身体美学"之实，我认为，日本江户时代的色道就属于身体审美即"身体美学"的一种典型形态。

"色道"作为一种"美道"，作为一种身体审美或身体美学的形态，首先是因为它在游里中建构了自己的特殊"道场"即审美场域。

妓院在世界各国不同历史阶段中都是普遍存在的，不同历史时期的妓院在文化上有着不同的正负价值，在许多历史时期，妓院既是一个藏垢纳污之处又是一个社会最唯美的、最精致的文化之所在。江户时代的游里文化是蓬勃兴起的市民文化的产物，但江户时代毕竟是一个受儒家思想影响最深刻的时代，嫖妓总体上是对一夫一妻制的叛逆，是触犯一般社会伦理的，于是"色道"又小心翼翼地把自己局限在游里这一特定环境中，以避免与社会正统伦理形成全面冲突，从而在社会性中寻求一种超社会性，在守法与背德中形成一种张力，在束缚中求得自由。从美学的角度看，这当然也十分有利于审美关系的形成。从身体审美的角度说，日本"色道"的基本出发点是身体，而"身体"不同于"肉体"。肉体是纯自然的、物理的，而身体却是在一定的社会环境中成长起来的，身体是肉体与社会相互作用的产物，因而"色道"的身体审美作为一种有规则的审美活动也只能在一定的社会条件、环境和氛围中成立，于是乎，日本的"色道"只能将合于"道"的身体审美严格限定在"游廓"（游里）这一特定的社会环境中。在江户时代的日本，官府在特定区域划出红灯区让游廓按照规范要求进行经营，虽然它与一般社会有着千丝万缕的联系，但却是一个相对孤立的特殊社会、特殊的圈子，具有相当程度的超现实性。男人们到这里来，除了满足肉体的需要之外还为了满足审美的需要。为什么只有游廓才能满足异性审美的需要呢？按《色道大镜》《独寝》等色道书的看法，许多青楼女子从小就被卖到游廓中，与社会现实的关系降低到了最小限度，在超现实的环境中按照审美的要求培养训练出来，因而青楼女子不同于普通良家女子，具有特殊的美感价值。以日本色道的看法，普通女子的价值和功能是生子持家过日子，因为久处于日常现实中，面对单一的男性（丈夫），渐渐没有了魅惑的动机，也失去了作为审美对象必须具有的超现实的暧昧和想象余地，因而一般很难以成为审美对象了，而且若有人将良家妇女作为审美对象而追求之，在当时属于违法犯罪行为并要遭到严厉惩罚，这一点井原西鹤在《好色五人女》中有生动的描写。因而，对当时的男性而言，身体审美的最恰当的去处和场所就是游里和剧场，最恰当的对象就是这些场所的女性。日本现代美学家阿部次郎在谈到江户时代游廓兴起的缘由时写道："町人逛青楼当然也是寻求解脱的。从拨打算盘只想赚钱的枯燥生活中解脱出来，抱着'借钱也在所不惜'的达观，从一个似乎人人认可、不水性杨花也不可能水性杨花的、老实而又实用的老婆的汗臭中解脱出来。一个只懂得料理家务事的主妇，与一个专门琢磨如何吸引男性的妓女，两种女人实际上从两个方面满足了男人的需求，这真是德川时代女性的不幸……不过，町人在那里寻求的不只是解脱，还有他们的向上的意志、对贵族生活的憧憬……。"① 在这个逃避现实世界的特殊社会中，游客与青楼女子的关系，完全是一种特殊条件下的金钱消费的买卖关系。那只是一种美色消费，不能带有功利的、实际的目的。例如游客与游女之间不能存在世俗意义上的以结婚为目的的恋爱，否则就有悖于"色道"了。另一方面，因为"色道"是严格局限在游里这一特殊社会中的，所以嫖客应该是"游客"，偶尔从外面到里面一游，不可过分沉溺。在《色道大镜》中，那些成年累月泡在游廊中的男人被作为色道修炼中最低级的层次。归根到底，游廊是一个只可偶尔进入的特殊社会，不能执着、不能沉溺，否则就违反了"色道"的基本精神，"色道"的可能和界限就在这里。从美学立场上看，审美就是无功利、不执着，在这方面，"色道"的要求与审美的无功利性的要求大体是一致的。

我们说"色道"是"美道"，属于身体美学的范畴，还因为"色道"是以审美为指向的身体修炼之道。

---

① 〔日〕阿部次郎：《德川时代の芸術と社会》，东京：角川书店・角川选书，1971年，第70—71页。版本下同。

《色道大镜》等色道书并不是抽象地坐而论道，大部分的篇幅强调身与心的修炼，注重实践性、操作性。用"色道"术语说就是"修业"或"修行"，这与重视身体的训练、磨砺和塑造的现代"身体美学"的要求完全相通。在日本"色道"中，一个具有审美价值的身体的养成是需要经过长期不懈的社会化的学习、训练和锻炼的。身体本身既是先天的，也是后天的。肉体除了先天的天然优点之外，其审美价值更大程度上依靠不断的训练和再塑造来获得，"身"（身体）的修炼与"心"（精神）的修炼是互为表里的。那些属于"太夫""天神"级别的名妓从小就在游廓这一特殊体制环境下从事身心的修炼，因而成为社会上的身体修炼的榜样和审美的楷模。

　　《色道大镜》等色道书详细地、分门别类地论述了作为理想的审美化的身体所应具备的资格与条件，反复强调一个有修炼的青楼女子在日常起居、行住坐卧、一举一动中所包含的训练教养及美感价值。理想的美的身体是美色与艺术的结合，因而身体修炼中用力最多的是艺术的修养。那些名妓往往是"艺者"，是"艺妓"也是特殊的一种艺术家，她们的艺术修养包括琴棋书画等各个方面，还有以此带动知识的修养、人格的修养、心性的修养。井原西鹤的《好色一代男》等"好色物"及为永春水等的"人情小说"都津津乐道于那些"太夫"等名妓在社交场所的高雅、优美的表现。正如"人情本"《春色凑之花》所说的那样，经过身心修炼的"那些漂亮的歌女、'意气'的游女，与那些只会勤劳干活的普通女子不同，在善解人意方面也与普通女子不一样，她们很懂得人情，经多见广，知物哀"。经过这种身心的磨炼，那些名妓才成为那个时代女性美的化身，不但被游客所追捧，而且在整个社会上都作为美的偶像被崇拜。据柳泽淇园在《独寝》中记载，当时社会上很多人恋慕名妓吉野太夫，听说吉野太夫被人赎身了，一天当中竟有三个人发了疯。在这个意义上，江户时代的人情小说《邻居疝气》中才有一句话："没有通过游里小姐们的熏陶，自己就不能提高品位。"阿部次郎甚至认为："可以说，在德川时代，游女是一种类型的社会教育家。"男性游客们"从游里中贵族式的'小姐'那里受到了富有人情味的教养和品格的熏陶"。①

另一方面，游里作为一种社交场合具有交易性、游戏性、狂欢性、礼仪性的特点，日本"色道"著作中用不少篇幅讲述了游里内模仿贵族社会而设立的各种节日、庆典、仪式及相关规范规矩，而色道中人必须熟悉这些，必须经过学习和锻炼才能在循规蹈矩中享受自由的欢乐。这实际上属于一种社交美学，就是学会怎样在那种高度密集的人群中表现出引人瞩目、给人美感的风度和风范，而这一切又是通过身体行为来实现的。

二、"通"与"粹"

日本"色道"作为一种"美道"，作为一种"身体美学"，不仅全面系统地提出了身体修炼的宗旨、目标、内容、

---

① 〔日〕阿部次郎：《德川时代の芸術と社会》，第71页。

途径和方法，而且在这个基础上产生了以"意气"为中心，包括"通""粹"等在内的一系列审美观念和审美范畴。

江户时代的宝历、明和时期是中国趣味——包括所谓"唐样""唐风"——最受青睐、最为流行的时期，万事都以带有中国风格、中国味为时尚、为上品，词语的使用也以模仿汉语发音的"音读"为时髦。色道美学基本范畴的几个词都是如此，如"粹"读作"sui"，"通"读作"tuu"，"意气"读作"iki"，发音都是汉语式的，表层意义也与汉语相近。

"通"（つう）、"粹"（すい，日本汉字写作"粋"）、"意气"（いき）三个词，在江户时代的不同文献作品中都是普遍使用的，日本有学者认为，前期多用"粹"，中期多用"通"，后期多用"意气"；从作品文本的使用上看，"假名草子"和"浮世草子"这两种小说样式中多用"粹"，"洒落本"和"滑稽本"中多用"通"，"人情本"中多用"意气"。但这只是一个大体的情形，具体的使用情况非常复杂，需要做更为细致的文献词汇用词统计和分析，才能得出更确切的结论。从三个概念的逻辑关系上说，"通"侧重外部行为表征，"粹"强调内在的精神修炼，"意气"总其成而上升为综合的美感表征乃至审美观念。

先说"通"。

"通"这个词在日语中本来与中文相通，指的是对某种对象非常了解、熟悉，有通透、通晓、贯通、沟通、通达、疏通、通行等义，作为接尾词则有"料理通""消息通""食通"等用法。而且，在汉语中也常用"通"字指两性关系，有"私通""通奸"之意。《广雅·释诂一》曰："通，淫也。"《小尔雅·广训三》曰："旁淫曰通。"在中国古典文献及文学作品中，"通"的这层含义使用甚广。作为色道美学概念的"通"兼有以上各种含义。

作为色道用词或游廓用语，"通"与"粹"密切相关，通者必粹，粹者必通。元文三年（1738年）出版的《洞房语园》中明确说："京都曰'粹'，关东（江户一带——引者注）曰'通'。"说的是两个词在关东与关西两地的差别，意义上是相同的。《色道大镜》卷一《名目抄·言词门》对"通"的解释是："气，通也，与'潇洒'同义。遇事即便不言，亦可很快心领神会貌。"这里的涵义与"粹"几乎没有什么不同。又如《〈通志选〉序》中说："游廓中的风流人物叫作'通'。""通"的人被称为"通者"或"通人"。非常"通"的人叫"大通"。江户时代的明和、安永年间以后，随着一系列"洒落本"如《青楼奇闻》《辰巳园》《游子方言》等作品的出版，"通""大通"之类的词开始流行起来，对此，当时的一本书《一目土堤》（内新好著，天明八年即1888年版）中有这样一段话："'大通'这个词是不久前才说起来的。天明六年前后，那些'粹'之人经常喜欢使用这个词，一般人并不懂，胡同小巷的人更不懂了。但从安永六年即丁酉年起，'大通'一词，在江府江中开始传到樽广，自此不分远近贵贱，人人皆知，流传甚广。"这个词开始时特指在某一方面的造诣和技能，特别是在酒馆、茶馆、剧场那样的公共社交场所，要求懂得"通言"（时髦的社交言辞），后来这个"通"

作为游里专用语是指熟知冶游之道，包括游里的风俗习惯、游女情况等，在与妓女交往中不会上当受骗，如鱼得水、游刃有余的人。

"通"的反义词就是粗俗、土气（野暮），而那些不通而装通、不懂装懂、死要面子净吃亏、拙劣地模仿"通者"的人则被称为"半可通"（はんかつう）。那些为了显示自己的"通"而过犹不及的人被称为"走过头"（ゆきすぎ）。"洒落本"大多以这种"半可通"和"走过头"的人为描写对象，表现他们的似通不通，以此取得滑稽搞笑的效果。例如，《游子方言》描写的是一位所谓"通者"的人带着儿子逛妓院，在那里他似通不通、不懂装懂，最终露怯的可笑行径。归根到底，"通"是一种人际交往的亦即社交的艺术修养。在商业繁荣、高速城市化的江户、大阪等地，青楼和戏院是人员最为复杂、对社交的艺术要求最高的地方。许多刚刚进城的乡下人、那些在经济上刚刚富裕起来但精神面貌不免"土气"的人，都希望尽快融入城市生活特别是城市上层的体面生活圈，于是便努力追求"通"。而在游里这种特殊的场合，人与人之间的接触比其他场合更为特殊、更为密切和直接，因而对人际交往的修养的要求也更高、更严格。"通者"需要精通人情世故，需要在诚实率真的同时也会使用心计手腕，需要在自然本色中讲究技巧和手段，穿着打扮要潇洒不俗，言谈举止要从容得体。因而"洒落本"的作者强调：真正的"通"不是外在的东西，而是要有所谓"心意气"（こころいき）。例如，闲言乐山人在《多名于路志》中说："须知'意气'不是外表的样子，只有外表不是'通'。"

再说"粹"。

一般认为"粹"是从"拔粹""纯粹"中独立出来的，在汉语中，"粹"的意思是"不杂也"（《说文解字》），指纯净无杂质的米，进一步引申为纯粹、纯洁、精粹、美好等意思。相关辞书的解释还有："粹，纯也"（《广雅·释言》）；"粹，引申为凡纯美之称"（段玉裁《说文解字注》）。日语的"粹"完全继承了汉语"粹"的这些语义，起初作为形容词，具有鲜明的价值判断特别是审美判断的色彩。藤本箕山在《色道大镜》卷五《廿八品》第六品《瓦智品》中写道："天下人皆将于色道有修炼者，称为'粹'，无修炼者，称为'瓦智'（がち）。"色道有修炼者为"粹"，这是对"粹"的最基本界定，在《拔粹品》中他又写道：

　　此品的题目，说的就是世间所谓的"粹"。常人所说的"粹"，就是去掉初学者的浅薄之气，言语机灵、内心聪慧，即认为有修炼者就是"粹"，这样的理解是很令人遗憾的。实际上，即便是达到了"示道品"和"显德品"的人，也很难说是真正得到了"粹"，而只是接近于"粹"。凡俗之人所说的"粹"是很靠不住的东西。世上接近于此品的人就已经很罕见了，而能达于"拔粹品"者，整个日本也不过二三人而已。

　　或有人问："你所说的真正的'粹'究竟是什

么呢?"

答曰:真正的"粹",就是在色道中历经无数,含而不露,克己自律、不与人争,被四方众人仰慕,兼有智、仁、勇三德,知义理而敬人,深思熟虑,行之安顺。

这样看来,"粹"不仅是一般的色道修炼的标志,还是色道修炼到相当高度的表征,除了机敏、聪慧,最重要的是有涵养、有修养:"含而不露,克己自律、不与人争,被四方众人仰慕,兼有智、仁、勇三德,知义理而敬人,深思熟虑,行之安顺。"强调的是一种品性修养,是一种人格美。

"粹"的根本表征是在游廓中追求一种超拔的"纯粹"、一种"纯爱",不带世俗功利性,不是为了占有,不落婚嫁的俗套,不胶着、不执着而只为两情相悦。例如,井原西鹤在《好色二代男》卷五第三中,讲述的就是这样一个"粹"的故事:一个名叫半留的富豪与一位名叫若山的太夫交情甚深。若山尤其迷恋半留,半留对此将信将疑。有一次他故意十几天不与她通信,然后又写了一封信说自己家业已经破产。若山只想快一点见到半留,半留与她会面后,说想与她一起情死。若山当即答应。半留不再怀疑她的感情。若山按约定的日子穿好了白衣准备赴死时,却不由地叹了一口气。半留听到了,认为若山叹气表明她不想与自己情死。若山告诉半留,她叹气不是怕死,而是想到他的命运而感到悲哀,但半留却因这声叹息而拿定主意,出钱将若山赎身并把她送到老家去,自己则很快与妓院中的其他妓女交往了……。井原西鹤写完这个故事，随后做了评论："两人都是此道达人，有值得人学习的'粹'。"认为这种做法是"粹"的表现。在作者看来，游里中男女双方既要有"诚"之心即真挚的感情，又要有"游"（游戏的、审美的态度）的精神。半留和若山之间的感情都是"诚"的，半留希望若山对自己有"诚"，但又担心太"诚"，太"诚"则有悖于色道的游戏规则，那就需要以双双情死来解决；有所不诚则应分手。换言之，一旦发现"诚"快要超出了"游"的界限或者妨碍了"游"的话，就要及时终止而另外寻求新的"游"的对象。半留凭着若山的一声叹息，便做出了对若山的"诚"之真伪的判断并最终做出了"粹"的选择。看来，井原西鹤所赞赏的正是这种以感觉性、精神性为主导的男女关系，这是一种注重精神契合、不强人所难、凭着审美直觉行事的"纯粹"或"粹"。

关于"通"与"粹"两个概念之间的关系，阿部次郎在《德川时代的文艺与社会》一书中，在谈到"洒落本"创作特点的时候这样写道：

> 支配着作者的构思和组合的，是嫖客的"粹"与"不粹"、"通"还是"半可通"的区别，并且以此与游女的手段、计谋相对照。许多作者实际上是通过这样的组合搭配来显示自己的"通"，在嫖客和游女之间的交往穿梭中直接表现自身的优越，间接地告诉读者哪些是"通"哪些是"半可通"，以收指导之

效。在这里被置于首要位置的不是准备着去陶醉于恋爱，因而它已经不再是西鹤和八文字屋作品中表现的那种"粹"，而仅仅是"通"而已，是一种对事情非常精通而能够伺机制服对方的那种优越感。游客与妓女之间的交往应酬，有时候就像张三李四之间的吵架，为的是将对方压倒，这就是所谓"通人"的本事。"半可通"之所以受到鞭笞惩戒，是因为他还不太"通"，并不是说他没有那种深解恋爱的滋味"粹"。①

可见，在阿部次郎看来，"通"仅仅是游廓中人际交往，特别是要弄心计的实用性的技巧和手段，"粹"则是指"深知恋爱滋味的"一种精神性的东西。

三、作为核心概念的"意气"

上述的"粹""通"都与"意气"密切相关。明和五年（1768 年）刊《吉原大全》中有一段话：

> 对冶游者而言，贫富不论，贵贱无分，只要是名副其实的"意气人"，就会受女郎青睐。又，对女郎加以欺骗耍弄的人，不是真正的通人。所谓"意气

① 〔日〕阿部次郎:《德川时代の芸術と社会》，第284页。

地"，就是心地率真、招人喜爱、潇洒大方、英姿飒爽、人品高尚、内涵充实者，这样的风流倜傥的冶游者，方可谓"通人"。

这里使用了"意气人""通人""意气地""风流"等词，可以显示这些词在意义上的联系。也就是说，"意气人"是有"意气地"（或"意气路"）的人，也就是"通人"。换言之，"意气人"也就是"通人"。"洒落本"所描写的"通"分为表现在外在行为的"颜通"和含于内的作为一种心性修养的"气通"。一般认为理想的"通"是"气通"。"气通"者就是"意气之通"，也就是"意气人"，这再次体现了"通"与"意气"之间的密切关系。当"通"超越了外在的手腕技巧的层面而上升到"气通"的层面，就与"意气"相通了。

事实上，与"通""粹"相比，"意气"这个词的涵义要复杂得多。在江户时代的相关作品与文献中，"意气"这个汉字词都读作"いき"（iki），是模仿汉字发音的音读，可见这个词本质上是汉语词，含义与汉语的"意气"也基本相同。《辞源》对"意气"的解释：一是指"意志与气概"，二是指"情谊、恩义"，三是指"志趣"。说的都是人的精神层面上的一种积极趋向。其中所谓"情谊"当然也用来指男女之间的关系，这也是日语中的"意气"一词的最表层的意义，例如，日语的所谓"意气事"（いきごと）就等于"色之事"（いろごと），所谓"意气话"（いきな話）指的就是与异性交往有关的话题。虽是男女之事，但既然以"意气"相称，就更偏重精神层面。日本《增补俚语集览》对"意气"的解释是："いき：'意气'之意，指的是有意气之人、风流人物的潇洒风采。"这里的"意气"是更多偏重于人的风度、风采。这种有"意气"之风采的人物在江户时代的"洒落本"和"滑稽本"中都有描写，而"人情本"描写得最多。藤本箕山在《色道大镜》卷一《名目抄·言辞门》中对"意气"的解释是这样的：

> "意气"（いき），又作"意气路"（いきじ），"路"是指意气之道，又是助词。虽然平常也说意气的善恶好坏，但此处的"意气"是色道之本。心之意气有善恶好坏之分，心地纯洁谓"意气善"，心地龌龊谓"意气恶"。又，意气也指心胸宽阔，心地单纯……

可见被藤木箕山作为"色道之本"的"意气"是"粹"与"通"的心理基础和精神底蕴，是一种心理的修炼和精神的修养。"意气"的指向是男女性关系的精神化和审美化。

"意气"作为一个形容词，在实际使用中有种种不同的侧面和角度，在色道文献和相关文学作品中有"意气之姿""意气之声""意气之色"等种种用法。由于"意气"的意义的多面性，许多作者喜欢根据不同的语境，不写汉字的"意气"，而是置换为另外的更能具体表意的相关汉字词，再用"意气"的日语发音"いき"这两个假名在该词旁边加以标注（即所谓"振假名"），强调其读音是"いき"（iki）。相关汉字词主要有"大通"（见《大通一寸郭茶番》）、"意妓"（见《意妓口》）、"好风"（见《春色凑之花》）、"当世"（见《清谈松之调》）、"好雅"（见《春告鸟》）、"雅"（见《大通秘密论》）、"好意"（见《梅之春》）等等。"いき"的这些不同的汉字标记不只是出于作者一己之好，而是因为"意气"的这些个汉字词不仅具有种种不同侧面的意义，而且内容上都有一定的内在联系，例如"意妓"强调的似乎是一种精神上的性对象；"当世"是现时、当下之意，也是时髦、赶潮的意思；"好雅""好风"说的是对风雅或风流的爱好，也是在强调"意气"的精神性。鉴于"意气"这个词的含义多样，有时用特定的汉字来标记会受到限定和限制，因而在一些作品与文献中，作者有时干脆不写汉字而直接写作假名"いき"，这会使读者的理解更具有可能性和开放性。但是从根本上说，由于"いき"原本是"意气"的日语发音，所以将相关汉字词训读为"いき"，在很大程度上是用"意气"来训释相关的词；而直接使用假名"いき"，根本上还是依托着"意气"。

"意气"的精神性绝不仅仅是指外表的美或漂亮，而是指一种长期形成的精神气质、精神修养及由此带来的性感魅力。"人情本"中常有"いきな年增"（意为"意气的中年女子"）这样的说法。"年增"一词相当于汉语的"半老徐娘"，是指因年龄增大而黯然失色的女性。但"人情本"常把"意气的年增"作为一种审美对象，而且是那些"未通女"（小姑娘）身上不具备的那种美。因而，"意气"这个词极少用来形容很年轻的女子，因为她们身上不具备"意气"之美。"意气的年增"是随着年龄增大而具有的一种女性特有的精神气质，就是带有"色气"（风韵犹存）的成熟女性的性感魅力。这种"意气"具有复杂的精神与性格的内涵，体现了一种社交、知识、性情方面的综合修养，难以概括和形容。年纪太轻的女子因"年功"未到，是不可能具备的。

关于"意气"与"粹"两个词的区别，哲学家、美学家九鬼周造在1930年发表的《"意气"的构造》一书的一条注释中谈了他的看法，他认为：

> 　　不妨把"意气"（いき）和"粹"（すい）看成是意思相同的两个词。式亭三马在《浮世澡堂》第二编的上卷中，写到了江户女子和关西女子之间关于颜色的对话。江户女子说："淡淡的紫的颜色真是'意气'呀。"上方女子："这样的颜色哪里"粹"（すい）呀！我最喜欢江户紫。"也就是说，这里"意气"（いき）和"粹"（すい）的意思完全相同。……"意气"和"粹"的区别可能是江户方言和关西方言的区别……有些时候，"粹"多用于表示意识现象，而"意气"主要用于客观表现。比如，《春色梅历》卷七中有这样一首流行小曲："气质粹，言行举止也意气。"但是……意识现象中用"意气"的例子也很多。……综上所述，不妨把"意气"和"粹"（すい）的意义内容看作是相同的。即使假

定一种是专用于意识现象，另一种专用于客观表现，
但由于客观表现本质上说也就是意识现象的客观化，
所以两者从根本上意义内容是相同的。①

总之，九鬼周造认为"粹"和"意气"两个词只是地域
使用的不同，意义上几乎没什么区别，又认为"'粹'多用于
表示意识现象，而'意气'主要用于客观表现"，接着又说
"但由于客观表现本质上说也就是意识现象的客观化，所以两
者从根本上意义内容是相同的"。他所强调的"意气"是"意
识现象的客观化"的表现，这是非常值得注意的。所谓"意
识现象的客观化"，就是将内在的精神意识表现在外面，使内
在的无形的东西借助外在的有形的东西得到呈现。那么这种东
西是什么呢？岂不就是我们通常所说的"美"吗？不知道九
鬼周造是否意识到了，他的这种"意气"与黑格尔在《美学》
一书中对"美"所下的那个权威定义——"美是理性的感性
显现"——几乎如出一辙（尽管九鬼周造在哲学上主要接受
的是海德格尔及现象学的影响），换言之，"粹"只是一种
"意识现象"，它还没有获得客观化的外在表现形式，因而
"粹"还仅仅是一种"美的可能"，而不是一种美的现实。相
反，只有获得了"意识现象的客观化"的"意气"才能成为
一种"美"的概念，才能成为一个审美范畴，成为表示日本

---

① 〔日〕九鬼周造：《「いき」の構造》，东京：岩波文库，1979 年，第 30-
31 页。版本下同。

民族独特审美意识的一般美学概念。

关于这一点，九鬼周造之后的日本学者也有相同的看法，并且表述上比九鬼更为明确清晰。例如，关于"通""粹""意气"这三个词的关系，日本九州大学中野三敏教授认为：所谓"意气"，是由"粹""通者""大通"等相互联系而形成的"意气地"（いきじ）的郑重表述，是表明"粹""通者""大通"等精神状态的一个概念。在这个意义上，"意气"和"粹""通"是完全重合的、完全同质的存在。他进一步指出：

> 正因为"意气"（いき）本来是用以表示"粹""通"中的精神性的概念，因而它就容易与审美意识直接结合在一起，与具体的色彩、形状或者具体的声音结合在一起并赋予它们以精神性，从而把这些对象中的审美内涵表现出来。
>
> 换言之，"粹"与"通"自身不能是一种美，它只有依靠"意气"，才能表示美的存在如何摆脱青楼这一特殊环境的制约，以使自身含有某种精神价值，从而升华到"意气"这一审美意识的高度。①

这是很有见地的观点。也就是说，正是因为"意气"这

_____

① 〔日〕中野三敏：《すい・つう・いき——その形成の過程》，见《講座日本思想 5・美》，东京：东京大学出版会，1984 年，第 141 页。

个词在含义上具有这种精神性和抽象性，所以它比"通""粹"更具有超越性，更有可能由色道用语而成为一般社会所能使用的一种审美用的宾词、一种美学概念。而"粹"和"通"这两个词则不能。"意气"这个概念与"通""粹"的不同功能和根本区别就在这里。

然而遗憾的是，近些年来，在九鬼周造的中文评介文字及有关译文、译本中，对"通""粹""意气"这几个关键观念的理解和翻译出现了严重的偏差和失误。例如，1993 年出版的日本学者安田武、多田道太郎编《日本古典美学》中文版（中国人民大学出版社），收录了九鬼周造的《「いき」の構造》一书的短评文章，译者将《「いき」の構造》译成了《美的构造》。大概是考虑中国读者不明白"意气"为何物，干脆将"いき"译成了"美"，然而这样一来，"意气"作为日本之美的特殊性就完全被掩蔽了。2009 年台北联经出版社出版了黄锦荣等三人联合翻译的九鬼周造的《「いき」の構造》，将书名译成了《"粹"的构造》。2011 年上海人民出版社出版的简体字译本，书名也译成了《"粹"的构造》。① 同年，华东师范大学出版社翻译出版了船曳建夫编《新日本人论十二讲》，其中第三讲涉及了九鬼周造的这本书，译者也将书名译作《"粹"的构造》。看来，用"粹"取代"意气"或者说将"いき"译成"粹"而不译成"意气"，已经成了一种较为普遍的现象。若搞不清"意气"与"通""粹"之间

---

① 该译本不仅关键概念的翻译厘定混乱，而且错译很多，也有若干漏译。

的关系，连正确的翻译都做不到。比如，上述台北联经出版社出版的中文版的主要译者在一篇文章中，将"意气"直接理解为"骨气"；① 上海人民出版社的译本则将"意气"译为"傲气"。这样的翻译都是不忠实的，都将"意气"这个核心概念缩小化了。实际上，"骨气"也罢"傲气"也好，仅仅是"意气"的一个侧面的属性和表现而已。因而用"骨气""傲气"来翻译"意気地"（いきじ，释义详后）是可以的，但用来翻译"意気"绝不可以。在这种情况下，对一般中国读者而言，"意气"这一重要的日本美学概念一直处在被遮蔽和被隔绝状态，不可能有全面正确的了解。

其实，"意气"到底是什么，九鬼周造在"'意气'的外延构造"一节中做过明确的说明：

> 所谓"意气"，正如以上所说的，它在汉字的字面上写作"意气"，顾名思义，它是一种"气象"，有"气象的精粹"的意思，同时，也带有"通晓世态人情""懂得异性的特殊世界""纯正无诟"的意思。②

这段话很重要。因为这是作者对"意气"最明确的解释、定性和定位。首先，九鬼明确把"いき"对应于、等同于汉

---

① 黄锦荣：《"粹"：九鬼周造召唤的文化记忆》，《中外文学》第 38 卷第 2 期，2009 年 6 月，第 126 页。
② 〔日〕九鬼周造：《「いき」の構造》，第 37 页。着重号为引者所加。

字的"意气"。这就等于提醒我们应该把《「いき」の構造》翻译为《"意气"的构造》而不能是《"粹"的构造》。其次，他将"意气"解释为"一种'气象'"。所谓"气象"（日文汉字写作"気象"，假名写作"きしょう"），按《广辞苑》中的解释，一是由宇宙的根本作用所形成的现象，二是指人的"气性"，即人的性情、气质，三是指气象学意义上的"气象"。前两条的"气象"释义都表明：作为"气象的精粹"的"意气"是根本的、基础的母概念，所谓"气象的精粹"就意味着"意气"可以把"精粹"即"粹"包括在内。换言之，若不把"意气"（いき）译成"意气"而译成"粹"，就会完全颠倒这两个概念的从属关系、主次关系。对于学术思想著作的翻译而言，翻译不仅是翻译，而且也是一种理解和阐释。译者的理解与阐释必须充分尊重原文，必须弄清概念与概念之间的学理的、逻辑的关系。翻译者必须明白，从原文的角度来说，九鬼周造书名毕竟是《「いき」の構造》而不是《「すい」（粹）の構造》，说明在九鬼周造的心目中"意气"（いき）还是可以依托的根本概念。

总之，"いき"所对应的汉字是"意气"，因而如果要把这个"いき"还原为汉字的话，那么它一定、必须是"意气"，而不能是"粹"或"通"。又，"粹"在表达"意气"的意义时固然也可以训作"いき"，读作"いき"（iki），但"粹"在更多的情况下音读为"すい"（sui），"粹"难以包含"意气"（いき）"，"意气"却可以包含"粹"。事实上，无论是"通"还是"粹"，作为纯粹的色道用词，较之具有一般审美概念的"意气"，其意义要狭隘得多。归根到底，"意气"是核心概念，"通"和"粹"是次级概念。"粹"是一种内在意识，而"意气"则是内在意识的外在显现；换言之，"粹"往往是指内容，"意气"则是内容与形式的综合与统一，也就是说，"意气"大于"粹"，"意气"可以包含"粹"，而"粹"则不能包含"意气"。因此，将九鬼周造的《「いき」の構造》中的"いき"对应于这个词的词根"意气"并翻译为"意气"，不仅语音上相通，而且语义上也十分吻合。一句话：《「いき」の構造》不应译为《"粹"的构造》而应译为《"意气"的构造》。这也最有助于中国读者对这个概念的理解。

四、"意气"的内涵与外延

九鬼周造的《"意气"的构造》一书的功绩，就是已经很大程度地摆脱了色道概念的束缚，将"意气"从江户时代的游廓中剥离出来，赋予它以现代性并将其作为日本民族独特的审美观念，运用欧洲哲学中的概念整理与辨析的方法加以分析、整合和弘扬。这个工作没有在江户时代完成，因为当时的"色道"作家们局限于剧场和游廓的范围内，不可能做到这一点。九鬼周造认为，"意气"这个词带有显著的日本民族色彩，欧洲各大语种中虽然存在和"意气"类似的词，但无法找到在意义上与之完全等同的词。"意气"是"东洋文化——更准确地说，是大和民族对自己特殊存在形态的一种显著的表达"。基于此，九鬼周造首先分析了"意气"的内涵，认为"意气"的第一内涵就是对异性的"媚态"。

所谓"媚态"，日语假名写作"びたい"，与汉语的"媚态"含义相同，但不含贬义，是个中性词。大体指一种含蓄的性感张力或性别引力，也可以译为"献媚"。那么，"媚态"又是什么意思呢？九鬼周造认为：

> 所谓"媚态"，是指一元存在的个体为自己确定一个异性对象，而该异性必须有可能和自己构成一种二元存在的关系。因此，"意气"中包含的"なまめかしき"（娇媚）、"妖艳"（いろっぽい）、"色气"（いろけ）都来自以这个二元关系的可能性为基础的张力。……当与一个异性身心完全融会、张力消失时，"媚态"自然就消失了。"媚态"是因为有征服异性的假想目的而存在的，必定会随着目的的实现而消失。现代作家永井荷风在小说《欢乐》中写道："没有比想要得到，而又被得到了的女人更叫人可怜的了。"这话指的是曾经活跃于异性双方之间的"媚态"自行消失后所带来的那种"倦怠、绝望、厌恶"感。因此，要维持此种二元关系，也就是要维持这种"可能性"使之不消失，这是"媚态"存在的前提，也是"欢乐"的要谛。①

---

① 〔日〕九鬼周造：《「いき」の構造》，第22页。

换言之，"媚态"只有在男女互相接近的过程中才能产生，一旦对方完全被得到，距离便消失，张力便消失，实际上就进入了类似婚姻的状态，美感丧失殆尽。在九鬼周造所提到的永井荷风题为《欢乐》的小说中，还有这样一段话："'结婚是爱情的坟墓'，这句格言在我的心中发出了强烈的共鸣，莫泊桑也把婚姻说成是'两个生物的丑恶的生存'。……我的周围、亲戚和熟人的那种单调乏味的家庭生活，足以让二十岁的我对人的生存状况抱有彻底悲观的态度。"可以把永井这段话看作是对"媚态"存在的极端重要性的一种诠释。可见，"媚态"只是一种身体审美的过程，是一种唯美的追求，因而它与"真"、与"善"都是对立的。"媚态"排斥现实性和真实性，而只要一种暧昧的理想主义；它也排斥"善"，不承认既有的婚姻、家庭等伦理道德。

九鬼周造认为，"意气"的第二内涵就是所谓"意気地"。这个词假名写作"いきじ"。顾名思义，就是"意气"有其"地"（基础），也就是"有底气""有骨气""傲气"的意思，也含有倔犟、矜持、自重自爱之意。"意気地"的同义词是"意気張"，就是一种"意气冲天"而又诱人的傲气。九鬼认为"意気地"与武士道的理想主义的"义理"观念似有深刻联系。实际上恐怕主要还不是武士，而是武士、大名乃至皇族贵胄傲慢气质在男女关系中，特别是女性一方的表现更为明显。在江户时代男尊女卑的社会中，女性必须温顺，甚至甘受虐待，但那时的妓女（主要是高级妓女"太夫"等）与其他女子比较而言，却是颇为"意气"的。她们对不喜欢的客人，不管多么有钱有势也绝不接待，这种傲慢的"意气"使女性的精神面貌焕然一新，在日本普通的良家妇女中是极难见到的，因而独具一格，对男性社会产生了一种特殊的魅力。在当时流行的"洒落本"和"人情本"中，这种傲气的"意气"作为妓女的可贵性格多有描写并受到赞美。"不沾金钱等浊物、不知东西的价钱、不说没志气的话，如同贵族大名家的千金。"十返舍一九的滑稽本《东海道徒步旅行记》中有这样的话："这条街上的游女都很'心高气傲'（意気も張もいわいの）"；"要说女郎，还是江户的好。江户的女郎很傲气（意気も張り）"。这些都是对江户游女的赞美之词。在普通男女交往特别是爱情审美心理中，没有"媚态"双方就不可能接近；没有矜持和傲气，接近就因为太容易而缺乏过程美感。只有"意气地"即"傲气"与"媚态"相结合的时候，男女之间、男女的身体与精神之间才会产生一种审美的张力。

九鬼周造认为"意气"的第三个内涵是"谛观"。谛观，原文"諦め"（あきらめ），是一种洞悉人情世故、看破红尘后的心境。"諦め"的词干使用的"諦"字显然与佛教的"四谛"（苦、集、灭、道）之"谛"有直接关系。佛教的"谛"是真理之意，"諦め"就是观察真理、掌握真理，达到根绝一切"业"与"惑"、获得解脱的最高境界，因而借用佛教的"谛观"一词来翻译"諦め"最为传神。从美学上看，"谛观"就是一种审美的静观。九鬼认为，所谓"谛观"也就是基于自我运命的理解基础上的一种不执着的、超然的态度。就是要抱有一种淡泊、轻快、潇洒的心情，在花街柳巷中，当真心三番五次遭到无情背叛，一次次经受烦恼磨炼的心对虚伪的行径已经不太在意了，失去了对异性的淳朴的信赖之后，便形成了"谛观"之心，正所谓"浮世事事难遂愿，对此必须要谛观"。这当中隐藏着的是"薄情、花心，男人没个好东西"的烦恼体验和"缘分比线还细，轻轻一碰就断"这样无法摆脱的宿命。不仅如此，还具有"人心好比飞鸟川，时深时浅难蠡测"这样的怀疑倾向，以及"干我们这行的人，既没有自己觉得可爱的人，反过来觉得我们可爱的客人，找遍这宽广的世界怕是也没有"这样的厌世的结论。像"人情本"的代表作《春色梅历》中的妓女米八、艺妓馆家的女儿阿长那样，在经过一番争斗和磨难之后，最终对男人的花心抱着一种类似绝望的谛观，不嫉妒，更不撒野，与曾经的情敌共为妻妾，和睦地生活。同样地，对于男人而言，"谛观"就是始终对女性抱有一种审美静观的态度，明明知道女方在欺骗自己，却不从道德的、实利的角度去苛求她。在审美过程中，明知受骗，甘愿受骗，甚至以被骗为乐。江户时代的色道达人柳泽淇园在《独寝》一书中，在这个问题上表述了很高的觉悟，他认为，去花街柳巷游玩的人，都要明白"妓女就是说谎的人"，没有这种思想准备的人是不可能发现"游"的精神的。"那些从来都没做过傻事"的大财主也亲手给太夫写来情书，那些情书可能被太夫和其他女郎作为笑料而互相传阅。有些情书，太夫都不想弄清到底是哪个客人写的，便把它当成引火纸，化作黑夜中的一缕青烟了，然而柳泽淇园并不因此认为太夫可恨，也不因此而嘲笑那些财主，因为干这些蠢事换来的是快乐。柳泽淇园的这种态度就是"谛观"即审美静观的态度。麻生矶次认为："'意气'是一种解脱之相，是深知男人的心，遍尝浮世的辛酸并摆脱其束缚的淡然的心境。"① 说的也正是这个意思。

需要指出的是，上述台北版、上海版中文译本对"諦め"（あきらめ）一词的翻译，也出现了理解上的问题。台北译本译为"死心"，上海译本译为"达观"。在这里，面对同一个词"諦め"，两种译本却译出了几乎相反的两种意思。一般而论，"死心"就是绝望，绝望了就不再"达观"，"达观"了就没有"死心"。按照《广辞苑》上的解释，"諦め"是从另一个读法相同，但以"明"这个汉字做词干的词即"明め"引申过来的，"明め"就是"理解""弄明白"的意思。因而，"死心"的翻译仅仅是按照一般字典上的解释译出了"諦め"的字面意义的一个侧面。然而，在九鬼周造的"意气的内涵构造"逻辑关系中，一个有着"意气地"即傲气的人、一个有所推崇的"理想主义"的"意气"的人，绝不是"死心"的人，因此"死心"当属误译。至于上海版本译成"达观"，本质上虽然没有大错，但意义表达上还不到位，还太一般化，没有译出九鬼周造赋予这个词的美学意蕴。笔者思来想去，译成"谛观"最为准确。② "谛观"是失望（不是绝望，

---

① 〔日〕麻生矶次：《通·いき》，见《日本文学の美の理念》，东京：河出书房，1954 年，第 113 页。

② 日语中本来就有一个汉字词"諦観"（ていかん）。《广辞苑》对"諦観"的解释是："①看透他人，清楚地审视、谛视；②〔佛〕谛观；③諦める。"可见，"諦め"和"諦観"在这个层面完全是同义的。

不是死心）后的看得开、想得开的超越的心境，也就是一种审美的静观。

我认为，"意气"这个审美概念的内涵除了九鬼周造所指出的"媚态""意气地""谛观"三种审美要素之外，还包括"时尚"与"反俗"之美。如上文所说，在江户时代，"意气"本身可训为"当世"二字，就是今天我们所说的"时尚"的意思。"时尚"就是不保守，就是追新求变，江户时代的游廓之所以能够引导时代与社会的审美潮流，就在于它的"当世"即时尚性。"时尚"就是不古板、不拘泥的一种随意和潇洒，一种个性化的美感。关于这一点，藤本箕山在《色道大镜》中对吉野太夫的一段描写，最有代表性：

> 那一天吉野（谥号德子）虽被安排为上客，但却没有出席。问缘由，说是到凌晨才睡，现在还没起床。主办方说：那就把她叫醒吧，于是从座中派一个人前去叫醒了她，对她说大家都到齐了，敬请光临。她洗把脸后，蓬乱着头发来到座中，内穿白绫的内衣，外穿无花纹的两重黑色外衣，系着杂色斑纹衣带，款款地走出来，从数位女郎身边穿过，到自己的座位上坐下来。各位都看呆了，忘记了与她寒暄打招呼。……

藤本箕山认为吉野这位名妓的做派是典型的"意气"的表现，也就是具有一种潇洒、不拘成规的个性化的美感。要有这种"意气"之美，还必须远离世俗女子、贤妻良母的形象，藤本箕山在《色道大镜》中还写道：

> 女郎对做饭炒菜之类的事情，越是一无所知，就越显得优雅。这些事情是那些用人干的。北川家的贞子野风夜起的时候，朦胧看见别人在打鸡蛋，觉得很好玩，就凑上去说：让我打一个试试吧！人家就拿出来让她试，结果一个都没有打好，倒把手都弄脏了。那种生疏拙笨的样子，反而显得高雅、可爱。

时尚常常表现为反俗，而反俗的最深刻的表征就是反既成道德。对此，阿部次郎在《德川时代的文艺与社会》一书中指出：在江户时代，游女的审美价值除了她的技艺修养之外，还在于她们身上具有"普通女子，特别是良家贞洁女子所没有的反道德的东西"。"她们还要具有一种骨子里对谁都多情，必须集万人宠爱于一身。这样的游女的德行修养是以什么为基础的呢？这一点必须建立在对良家女子的轻蔑、对刻板的道德的逆反的基础之上，并且由此而确立青楼特有的人生观。"①同样地，普通社会中男女的"意气"也是如此。现代作家近松秋江有一篇小说，题目叫作《意气的事》，小说写男主人公的妻子对丈夫与一名早年认识的艺妓相见感到不解和疑虑，对此，男主人对妻子的表现做出这样的评价："土气的女人，真

---

① 〔日〕阿部次郎：《德川時代の芸術と社会》，第54页。

拿她没有办法呀!"在他看来,自己与以前认识的艺妓见面聊聊天,是很"意气的事",而妻子拘泥于道德伦理不予理解,则是很不"意气"即"土气"(野暮)的表现。可见在他看来,既然是"意气的事",就不免要反俗、要超越道德。

在《"意气"的构造》中,九鬼周造除了阐述"意气"的内涵构造外,还分专章论述了"意气"的外延构造、"意气"的自然表现和"意气"的艺术表现。认为"意气"的外延构造是作为"意气"之延伸的"上品""华丽""涩味"三个词以及与之相对的"下品""朴素""甘味"三个词之间形成的二元张力。"意气"的自然表现主要表现在身体方面,"意气"的反义词是"土气"(野暮)。"意气"的体态略显松懈、身穿轻薄的衣物(但不能是欧洲式的袒胸露背式或裸体),杨柳细腰的窈窕身姿可以看作是"意气"的表现,出浴后的样子是一种"意气"之姿,长脸比圆脸更符合"意气"的要求。女子的淡妆、简单的发型、"露颈"的和服穿法乃至赤脚,都有助于表现出"意气"。在"意气"的艺术表现上,最能体现"意气"的是条纹花样中的简洁流畅的竖条纹,最"意气"的色彩是鼠色(灰色)、茶褐色和青色这三种色系,大红大紫、红花绿叶、花里胡哨的艳俗的颜色和面料不"意气";最"意气"的建筑样式是简朴的茶屋;在味觉方面,别太甜腻("甘味")、适度地带一点"涩味"是"意气"的,等等。九鬼周造对"意气"之表现的概括与解释,主要材料来源是江户时代及此后的相关文献及艺术作品,特别是文学作品中的相关描写。

综合分析九鬼周造的见解再加上我们的理解，我们尝试着尽可能简洁洗练地将"意气"定义如下：

"意气"是从江户时代大都市的游廓及"色道"中产生出来的、以身体审美为基础与原点，涉及生活与艺术各方面的一个重要的审美观念，具有相当程度的都市风与现代性。狭义上的"意气"正如九鬼最早所说，是一种"'为了媚态的媚态'或'自律的游戏'的形态"，是男女交往中互相吸引和接近的"媚态"与自尊自重的"意气地"（傲气）两者交互作用而形成的审美张力，是一种洞悉情爱本质、以纯爱与美为目的、不功利、不胶着、潇洒超脱、反俗而又时尚的审美静观（谛观），在这种审美张力与审美静观的交互作用中形成了"意气"之美。

值得一提的是，在九鬼周造从美学角度对德川时代的"意气"做了分析阐释之后，美学家阿部次郎又从社会文化史的角度对德川时代的文学艺术的基本特点做了总结，他认为德川文艺的本质是"性欲生活的美化"，他指出：

> 德川时代游廓的理想的男女关系，出发点并不设定为恋爱，而仅仅把恋爱作为将来的一种预想的归结，因而它只是某种程度上将恋爱加以剥离的"性欲的美化"。它是彻头彻尾的感觉性的东西，但又小心翼翼地避免堕入兽性；它调动一切官能来追求感觉的享乐，但又赋予了人间的温情和品格。像这样的性欲生活，即便最终会导致情死的悲惨结局，恐怕也不

会从中产生出真正意义上的"宗教"化的文学艺术来，而且这种对于性欲本身的直接的美化，在世界文化现象中也是独特的。作为部分生活的一种全体化、象征化，它具有唤起艺术冲动的力量。代表着德川时代文化的戏剧、浮世绘和音乐的大多数作品，都可以证明这一点。①

阿部次郎的"性欲生活的美化"论，作为一个从社会文化角度做出的判断和命题，与九鬼周造的作为美学概念的"意气"显然是相通的。所谓"性欲生活的美化"就是在男女关系中剔除婚恋的功利性，超越道德上的价值判断，通过使其纯粹化而达到"美化"的目的，也就是将没有审美价值的"色情"转化为具有审美价值的"情色"，这样的"情色"才能与艺术创作的审美冲动和表现直接联系起来。

五、"意气"的组织构造

以上从历史文化的角度，对"意气"从色道概念到身体美学概念的产生、演变做了动态的纵向的梳理，对"意气"与"粹""通"等概念的关系做了分析，对"意气"的内涵和外延做了概括和界定。我们还需要从语义学、逻辑学的层面，将"意气"这一概念置于一个横向的、平面的组织结构

① 〔日〕阿部次郎：《徳川時代の芸術と社会》，第46页。

中，才能进一步理解"意气"在特定的语义组织系统中的地位，进一步看清"意气"与相关概念的逻辑关系。为此，笔者整理出了"意气"的组织构造图，如下：

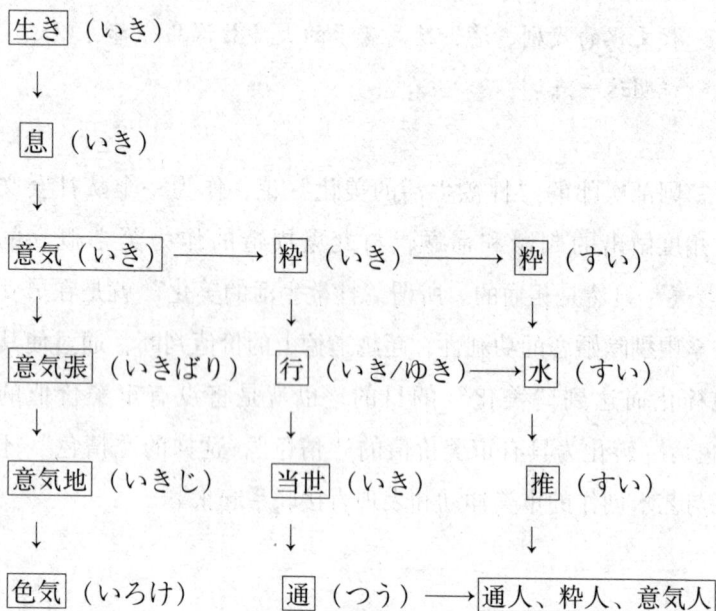

生き（いき）
↓
息（いき）
↓
意気（いき）——→ 粋（いき）——→ 粋（すい）
↓　　　　　　　　↓　　　　　　　　↓
意気張（いきばり）　行（いき／ゆき）——→ 水（すい）
↓　　　　　　　　↓　　　　　　　　↓
意気地（いきじ）　当世（いき）　　推（すい）
↓　　　　　　　　↓　　　　　　　　↓
色気（いろけ）　　通（つう）——→ 通人、粋人、意気人

接下来，需要对这张构造图加以解释。

这个表分为四行（独立不成行的头两个词"生き"和"息"不计在内）和三列。其中，"意气"处于第一行和第一列的最重要的位置，其他所有概念都是从"意气"生发出去的。第一行表示的是从"意气"到"粋"（いき）和"粋"（すい）的逻辑关系。这三个词意义相同，但写法、读法不同，更重要的是，由于读法的不同，就与相同意义的其他词产

生了意义上的逻辑关联，这主要表现在以这三个词开头的三列概念中。

先看图中的左侧一列。上下贯通地看，就是"意气"这个概念从"生き"（いき）到"息"（いき）、到"意气"（いき）、再到"意气张"（いきばり）、"意气地"（いきじ）乃至"色气"（いろけ）的语义形成与流变。从语义的逻辑起源上看，"意气"最早的源头应该是"生き"。"生き"读为"いき"（iki），意为生、活着；活着的人就要呼吸，就有气息，就有生命力，于是便有了"息"。"息"写作"息き"，也读作"いき"（iki）。活着的、有生命力的人，就有精神，此种精神就是"意气"（いき）。关于这一点，九鬼周造在《"意气"的构造》的结尾处有一条较长的注释，其中有这样一段话：

> 研究"意气"的词源，就必须首先在存在论上阐明"生（いき）、息（いき）、行（いき）、意気（いき）"这几个词之间的关系。"生"无疑是构成一切的基础。"生きる"这个词包含着两层意思，一是生理上的活着，性别的特殊性就建立在这个基础之上，作为"意気"的质料因的"媚态"也就是从这层意思产生出来的；"息"则是"生きる"的生理条件。①

---

① 〔日〕九鬼周造：《「いき」の構造》，第97页。

这是非常具有启发性的见解。但是"意气"之下还需要继续往下推演。人有了"意气"，就要表现"意气"，意气的表现就是"意气张"（いきばり），就是伸张自己的"意气"。而"意气"一旦得以伸张，便有了"意气地"（いきじ），即表现出了一种自尊、矜持或傲气。这种矜持和傲气在男女交际的场合运用得当、表现得体的时候就产生了一种"色气"（いろけ），换言之，"色气"是"意气""意气张""意气地"的一种性别特征。

然后再看纵向的第二列，即从"粋"到"通"。"粋"在江户时代的有关作品和文献中，许多场合下被训作"いき"，也与"意气"一样读作"いき"（iki）。这个读作"いき"（iki）的"粋"与"意气"完全同义，却在另一个延长线上、在"行き"（いき）这一链条上扩大了意义范围。对此，九鬼周造在上文提到的那段注释的后半部分，这样写道：

> 又，"行"也和"生きる"有着不可分割的关系。笛卡尔就曾论证说，"ambulo"（行走）才是认识"sum"（存在）的根据。比如在"意気方"（いきかた，生存方法）和"心意気"（こころいき，气魄、气质）等词的构成中，"意气"的发音明显就是"行き"（いき）的发音。"意気方（生存方式）很好"，也就是"行走得很好"的意思。而在"对喜欢的人的'心意気'"以及"对阿七的'心意気'"这样的表达中，"心意気"往往都与"对某某人"连

用，有一种"走"向对方的趋势。此外，"息"（い
き）采用"意気ざし"的词形、"行"（いき）采用
"意気方"（いきかた）的词形，都是由"生"衍生
出来的第二义，这是精神上的"生きる"（活着）。
而作为"意気"的形式因的"意気地"和"諦観"，
也是植根于这个"生きる"（活着）的意义之上的。
而当"息"和"行"高于"意气"地平线的时候，
便回归到了"生"的本原性中。换言之，"意气"的
原初意味也就是"生きる"（活着）。①

　　正因为如此，"粹"便指向了"行き"，而"行き"是动
词"行く"（读作"いく"或"ゆく"）的名词型。动词
"行く"除了"行走"的意思之外还有其他意思，男女做爱时
性高潮的到来叫作"行く"，其名词型"行き"自然也就与男
女之情有了内在的关联。"行き"是一种行走，行走到别人前
面的时候就处在了前沿、前卫的位置，也就有了先进性、时尚
性，这就是所谓"当世"，因此，江户时代的相关文献与作品
便将"当世"二字训为"いき"，意思是说"意気"的人、
"粹"的人、"行"得快的人，必然是时尚、时髦之人。"行"
得快者，必然懂得如何才能行得快，行走也就顺畅无碍，这种
状态就是"通"（つう）。于是，"粹"（いき）就经过"行
き"，再经过"当世"（いき）最后达到了"通"。

──────────

　　① 〔日〕九鬼周造：《「いき」の構造》，第97—98页。

最后看上表中的第三列概念。这一列的第一个概念"粹"（すい），是第二列中的"粹"（いき）的音读。由"すい"这个音读，又引出了以下的相关概念。那就是"水"和"推"。

　　江户时代，"粹（すい）"这个词在假名草子的"游女评判记"中最早写作"水"，是非常形而下的肉体的、实用性的。所以这个"水"与第二列中的表示性关系的"行"相联系。为什么"粹"起初被写作"水"呢？日本学者一般认为，这里主要是借助"水"的柔软、融通、冲刷磨炼、随物赋形、随机应变的属性。可以用中国《荀子》中一句话"君者盘也，盘圆而水圆；君者盂也，盂方而水方"来解释。本来，在汉语中，"水"就有性爱、女性的隐喻。例如"水性杨花"比喻女性的用情不专，"水乳交融""水乳之契"狭义上多指男女间的关系。在一些汉语文献与作品中，"水"也用来比喻性事或娼妓的生活，如明代冯惟敏《僧尼共犯》第四折有："俺看那不还俗的僧尼们，几时能够出水啊！"《中国地方戏曲集成·安徽省卷·李素萍》："小女子情愿落水为妓，也不愿随那张客人前去。"这样看来，对当时的花街柳巷的嫖客与妓女之间的交际而言，"水"是非常生动而又实用性、功利性的比喻。值得注意的是，这个"水"字，日本人不读作固有的发音"みず"（mizu），很显然是因为日语固有词"みず"专指作为通常的液态物质的水，而不像汉语的"水"那样能够引发意义上的丰富联想。另一方面，在"游女评判记"中，"水"常常用来代指游女，而那些初出茅庐、一窍不通、没有体验的男人需要入"水"得以洗礼，然后才能"粹"。没有这样的体验的男人又被称为"月"（假名读作"ぐわち"，又写作"瓦智"二字，亦即无知又土气）。月映于水叫作"水月"。《寝物语》中有专门的"水月"一章，讲的是月与水的关系，强调"月"在"水"中的浸润、历练。除了女性及情爱的隐喻外，"水"还被自由地加以引申，例如在《难波钲》中，时人把嫖客在青楼花钱称作"水"，而游女千方百计让嫖客多掏钱也是"水"。聪明的"水"的游客就是如何依靠自己的机灵少花冤枉钱。对此，《寝物语》也说："无论倾城女郎怎么跟你说悄悄话，都装作没听见，就叫'水'。听见了就要花钱。"

除了"水"之外，"粹"有时又写为汉字的"推"字，和"水"一样音读为"すぃ"。汉语中有"顺水推舟"一词，可见"水"和"推"是有内在联系的，指的都是一种由此及彼的流动、交往和推进。日本研究者一般认为，"推"字是"推察""推测""推量"的意思，是指在青楼冶游时的善解人意、见风使舵、机智灵活，强调更多的是一种处事手腕或行事方式，较少有精神层面的涵义，近松门左卫门的戏剧作品中多用"推"，就是在这个意义上使用的。

在第三列概念中，"粹"（すぃ）入于"水"（すぃ），经于"推"（すぃ），最终便成为"通人"。"通人"在江户时代常常读作"すぃ"。这样，在意义与语音的统一上，"粹"与"水""推"乃至"通人"就成为一个相互关联的概念系列。当然，最后的这个"通人"与第二列最后的"通"，也有逻辑上的先后关系。"通人"也叫"粹人""意气人"，"通人"便是"意气"的最终的归结。至此，"意气"的语义关系和组织构造便系统、清晰地呈现了出来。

在上述的"意气"概念的组织构造中，也存在着一个反方向的运动，就是从"通人"或"粹人"到"意气"的运动过程。反方向的基本结构稍有调整和变化，图示如下：

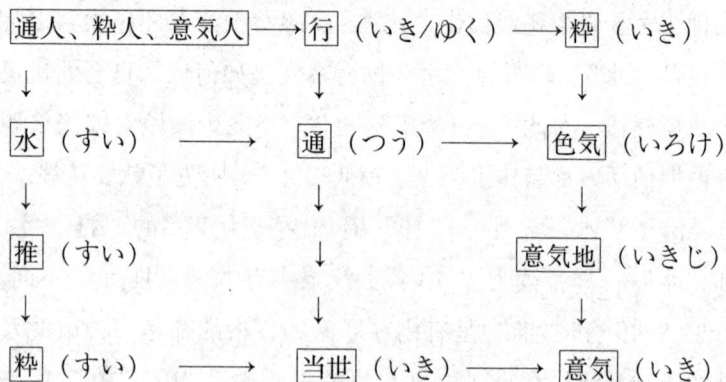

通人、粹人、意気人 ——→ 行 （いき／ゆく）——→ 粋 （いき）

↓ ↓ ↓

水 （すい）——→ 通 （つう）——→ 色気 （いろけ）

↓ ↓

推 （すい） 意気地 （いきじ）

↓ ↓

粋 （すい）——→ 当世 （いき）——→ 意気 （いき）

这是一个"田"字形的结构，它表明：一个"通人""粹人"或"意气人"，是要通过两条路径到达"意气"的。第一条途径是走"田"字的上侧和右侧，也就是由"行"（いき／ゆく）到"粋"（いき），然后由"粋"（いき）到"色気"，再到"意気地"，最后到达"意气"；第二个途径是走"田"字的左侧与底侧，就是由"水"（すい）、"推"（すい）到"粋"（すい），再到"当世"（いき），最后到达"意气"。而居于"田"字中央的则是"通"，将其他各项因素联通起来。

综上，现将"意气"与相关概念的组织构造尽可能简单地概括如下：

"意气"基于人的"生命""生息"及生命力投射之要求的"色气"，反映在男女性爱交际中，表现为极有交际艺术、时尚帅气、潇洒自如的"通"，还有内在心理上的纯粹无垢、通情达理、含蕴而又豁达的"粹"；而将外在表现的"通"与内在心性修炼的"粹"加以综合呈现，便产生了"意气"之美；有这种审美表征的人或者能够理解和欣赏这种美的人，就是"通人""粹人"或"意气人"。总之，"意气"就是在性别上具有审美价值和吸引力，是男女之间的魅力之美，所谓"不意气"，指的是在性别上缺乏审美价值和魅力。

六、"意气"之于传统和现代

九鬼周造在《"意气"的构造》中反复强调，"意气"是日本民族独特的概念。这一点是毋庸置疑的。但是，"意气"作为德川时代町人社会中产生的独特概念，它与日本的传统审美文化、与"物哀"等审美观念乃至与汉语的"风流"观念都有一定的联系。

"意气"与代表平安王朝审美理想的"物哀"之间是有联系的。两者都产生于男女交往与恋情，都是在异性交际、身体审美实践中产生出来的概念。阿部次郎在《德川时代的文艺与社会》一书中强调德川时代的游里实际上是一个虚拟的贵族社会，那些有钱无权、处在四民制最下层的町人们，在游里中可以找到贵族社会的享受与感觉：悠闲而奢侈的生活，狂欢而又风雅的节日、仪式与活动，美丽而又有教养的女人，都给花街柳巷中的町人以虚幻的贵族式的满足。在身体美学的层面上，"意气"与"物哀"的趣味是一脉相承的，"意气"语境下的游女与游客，简直完全可以对应于"物哀"语境下的贵族男女。不同的是平安王朝贵族是偷情和私通，德川时代的町人是公然去青楼冶游。两者都是反既成道德的，是唯情主义、浪漫主义的，恋爱至上的，都是唯美的，在讲究形式美、外表美的同时，注重心性的修养、情感的教养和琴棋书画的技艺。但是，两者也有许多根本的不同。"物哀"是古代王朝宫廷的产物，"意气"则是近世都市社会的产物；"物哀"之美带有古典性，"意气"之美带有"前近代"市井文化的性质；"物哀"属于情感美学、心理美学的范畴，意气属于身体美学的范畴；"物哀"强调"悲哀"的审美化，具有消极的、反省的、内向的性格，"意气"却强调洒脱、超越、想得开、看得开的"谛观"即审美的静观，具有积极的、外向的、行动的性格。九鬼周造在《"意气"的构造》中所指出的"意气"在艺术与生活上的表现，清楚地表明"意气"对身体之美的那些理想要求，与现代都市社会的审美趣味已经非常接近了，例如古典贵族女性的微胖的体态和面庞，繁复的发型、服饰，浓艳的化妆、刻板的礼仪，都是"意气"之美所排斥的；"意气"所要求的是苗条瘦长的体形、简单的发型、朴素而又潇洒的服饰（有时甚至强调不加修饰、随意随便的样子更美）。这种"意气"之美是与传统贵族的繁缛文化、中世武士的简朴的理想主义文化、近世的都市时尚文化相生相克的产物。

在讲"意气"的时候，我们还会自然想起一个汉语词——"风流"。

"風流"（ふうりゅう）这个概念在日本文论史、美学史上也占有重要地位。但这个概念完全是从中国传入的，在语义及其使用上与汉语的"风流"大同小异。对此，日本学者冈崎义惠在《"风流"的原义》、铃木修次在《"风流"考》、栗山理一在《"风流"论》等文章中，都做了较为细致的分析研究。总体来说，汉语中的"风流"有精神的、肉体（身体）的两层意义。作为精神层面的含义，"风流"是一个人的浪漫、潇洒、高雅、放达之美，也指一种精神传统、文学艺术上的流风遗韵。在这个意义上，"风流"与"风雅"意义接近；在身体乃至肉体层面上，"风流"则是指一种放纵享乐的艳情、好色。例如中国六朝的一个叫石崇的人纸醉金迷、纵情声色，时人称其"风流"，日本中世时代也有著名的风流和尚一休（一休宗纯，号狂云）在其汉诗集《狂云集》《续狂云集》中大量使用"风流"一词（平均每四首诗中就有一个"风流"），用来指代男女好色、性爱之事。看来，在这方面，日语中的"风流"的含义与汉语的"风流"是基本一致的。"风流"的这个层面的含义，显然与"意气"有很大的重合之处。

问题在于，既然"意气"和"风流"都指男女的好色和性爱之事，为什么德川时代的色道文化中不直接使用"风流"一词而使用"意气"呢？德川时代本来非常崇尚中国语言文化，那些町人们又追慕贵族文化，况且"风流"中也包含着对男女情事及身体的审美观照，在这种情况下，使用"风流"

这个为人所熟悉的汉字词，岂不是最方便的吗？然而，事情似乎并非那么简单。

如上文所说，"意气"这个词直接产生于德川时代町人阶层的色道文化中。从起源上说，作为公娼区域的"游里"或"游廓"是"意气"产生的温床。因此"意气"不是在"风流"的延长线上产生的，而是町人旺盛的生命力、充足的财力、对传统与社会的本能的反叛力的表征。换言之，它是町人专有的，与先前的宫廷贵族、武士贵族的"风流"颇为不同。日本"贵族"的风流是脱离政治利害、超越金钱的束缚与利益得失考量的、不落俗套、闲云野鹤的放达状态，而町人的"意气"却是紧紧依托着金钱，炫耀着财力，并由此体会到一种自由潇洒，带有强烈的金钱交易与商业消费的市井文化的时代色彩。从行为实践的层面上看，日本传统贵族的"风流"带有古典或古典主义的典雅性质，强调流风余韵，有一套公认的风流模式，是一种风格化程式作法，但"意气"起初却是一种率心由性、落拓不羁的渔色游乐行为，没有约定俗成的规矩法度可寻，在这种情况下，才有人试图以"色道"建构的方式制定规矩法度并在其中树立审美标准，力图将好色行为由形而下的肉体沉溺，提升到形而上的"粹"和"意气"的高度。这里面固然吸收了一些贵族的"风流"，但却与模式化、矫揉造作的"风流"大异其趣了。从意义内涵上看，"意气"纯属身体美学的范畴，而"风流"则首先是文艺美学、诗学的范畴，其次才是身体美学的范畴。从纵向的时代推移来看，"风流"是古典的审美趣味，"意气"是"前现代"的审美趣味。总之，尽管"风流"与"意气"有重合和共通之处，但"意气"所代表的是纯粹的市民、町人的审美趣味。"风流"和"意气"既非同源也非同流。町人的"意气"无意间承续了"风流"的传统，但又不使用"风流"，这或是觉得不配或是不愿。

"意气"之于现代日本具有怎样的意义呢？可以说，"意气"作为一种审美观念，从江户时代不知不觉、顺乎其然地流入明治时代后的日本近代文化中，成为日本近代文学、近代文化中的一种别样的传统。对此，阿部次郎反复强调："作为祖先的遗产之一的德川时代中叶以后的平民文艺，在明治、大正时代被直接继承下来，即便我们自以为可以摆脱它，但它已经成为一种文化势力，在冥冥之中深深地渗入我们的血肉中，并在无意识的深处支配着我们的生活。"① 在日本近现代文学中，西方理论思潮与西方概念的大量涌入，使得包括"意气"在内的传统审美观念与美学范畴受到了相当程度的遮蔽。由于"意气"等相关范畴产生于江户时代游里及好色文学中，涉及复杂的社会道德问题，把它加以学术化、美学化即正当化，既需要见识也需要勇气。在1930年九鬼周造的《"意气"的构造》发表之前，人们几乎把"意气"这个概念忘掉了，正如日本另一个审美概念"幽玄"在近世时代被人们忘掉了数百年一样。九鬼周造出身名门贵族，曾留学德国师事胡塞尔、海德格尔等哲学家，母亲星崎初子原本是个艺妓，据说是一位极

---

① 〔日〕阿部次郎：《德川时代の芸術と社会》，第24页。

富美感的美丽女性，九鬼的父亲九鬼男爵把她从妓院赎身并与之结婚（在近现代日本，上层社会的男人娶艺妓或妓女为妻者大有人在），后来初子因与著名学者冈仓天心恋爱而与九鬼周造的父亲离婚，此后初子带着九鬼周造兄弟一起生活。这种特殊的家庭生活背景与经历，也许是九鬼周造研究和写作《"意气"的构造》的勇气与动机所在。无论如何，在《"意气"的构造》问世之后，"意气"这个概念在日本美学思想史上的地位没有人再敢忽视了。另一方面，虽然"意气"这个概念本身长期被忽视，但"意气"的审美传统并没有中断过。仔细注意一下就会感到，日本人的文学艺术，包括小说、电影乃至当代的动漫，都或明或暗地飘忽着"意气"。例如，一直到现代社会，艺妓仍然作为日本之美的招牌而广为人知，文学创作中对所谓"江户趣味"的追求已经形成了日本近现代文学的一种传统，从尾崎红叶、近松秋江的带有井原西鹤遗风的情爱小说，到现代唯美派作家永井荷风对带有江户风格的花街柳巷的留恋和沉溺，再到战后作家吉行淳之介的妓院小说，乃至川端康成、渡边淳一等描写男女不伦之恋的小说，都以不同的方式体现了"意气"的审美与创作传统。可见，"意气"之于日本人与日本文艺都具有普遍意义。

广而言之，在当代社会中，"意气"就是身体美、性感美的普泛化，其实质是以身体审美为指向的日常生活的审美化。这也就是"意气"这一审美观念的"现代性"之所在。我们只要在现代语境下对原本产生于青楼色道的日本"意气"加以提纯和净化，洗去它所带有的江户时代的町人放肆放荡的

"洒落"气味，就有可能把它更生为、转换为一般的审美观念，就具有了一定的现实意义和普遍意义。实际上，男女之间"意气"的身体审美现象，正是人类日常美感的主要来源，这种情形在社会交往中似乎无处不在，远比艺术的审美来得更为频繁、更为自然、更为迅捷、更为生活化，因而也更为重要。特别是在人口密集的现代都市中，在萍水相逢、擦肩而过、转瞬即逝的公众交往中，甚至是在网络那样的虚拟世界中，男人女人们以其身体（包括服饰、发型乃至举止、气质等）有意无意地向具体的或模糊的对象做出意欲靠近并博取对方好感的"媚态"，是人性的自然，是审美要求的本能表现。没有婚姻等任何功利目的，只是在审美动机的驱动下释放或接受"色气"即性别魅力，同时又在自尊自重的矜持与傲气中与对象保持着距离。就是在这种二重张力中，体验着一种审美静观，确认生命的存在，感受生活的多彩。由此，男人女人们变得更美，我们这个世界也变得更美。我们不妨把这个理解为现代意义上的"意气"。这种现象既是普遍的一种心理（观念）现象，也是一种普遍的审美现象。

如今，有的西方美学家倡导美学研究应该从经典文本和艺术品的研究转向活生生的日常、转向对身体审美（身体美学）的研究，提倡"日常生活的审美化"。若如此，"意气"的审美现象是否应该引起美学研究的充分注意呢？日本的"意气"概念是否仍有启发价值呢？应该意识到，思想是在阐发中不断增值的，概念范畴是在整理寻找中陆续呈现的，历史上的许多概念起初只不过是一般的词语即一般的形容词、名词或动词，我们的哲学研究、美学研究也不应以那些既有的、有限的概念范畴为满足，要像九鬼周造对"意气"的发现、发掘那样，从传统文本和现象中去发现、提炼、阐发新的概念与范畴。实际上，在中国传统的思想文化中，身体问题一直是核心问题之一，儒、释、道各家都有自己的身体观，但正统的身体思想都偏重于真与善，强调身体的道德性和清心寡欲的自然天性，具体而言，儒家在肯定身体的同时提倡节制，佛家追求身体静修与超越，道家与传统医学则指向养生。这些主要都不是审美的诉求。而另一方面，在中国非正统的审美文化传统中，却一直存在身体审美的传统。例如，魏晋时代盛行的人物品评主要是基于身体的审美批评，唐宋元明清各时代的市井通俗文化及相关文献中也蕴含着丰富的身体美学思想范畴的矿床，我们是否也应该从类似于"意气"及身体审美的角度，从大量的明清小说、戏曲及市井通俗文化现象中，寻找出、提炼出属于那个时代的独特的审美观念来呢？是否可以把那个时代最为流行的某些形容词、名词、动词，给予筛选、整理、优化和阐发并由此加以概念化呢？我们对日本"意气"加以研究的学术价值和启发性，也许就在这里。

七、本书的内容构成及编译的有关问题

最后需要交代一下本书内容的构成以及编译中的格式等问题。

本书以"意气"论为中心编译了三部文献著作，分为三

个部分。

第一部分是哲学家、美学家九鬼周造（1888—1941年）的《"意气"的构造》（1930年）。这是现代日本第一部，也是迄今仅有的一部立足于哲学、美学的立场，运用阐释学和结构主义的方法，对"意气"的语义构造加以分析概括的著作。作者受过德国哲学的思维表达的训练和影响，全书篇幅不大（译文五万余汉字），言简意赅、流畅洗练，极富理论思辨性，结构上也环环相扣、不枝不蔓。日本学者的许多著作啰嗦絮叨、感受力有余而理论概括力不足，但九鬼周造的这本书可谓是少有的例外。译者根据岩波书店"岩波文库"1979年版本加以完整翻译。

第二部分选译了哲学家、美学家阿部次郎（1883—1959年）的《德川时代的艺术与社会》（单行本，1931年）。该书从社会史、文化史的角度分析江户时代"好色"文化的形成并对相关文献与作家作品做了分析，被公认为德川时代社会文化研究的名著。其文化史方法可以与九鬼周造《"意气"的构造》的美学方法互为补充。全书观察细致、观点犀利、分析透辟、语言睿智机警，颇得德国哲学与欧洲学术的方法精髓，具有重要的学术理论价值。由于该书在杂志上连载七年然后成书，各章节衔接不够紧凑，结构上不免零散。译者围绕"色道"论、"意气"论的主题，根据角川书店"角川选书"1972年版加以选译。其中将最有理论总括价值的"前编"基本上完整翻译，在"补编"和"后编"中选取有关井原西鹤及后来者的好色小说的相关章节，略去了有关戏剧、浮世绘、版画的章节，译出的篇幅约十万汉字，为原作的五分之三，相信这样的选译可能会使全书在结构上更显紧凑。为更切题，选译部分的译名改为《德川时代的文艺与色道》。

第三部分是"色道"原典翻译，选译了德川时代俳人、作家藤本箕山（又名畠山箕山，1628—1704 年）的《色道大镜》一书的第五卷。《色道大镜》是作者历经三十年对日本全国的花街柳巷做了亲自体验和调查后写成的，是江户时代"色道"的开山著作、"色道"的集大成者，堪称日本历史上的一部奇书。该书第五卷曾被独立刊行过，称为《色道小镜》，作者模拟佛教《法华经》的廿八品，将"色道"及"粹"（"意气"）的修炼分为廿八个品级，并做了具体的描述和论述，集中阐释了"色道"的理想、审美观和价值观。译者据岩波书店《日本思想大系 60·近世色道论》的校勘本加以翻译。

本书所选三种原作，由于著述时间不同，作者的写作习惯不同，注释的处理方法也不同。其中，《"意气"的构造》每章后头均有作者的少量几条注释，译者一律处理为脚注（页下注）并在该注释之后注明是"原注"，以便与译者的注释相区别；《德川时代的文艺与色道》原书有少量的文内注，译文不加改变，但译者另加有脚注；《色道小镜》作为古书，没有任何注释，所有脚注均为译者所加并参考了岩波书店版本的注释。

经过四个多月的日夜劳作，《日本意气》终于如期完成了。当初动手翻译时，还是天寒地冻、一片肃杀的隆冬时节，现在动手写"后记"时，窗外马路两旁的悬铃木已经悄然挂满了翠绿的新叶，楼上平台花坛中的月季绣出了一朵朵小小的花蕾，葡萄架上的嫩叶间也隐约可见桑椹一般大小的葡萄串……春天又来了，大自然荣枯交替，周而复始。人却总是蛰居在书斋里，不分四季重复着同样的动作。不过，其实书斋里也是有季节的。当一部新作将要完成的时候，就仿佛看见了春天的绿；当拿着刚出版的新书，摩挲把玩的时候，就好像捧着秋天的果实。

这本刚完稿的《日本意气》，在我看来，就是今春的第一片新叶。

这新叶是从异域采撷来的，但我却把它看作自家园地所产，把它当作自己的"创作"来看。因为在翻译过程中，我投入了我全部的心力。有生命的译作不可能是机械的复制，而总是在创作的激情中诞生；有价值的翻译不是简单的移入，而是创造性的转换表达；有意义的书不应在翻译中受损，而应在翻译中增值。当译者面对着语言与文化的双重困难和挑战的时候，也更能充分体验那种阅读理解的诱惑，感受到用母语加以传达的快乐。照着既定的谱子弹奏，按照别人敲的鼓点起舞，那又有何妨！在束缚中寻求自由，在限制中发挥创造，原本就是翻译的真谛之所在，也是创造的真义之所在。故而，在我的心目中，译作与著作一样，都是我的创造。

还有，每当完成一部译作，把外国的有价值的书译成自己母语的时候，相信不少译者都会产生一种"据为己有"的快慰；每当写出一篇译本序言或学术论文，对外国人与外国书"说三道四"的时候，就会有一种"人为鱼肉，我为刀俎"的大快朵颐的甘美与酣畅。是的，在相当长的一段历史时期里，我们曾经缺乏那种随心所欲地译介出版外国书、评说外国事的能力与"余裕"，我们只能被别人说，而自己却不能说别人。活着的无语，如同活着的死亡。相反地，一直以来，对中国书与中国事，那些欧美人、日本人却译介得很多，评说得很多。归根结底，翻译外国书，评论和研究外国问题，其实就是一种文化力、思想力的投射。当一个民族沉默寡言，只能任外国人说来道去的时候，他们就只好来做这个世界的随从，甚至奴隶了。当一个民族能以语言和思想把握世界的时候，就能做这个世界的主人。如此说来，翻译外国书，研究外国事，其作用和意义不可谓不大。当然，这只是一般而论，自己作为一个普通的译者，是缺乏这种能力的。不过，当如此来理解和感受翻译的时候，翻译就有了足够的动力，翻译的枯燥就变成了翻译的乐趣。有乐趣的枯燥到底还是一种乐趣，而有乐趣的事情，做着做着不知不觉就会上瘾以至欲罢不能。我就是在这种状态中伏案埋头，连续做了三年半的翻译，一口气译出了《日本古典文论选译》（四册）、"审美日本系列"（四种），共八本书，近二百余万字，而这部《日本意气》则是其中的最后一本。

回想起来，编译这本《日本意气》，是偶然，也是必然。

两年多前，我在与作家、出版人瓦当先生商讨"审美日本系列"的时候，只是计划围绕"物哀""幽玄""寂"这三大日本古典文艺美学关键词，编译出《日本物哀》《日本幽玄》和《日本风雅》三本书，并没有将"意气"纳入，直到去年8月我在为《日本风雅》写"后记"时，仍然称《日本风雅》是"审美日本系列"的最后一本书。但是当这三本书陆续做成之后，却觉得意犹未尽。因为我知道，在日本传统美学与文论中，除了上述的三个审美关键词之外，在江户时代还有一个"意气"。说起江户文学，那也是我最早涉足的日本文学领域，因为当年我的硕士论文选题就是江户时代的代表作家井原西鹤。为了写好硕士论文，我翻译了井原西鹤的《好色五人女》《好色一代女》《日本永代藏》和《世间胸算用》四本小说（后结集为《五个痴情女子的故事》，1990 年由上海译文出版社出版）。在这个过程中，我已经注意到了"意气"及"粹""通"的问题。不过，由于当时论文所确定的研究视角主要是社会历史的、文化学的而非美学的，因而对"意气"的问题自然未做深究。不过，多年来，我对这方面的资料信息一直是留意的。至于这次要不要在"审美日本系列"丛书中再增加一本《日本意气》，我一直踌躇不决，主要是因为我原定工作计划中的翻译时间已经大大超出了。若要编译《日本意气》，那么九鬼周造的《"意气"的构造》作为专题名著是必须选入的。就在我举棋不定的时候，发现九鬼周造的那本书已经由上海一家出版社出版了汉译本。我想，假如该译本可靠，复译就没有很大必要了，翻译《日本意气》的念头就可以打消了。但是，当我将该译本买回来阅读的时候，却发现那个译本除了关键概念的理解和翻译错乱之外，错译之处很多，生硬、含糊和不精确、不到位之处更多，因而感到有必要搞出一个新的译本，以便使读者有所比较、有所选择。于是，我最终决定把《日本意气》列入（准确地说是"挤入"）工作计划。另外，2009年台湾也出了一个译本《"粹"的构造》，我查到了译者的相关文章，但未查到译文，不能下判断。期待有兴趣的读者能将上海、台湾的《"粹"的构造》两种译本与我的《"意气"的构造》译文加以对比。

因而，我说这本书的产生是偶然，也是必然。……① 当然，真正要感谢的，是为《日本物哀》及整套"审美日本系列"丛书做出决定性贡献的瓦当先生；还要感谢吉林出版集团的周海莉、孙祎萌、聂文聪、曾雪梅等编辑人员付出的精力与劳动，感谢浙江大学出版社朱岳先生帮助引荐；感谢帮我校对《日本物哀》《日本幽玄》的博士后卢茂君老师、校阅《日本意气》的博士生韩秋韵老师；还有阅读和关心本套丛书的读者朋友们。

《日本物哀》《日本幽玄》《日本风雅》《日本意气》四本书就要出齐了，这是从四个审美关键词入手对日本审美原典的翻译。可以把这四本作为"审美日本系列"的第一辑，如果条件具备，我还想继续编译第二、第三辑。日本的审美文化原典是很丰富的，尤其是近现代文学家、美学家、学者谈美论艺的著作很多，其中有不少已是公认的名著，很有必要一部部地系统地译成中文。希望经过数年的努力，"审美日本系列"能够成为一套有一定规模的日本审美原典名作译丛，为我国的审美文化建设提供参照，也期待着读者一如既往地给予宝贵的支持。

2012年4月30日

---

① 此处一段，收入本书时删除。

日本古代文论的传统与创造

——《日本古典文论选译·古代卷》译本序①

一、"文""文论"与"日本文论"

本书所谓的"日本文论"或"日本古典文论",指的是日本传统的文学评论、文学理论与文艺理论,但日语中并没有与汉语的"文论"同形同义的"文论"一词,只有具体的"歌论""连歌论""俳谐论""能乐论""诗话"与"诗学"("诗"指汉诗)及"文话"之类的针对具体文体形式的类似"文论"的概念,而缺乏"文论"这样的统括性概念。到了近代,日本人用汉语词翻译西语,才有了"文学理论""文艺理论""文学论""文学评论"之类的概念并被普遍使用起来。然而这些来自西方的概念,与属于东亚汉字文化圈的日本古代关于文学的相关思考与言说,在文化内涵、表达方式等方面都

---

① 原载王向远译《日本古典文论选译·古代卷》(北京:中央编译出版社,2012 年)卷首。

有相当的差异，实际并不适用。因此，用一个什么样的概念来统括日本古代关于文学的种种思考与言说，就成为一个不得不先行解决的问题。笔者认为，使用汉语的"文论"一词，表述为"日本文论""日本古典文论"或"日本古代文论"，十分恰当。对此，需要做一番说明和论证。

"文论"一词对日本的适用性，首先是建立在中日两国的"文"这一概念的相同性的基础之上的。

在中国，"文"有三层涵义。第一是哲学美学之"文"。《易经·系辞下》曰："物相杂，故曰文。"《说文解字》曰："文，错画也。象交文。"两书意思相同，都是指不同事物、不同的"像"（形象）错综交叉，形成"文"，形成一种装饰，这也是"文"在中国的原初含义。此后，"文"在其原初意义的基础上很快被抽象化，成为中国哲学、美学与文论中的重要范畴。老子、庄子、孔子等中国古代原创性思想家都将"文"看作是天地之大美，是宇宙万物、社会人伦的审美特征。后世诗人与文学家们更将"文"作为最高的美学范畴。刘勰在《文心雕龙·原道》中则将"文"视为自然天地的外在表现（"德"），是天地宇宙、山川风景、动物植物的总体的美感特征，也是圣人之"道"的外在显现。对于中国哲学与美学意义上的这种抽象的"文"，除了极少数汉学家、儒学家外，古代日本人及日本文学家未能普遍理解与接受。

第二是语言学之"文"。在中国传统的关于"文"的论述中，"文"还有一个具体实指义即"文字"之意。东汉许慎《说文解字》云："仓颉之初作书，盖依类象形，故谓之

'文'，其后形声相益，即谓之'字'。"也就是说，"文"是字之形，"字"是形与声的统一。又有人认为"文"是由"言"构成的，后汉王充在《论衡·书解》中云"出口为言，集札成文"，就是说，"言"是口头的，"文"是对"言"的连贯书写。梁朝刘勰《文心雕龙·原道》云"心生而言立，言立而文明"，是说只有立"言"，"文"才能彰显。还有人将"文"与"辞"并称，认为"文"即是"辞"，所以"文"又称为"文辞"（亦写作"文词"）。宋朝司马光《答孔文仲司户书》："今之所谓文者，古之辞也。"日本人对"文"的理解与接受是从上述"文"的基本义开始的。直到今天，日语中的"文"仍然保存了"辞"（词）的含义，这个意义上的"文"就相当于语言学的"句"或"句子"，因而，现代日语中的"文法"，指的是"句法"。更有近代日本人将西语的"syntax"一词翻译为"文论"（ぶんろん），这里的"文论"是一个语言学概念，指的是对句子结构及构词、造句法的研究。其中的"文"，取的是中国之"文"的"言辞"的本义，而这一用法在现代汉语中不太使用了。

第三是文学之"文"。后来，"文"与"辞"逐渐地产生了分离，人们对"文"的认识渐渐由实用性向审美性发展，于是，被修饰的"文"与朴素的"词"就有了分别，经过修饰美化的辞，又被称为"文辞"，将"文辞"再加修饰，又有"文采"一词，指华丽的文辞。"文"衍生出了"文章"一词，指有一定体制结构的系统之"文"。"文章"又有不同体裁样式，于是"文"又衍生出"文体"。同时，更有人将

"文"又作为文学各体总称，最早明确将"文"作为各体文学总称的是曹丕，他在《典论·论文》中说："文非一体，鲜能备善，是以各以所长，相轻所短。"各种"文"都有相同性、差异性，故又说："夫文，本同而末异。"接着，刘勰在《文心雕龙》的具体行文中对"文"的所指有所侧重，但总体上"文心雕龙"的"文"与现代意义上的"文学"的内涵完全吻合，是文学作品的统括范畴。梁代萧统在《文选序》中谈到他选"文"的依据与标准的时候，强调他是以文学审美性作为选辑标准，他还明确地以"文"来统领各体文学，《文选》所选也并非狭义的"诗文"之"文"，而是包括"诗"与"文"在内的、韵文与散文并包的"文学"之统称。《文选》明确地用"文"来统称"文学"，对后来的中国文学观念的形成演变产生了深远影响。到了清代刘熙载的《艺概》，遂有了"儒学、史学、玄学、文学"的分别。从此，研究"文"的"学"才叫"文学"，它有别于作为文史之学的儒学、史学与玄学。

上述汉语中的"文学"之"文"的各种具体含义与总括含义，在日本古代文学文本中都可以找到用例。例如，在《源氏物语》中，"文"可以指"文章"或书籍，如《源氏物语·夕颜》："などといふ文は……"意即"……之类的文"，此处"文"指文章、书籍。有时候"文"指具体的某种文体，《源氏物语·桐壶》"文など作りかはして"，意即"时而作文"，《源氏物语·花宴》"この道のは皆探韵たまはりて文作り給ふ"，意即"此道都是按照韵律来作文"，此处"文"指

汉诗，将"诗"含在"文"当中，与上述中国之"文"的概念外延相一致。有时候"文"指文字修辞、文采，如江户时代国学家荷田春满的《国歌八论》曰："《萬葉集》故に《古事記》《日本書紀》の歌よりは文にして，《古今集》の歌よりは質なり。"意即"《万叶集》与《古事记》《日本书纪》比较，是'文'；而与《古今集》比较，则为'质'"，此处的"文"是"文质"之"文"。有时候"文"指的是学问，特别是研究文学的学问，如散文家吉田兼好的《徒然草》第123节有"文、武、医の道に誠欠けてはあるべからず"，意即"文、武、医诸方面的修养都不可缺少"，此处的"文"指文章之学，主要指文学。可见，在用日本语创作的日本古典文学中，从平安时代的《源氏物语》到江户时代的"国学家"的论著，在长达七八百年的时间里，"文"的概念使用虽然角度不同，但其所指都是"文学"。

中日之"文"意义上的相同性，也是由中日古典文学之间的深层相通性所决定的。日本传统文学固然有着自己鲜明的民族特色，形成了物语、和歌等民族文学样式，但仍然是在中国文学或明或暗、或多或少的影响下形成的。对此，江户时代末期的学者斋藤拙堂（1797—1865年）在用汉语写成的《拙堂文话》中写道：

> 物语草纸之作，在于汉文大行之后，则亦不能无所本焉。《枕草子（纸）》，其词多沿李义山《杂纂》；《伊势物语》，如从《唐本事诗》《章台杨柳

传》来者；《源氏物语》，其体本《南华》寓言，其说闺情，盖从《汉武内传》《飞燕外传》及唐人《长恨歌传》《霍小玉传》诸篇得来。其他和文，凡曰序、曰记、曰论、曰赋者，既用汉文题目，则虽有真假之别，仍是汉文体制耳。①

值得注意的是，斋藤在这里使用了"汉文"与"和文"两个概念，指出"和文"实际上使用的都是"汉文体制"；又将日中两国不同"体制"（文体）的"文"，包括汉诗、和歌、物语、小说等，全都纳入了"文"这一范畴。可见，统驭中日两国文学的最高范畴，不言而喻就是"文"。从学理的角度看，无论是中国传统文学还是日本传统文学，要对传统文学的总和加以概括，都必须使用"文"这一概念，舍"文"不会有其他更恰当的概念。

还需要指出的是，现代文学与学术中通用的"文学"这一概念，是现代人对古今东西一切文学现象的总称。这一概念虽然中国古已有之，但古代的"文学"实际上是一个合成词，意即"文之学"——研究"文"的学问，而不是"文"自身。至于近代以降的"文学"概念，无论在中国还是在日本，都受到了西语 literature（文学）这一概念的过滤与规制，所以现代不少学者将现代意义上的"文学"视为一个翻译词与外

① 〔日〕斋藤拙堂：《拙堂文话》，见曹顺庆主编《东方文论选》，成都：四川人民出版社，1996年，第818页。

来词，例如"文学"一词就被收进了高名凯等编纂的《汉语外来语辞典》（1984 年）。因此，站在中日传统文学的立场上看，最恰当的总括范畴不是"文学"，而是"文"。实际上，以"文"的范畴统括中日传统文学，也是近代以降日本一些学者的共同做法。例如，1878 年（明治十一年），日本学者榊原芳野在总结日本古代文学史的基础上做了一张《文章分体图》，将日本传统文学划分为"汉文"与"和文"两大类别，但没有给出一个总括的范畴，或许作者认为这不言而喻——无论是日本的"古文"还是"汉文"，当然都是"文"，也必须总称为"文"。换言之，日本传统文学的最高范畴应该就是"文"。

既然中日两国传统文学中有了最高的范畴"文"，那么，关于"文"的一切言说、评论、欣赏与研究，也应该由"文"字来做主要的构词要素。实际上，这个词在中国早就存在了，那就是"文论"。所谓"文论"，顾名思义，就是"文之论"，它可以统括、指涉关于"文"的一切言论。

"文论"作为范畴的固定（日语称"定着"），经历了一个由"论文"到"文论"的演变发展过程。

最早使用"论文"一词的是曹丕的《典论·论文》。曹丕的"论文"一词是一个动宾词组，"论"的对象就是"文"。他的"文"是如上所述的各体文学作品的统括概念，因此，他的"论文"如改成偏正词组来表述，就是"文论"。稍后，刘勰在《文心雕龙》中提到，魏晋时期的应玚写过一篇《文论》，可惜散佚不传，应玚恐怕也是最早使用"文论"一词的人，他将曹丕的"论文"一词由动宾词组改为偏正词组，使这个词更具有成为概念与范畴的可能。至唐代，顾况又写有一篇题为《文论》的文章，他的所谓"文"从哲学层面到文学层面，所指宽泛，但在应场之后再次使用"文论"一词，对此后"文论"概念的生成意义很大。至明代，袁宗道写过一篇题为《论文》的文章，其"文"主要指与诗相对而言的"文"，但他的"文论"仍从"文"的文学性出发，是一篇典型的"文学论"。几乎同时，明代杨慎也写有《论文》一篇，主张用文学的标准、美的标准来"论文"，即对文学作品做出审美判断，触及了"论文"的价值标准问题，也为"文论"与其他领域的论述的不同，赫然划清了界限。明代作家、学者屠隆写有一篇题为《文论》的文章，其中的"文"指称各体文学，包括"六经"之文、诸子散文、历史散文、历代诗赋等，对历代之"文"的美丑得失做了总体评价与议论。至明末清初，作家兼学者毛先舒写过三篇《文论》，所论述的对象包括诗文辞赋。因此，屠隆与毛先舒所谓的"文论"，作为一个概念，尽管外延还没有涉及戏曲小说等通俗文学，但已经具备现代意义上的"文学评论"的内涵，而"文论"一词从动宾词组转向偏正词组，也推动了"文论"由普通名词向概念范畴的转化。

可见，在中国传统文学中，已经有了一个与古希腊的"诗学"（poetics）乃至欧洲现代的"文学理论"（theory of literature）相对应的概念，那就是"文论"。

西方的"诗学"是以希腊语、拉丁语及其派生出来的以

"诗"为中心的各民族文学为言说与研究对象，而中国的"文论"则是以汉语各体文学，主要是"诗"与"文"两大类文体为对象。两者在研究对象、文化内涵、话语方式上迥然不同。更为重要的是，西方的古典"诗学"乃至现代的"文学理论"是以学理上的研究为特征的，表现为纯理论话语方式、严密的逻辑论证、概念范畴的明确界定、理论体系的建构，其重点在"学"（研究）。即使是西方现代的"文学批评"，也是在"文学理论"的指导下进行的作家作品的个案剖析。而中国的"文论"则重在"论"，即鉴赏、评论，以评论赏析具体的作家作品为基础，其话语方式是以感受性、印象性的表达为主。在这些意义上，中国的"文论"与西方古典"诗学"乃至现代"文学理论"具有深刻差异。"文论"作为在中国传统学术中形成、在当今仍能焕发出生命力的一个独特范畴，可以与现代西方的"文学（文艺）理论""文学评论"（文学批评）相对应，它虽然与西方的"诗学"或"文艺理论"所指也大体相同，但形态与面貌又有不同。因而，在研究中国传统文论的时候，使用"中国古代文学理论""中国古代文学批评"或"中国古代文学理论批评"之类的提法，实际上是不恰当的。在这一点上，笔者同意余虹先生在《中国文论与西方诗学》一书中提出的观点：中国"文论"与西方"诗学"具有"不可通约性"，因此不应该用"诗学"与"文学理论"这样的西方概念来指称中国古代对文学的思考成果，而"在现代汉语语境中以'中国古代文论史'来命名有关中国古代对文本言述的思考史，不仅可以沿语词之路返回古代意识，也可以沿语词之路沟通现代人对古代意识的理解，还可以名正言顺地展开中国文论特有的广阔空间。而不被有意无意地限制在'文学'（literature）的叙述视野中，以至于过分突出'诗论中心'，而删除别的文体论"，① 所言极是。

同样地，由于文化的巨大差异，西方古典"诗学"与现代"文学理论"的概念与日本传统文学也是不可通约的。在这种情况下，将中国"文论"这个概念运用于日本传统文学中是否可行呢？笔者的回答是肯定的。

如上所说，由于日本人传统思维不善抽象概括，因而只有和歌论、连歌论、俳谐论、能乐论等各体文学分论，而将各体文学加以综合论述的著述则付之阙如。日本没有像刘勰《文心雕龙》那样的弥纶群言、体大虑周的文论著作。因此，作为高度概括的"文论"之类的范畴，就失去了频繁使用的机会与可能。尽管"文论"这个词很早有人使用了，例如太宰春台曾用汉语写了一篇文章，标题就是《文论》；明治八年（1875 年）福地樱痴用日语发表了一篇题为《文论》的文章，内容也是文学论。这都可以表明日本文人作家对"文论"这个词应该不太陌生。但可惜的是"文论"这个汉语词在日语中没有定着下来，也不见于现代日本语言学家编纂的各种日语辞典。明治时期以降，日本学者大多使用从西语中翻译过来的"文学理论""文学评论"等概念来指称日本传统文论，也使得"文论"这个概念在日本失去了存在的空间。

---

① 余虹：《中国文论与西方诗学》，北京：三联书店，1999 年，第 65 页。

可见，在日本的固有概念中，没有一个现成的概念可以统括日本古代各体文学理论与文学评论的文献，因而不得不使用"文学理论"或"文学批评"这样的近代西化概念，于是就造成了所指与能指之间的背离。假如使用"日本古代文学理论"，但许多相关文献不是体系化的"理论"，而是鉴赏与解说性质的"文学批评"；假如使用"日本古代文学评论"这一表述，则又无法囊括《风姿花传》那样的并非评论性的文献；假如使用"诗学"这一概念表述为"日本古代诗学"，则更容易引发歧义。因为日本古语中的"诗学"是指研究汉诗的学问，而现代日语中的"诗学"一词又是指西洋的文学理论，是对拉丁语的"ars poetica"和英语的"poetics"的翻译。总之，不管是用欧洲现代的"文学评论""文学理论"来指代日本传统"文论"，还是用欧洲传统的"诗学"概念来指称日本的传统"文论"，都容易抹杀处在东亚汉文化圈的日本传统文学的特点。而对于这一点，据笔者的孤陋寡闻，日本学者一直无人提出质疑与反思。

斟酌掂量再三，笔者认为，还是使用中国传统的"文论"这一概念来指称日本传统文学的相关对象，较为妥当。其理由主要有三：第一，上文的论述已经表明，在日本传统文学中，"文"既然是统括一切文学现象及各类文体的最高范畴，因此日本传统文学中的一切关于"文"的评论，顺理成章地应称为"文论"。第二，日本的文论属于汉文化圈的"东方文论"系统，使用"日本文论"或"日本古典文论"的提法，可以标注日本文论不同于西方诗学的文化特性。第三，"文论"这

一概念不仅所指很明确，而且包容性、弹性更强，既可以涵盖
"文学理论""文学批评"两种形态，也可以超出"文学"范
围，延伸至"文艺理论"与"文艺评论"的范围。也许由于
这样的原因，甚至早在1960年，伍蠡甫等先生用"文论"一
词，作为西方"文学理论"与"文学批评"的缩略语编成了
大学文科教材《西方文论选》（上下册）一书，到1980年代
初又编成《现代西方文论选》。如今，我国学术界也普遍地将
西方文学理论与文学评论简称为"文论"。虽然从学理上看不
太严谨，但也表明：用中国的"文论"概念可以涵盖欧洲
"诗学"概念，反过来"诗学"概念却不能涵盖"文论"，可
见"文论"一词的适用性是很强的。而当我们将"文论"这
一概念运用于日本传统文学的时候，它既可以包括"和歌论"
等日本各体文学论，也可以包括汉诗汉文论，还可以包括像世
阿弥的《风姿花传》那样的文学论兼艺术（含戏曲表演等）
论。进而，日本近现代的文学理论与文学评论，也可以用
"文论"一词来统而括之。

　　总之，将"文论"这一概念用于日本文论，可谓名实相
副，比起用"文论"来指称西方文学理论与批评也更合乎学
理。而且，"文论"毕竟是日本人曾经用过的一个汉字词，只
要加以明确界定，则"文论"这一概念为日本人所理解甚至
接受，应该是不困难的。

　　根据以上看法，笔者将日本的和歌论、连歌论、俳谐论、
能乐论、物语论等各体文学论的相关文献，统称为"文论"。

二、日本古代文论的形成与发展

从日本文论发展史上看，我们说汉语中的"文论"这一概念适用于日本，也是因为日本古代文论的源头就在中国。日本作为文明周边国，其文论的产生却较早，成熟也较早，而且能够自成体系，这与中国文化与文论的直接影响密切相关。

日本文论起源于"诗论"（古代日本所谓的"诗"就是汉诗），而诗论则是直接从中国引进的，早在公元7世纪初日本"遣隋使"来中国前，中国的一些书籍包括文论方面的书籍也通过朝鲜半岛传到了日本。随着遣隋使、遣唐使的陆续西渡，到了公元8—9世纪，从两汉到魏晋时代的大量的诗论著作已经在日本广泛流传。当时日本人之所以对中国诗论之类的书籍感兴趣，首先是为了学习汉语的需要。当时谁汉语学得好，谁就会受到尊敬，就会受到重用，就有了立身立业的资本。汉语学得好的标志是会吟诗作赋；要吟诗作赋，就要掌握诗文写作的技巧。由于更多的人无法直接来中国求学，关于诗文的技法技巧，尤其是对日本人来说最难掌握的声韵格律等方面的文章书籍，特别受欢迎。

中国文论引进期集大成的成果，是曾经作为遣唐使来中国留学两年的空海大师（774—835年）的《文镜秘府论》一书。《文镜秘府论》及在此基础上精编的《文笔眼心抄》，以音韵修辞为中心，将中国唐代及唐代以前的相关诗文论著加以分类编辑，或全文收录或部分采撷或片段拼接。空海注重的是汉诗技法音韵等语言形式方面的论述，而对文以载道等形而上的议论则不甚措意。这一点既考虑到了当时日本人吟诗作赋在汉语学习上的实际需要，也对后来的日本文论特别是话题选择，产生了决定性的影响。后来的日本文论正是承接这样的价值取向，十分关注语言形式、文体样式与法式技巧，围绕具体的作品、具体现象展开评论，而对文学本质论、功用论等哲学、社会学层面的抽象问题则很少关心、很少论述。

在引进中国诗论的同时，日本人对中国文论也开始了模仿、挪用和学习、套用。模仿和挪用最早体现在对汉诗文的评论方面。例如奈良时代的汉诗集《怀风藻序》（752年，作者佚名）、平安时代前期的汉诗集《凌云集序》（814年，作者小野岑守）、《经国集序》（827年，作者滋野贞主）等，这些作为日本人最早的一批评论文章，都直接用汉文写成，在思路与观念上几乎全部挪用中国文论，例如"经国之大业"论、"文质彬彬"论、"风骨"论之类，可以说是中国文论的一个延伸。

套用中国诗论来评论日本汉诗，是切实可行而又轻而易举的，但是套用中国诗论来评论日本固有的民族诗歌——和歌，就不那么容易，也不那么对路了。在这方面，日本人经历了从"套用"到"活用"的过程。就是首先将汉诗文的评论方法、评价标准，"套用"在和歌上，然后再逐渐地加以调整、改造以适合和歌的具体情况，也就是由"套用"发展到"活用"。

将汉诗的评判标准套用于和歌，集中体现在公元8世纪藤原滨成的《歌经标式》及此后陆续出现的一系列"歌式"书。

流传下来的有四种，后人根据作者分别称为"滨成式""喜撰式""孙姬式"和"石见女式"，并称"和歌四式"。"歌式"这一名称，显然是套用了唐代皎然的《诗式》，意在为和歌划分体式，特别是套用中国文论的"诗病"、声韵概念，从语言修辞的意义上明确和歌的各种违反声韵的"歌病"，以便加以规避。为此，"滨成式"提出了"和歌七病"，"喜撰式"提出了"和歌四病"，"孙姬式"则提出了"和歌八病"。实际上，日语与汉语是两种不同的语言，日语完全没有汉语那样的"韵"，也没有与汉诗相同的"病"。但尽管如此，"和歌四式"套用汉诗的有关规范格式，特别是将中国的声韵理论挪用到和歌创作中，为和歌体式的初步分类寻求根据，也强化了和歌的语言修辞意识，并为和歌的鉴赏与批评提供了基准。在"歌学"形成的初期，这样对汉诗及中国文论的套用，是自然的和有益的。

如果说上述的"歌式"主要是从语言修辞的角度确定"歌病"，那么，10世纪初（905年）著名歌人纪贯之为《古今和歌集》撰写的两篇序言——"真名序"（汉语序）与"假名序"（日语序），则套用《诗大序》的"诗有六义"说即"风、雅、颂、赋、比、兴"，进一步从题材（风雅颂）与抒情言志的方式方法（赋比兴）这两种角度，为和歌划分出题材类型与抒情方法的不同种类。这就为和歌的评判与鉴赏提供了较之语言声韵更高一个层次的、更具有文学性的层面和切入点。其中，由于"真名序"使用汉语表述，一些概念、提法尚不可能摆脱汉字概念，特别是将"风、雅、颂、赋、比、兴"直接套用于和歌称作"和歌六义"难免生硬，但"假名序"就不同了，作为第一篇用日语写作的歌论文章，意义重大。该篇序言为摆脱汉语的表达方式乃至中国诗论的束缚提供了可能。与"真名序"对"六义"的直接套用不同，"假名序"并非原封不动地使用"风、雅、颂、赋、比、兴"的概念，而是用日语做了解释性的翻译，分别称为"讽歌"（そへ歌）、"数歌"（かぞへ歌）、"准歌"（なずらへ歌）、"喻歌"（たとへ歌）、"正言歌"（ただごと歌）、"祝歌"（いはひ歌），这既是对汉语"六义"的翻译，也是改造和阐发。两序在对六位著名歌人加以简单批评的过程中，使用了"心""情""词""歌心""诚""花"与"实"等词汇作为基本的批评用语，与中国古代诗论中关键词的使用有所不同，作者对这些词汇未做任何阐释与界定，却为此后这些词语的逐渐概念化、范畴化打下了基础，也初步显示了日本歌论的民族特点。同时，作者还体现出了明确的"倭歌"或"和歌"的独立意识，作者称："和歌样式有六种，唐诗中亦应有之。"本来"六义"来自中国，却说"唐诗中亦应有之"，听上去好像和歌"六义"与唐诗"六义"是平行产生似的，甚至和歌"六义"更为原初。说和歌"始于天地开辟之时"，"天上之歌，始于天界之下照姬；地上之歌，始于素盏鸣尊"，这就从起源上否定了汉诗与和歌形成的渊源关系。不仅如此，"假名序"还体现出了和歌与汉诗对峙与竞争的意识，认为汉诗的盛行导致和歌的"堕落"，又将汉诗称为"虚饰之歌、梦幻之言"。这表明，平安时代的日本歌人已经清楚地意识到了和歌与汉诗的不同，并有意识地开始确立和歌特有的审美规范，自觉地与汉诗相颉颃了。

从平安时代前期即 9 世纪末开始，随着宫廷上层社会"歌合"（赛歌）的盛行，"判词"（和歌评判）作为一种批评与鉴赏的样式大为流行，进一步促进了和歌批评走向繁荣。批评的繁荣需要批评角度的多样化、鉴赏和评判标准的多层次化，于是，和歌批评家们不再满足于语言修辞上的"歌病"与"六义"这样的简单划分，而是在借鉴中国文论的基础上进一步划分各种不同的"歌体"和各种不同的风格，以便与和歌创作中日益丰富复杂的内容表达与形式表现相适应。这种努力集中体现在壬生忠岑的《和歌体十种》、藤原公任的《新撰髓脑》与《和歌九品》中。壬生忠岑在《和歌体十种》（945年）的小序中认为之前的"六义"比较粗略，随着时世推移，需要知道和歌之"体"。该文对和歌体式的划分方法明显参照了中国唐朝崔融《新定格诗》中的诗"十体"和司空图《诗品》中的"二十四诗品"，但壬生忠岑在歌体的划分及命名上并没有照搬或套用中国诗论，在给"十体"命名的时候，他将汉字与日本式的表达结合起来，创制了一系列新的名目，包括"古歌体""神妙体""直体""余情体""写思体""高情体""器量体""比兴体""华艳体""两方体"，并举出若干首和歌，对各种体式做了简要的界定与说明。虽然对各体和歌的界定过于简略，有模糊不清、语焉不详之处，但他毕竟从审美风格的角度对和歌的种类加以划分和界定。而且他明确说明：十体的划分"只明外貌之区别"。他所谓的"外貌"，就是和歌的总体的外在特征，也就是今人所说的审美风貌、美学风格。"十体"划分的重要性在于：对每种"体"的划分必然予以命名，命名必然使用名词，而命名时所使用的相关名词就有可能被概念化。壬生忠岑的"十体"命名中，"神妙"与"比兴"是借鉴中国诗论早有的概念，而"余情"则在后来成为歌论及日本文论中的基本概念之一。

壬生忠岑的《和歌体十种》的歌体划分与命名，在逻辑关系上不免有随意、繁琐与模糊之嫌，随后的藤原公任在《新撰髓脑》（约1041年）和《和歌九品》（约1009年）中，从内容与形式两分的角度删繁就简，明确提出了"心"与"词"这两个对立统一的范畴，并将壬生忠岑的"体"改称为"姿"，进而论述了心、词、姿这三个概念之间的关系。"心"就是作者内在的思想感情，"词"就是具体的遣词造句、语言表现，而"姿"就是"心""词"结合后的总体的美感特征（风姿、风格）。他提出和歌须要"'心'深、'姿'清"，"'心'与'姿'二者兼顾不易，不能兼顾时，应以'心'为要"；认为"假若'心'不能'深'，亦须有'姿'之美"。藤原公任之后，"心、词"两者的关系或"心、词、姿"三者的关系，一直成为日本和歌论乃至日本文论的基本问题。

在此基础上，其他重要的基础概念、范畴也逐步浮出并定型。例如源俊赖在《俊赖髓脑》（1111—1115年）一书中，在"心"的概念的基础上，将"歌心"一词加以概念化，藤原俊成则在大量的和歌判词中，除继续巩固"心""词""姿"的概念外，又提出了"姿心"的概念，还频繁使用原本为佛教、道教用词的"幽玄"这一概念。此前，《古今和歌集·真名序》有"或兴入幽玄"一语，壬生忠岑《和歌体十种》有"义入幽玄"一语，均使用有限，藤原俊成则将"幽玄"作为和歌判词的基本用语，有"心幽玄""心词幽玄""姿幽玄""幽玄体""幽玄调""幽玄之境"等，用"幽玄"来指称那种不可言喻的微妙的极致之美。藤原俊成之子藤原定家在"心词"论、"幽玄"论的基础上提出了"幽玄的有心"这一范畴，"幽玄的有心"简称"有心"。在《每月抄》中，他按"姿"（风格）将和歌划分为"十体"，即"幽玄体""事可然体""丽体""有心体""长高体""面白体""见体""有一节体""浓体""拉鬼体"。认为在这十体中，最能代表和歌本质的是"有心体"，其他各体都需要"有心"，有心的反面是"无心"。藤原定家因"'有心体'非常难以领会"而没有做明确界定。但仔细体会他的意思，可以看出他所说的"有心体"的和歌就是歌人"用心"吟咏出来的和歌，"有心"就是要有一种审美的心胸，心既要"深"又要"新"，这样吟咏出来的和歌才具有独特的精神内涵。这一主张与他在《近代秀歌》中提出的"'词'学古人，'心'须求新，'姿'求高远"的"秀歌"理想是一致的。

和歌是日本古典文学的基础样式，上述的"和歌论"也为整个日本文论的发展奠定了基础，此后的连歌论和俳谐论都继承了和歌论传统并各自有所发展。

"连歌"是和歌的变体，指多人联合吟咏的和歌。随着连歌的盛行，14世纪后，关于连歌的论述也大量出现，连歌理论的奠基人是二条良基，他写了一系列连歌论的文章与书籍，包括《僻连抄》《连理秘抄》《击蒙抄》《愚问贤注》《筑波问答》《九州问答》《连歌十样》《知连抄》《十问最秘抄》等，对连歌的各方面的知识做了整理概括并系统提出了自己的主张与见解。1357 年，二条良基编纂了第一部敕选连歌集《菟玖波集》，收集自古以来四百六十多人及其他佚名作者的各种形式的连歌两千多首，该集第一次将和歌与连歌明确区分开来，确立了连歌的相对独立性及其在日本文学中的独特位置。同时，《菟玖波集》还十分重视连歌风格的多样性，除那些反映贵族趣味的"幽玄"风格的作品外，还收录了一些由中下层歌人吟咏的通俗的所谓"地下连歌"，将狂放的"狂歌"、滑稽的"俳谐"纳入连歌的部类中。二条良基最早使用"俳谐"这个概念，为后来俳谐独立于连歌打下了基础。此后，正彻（1381—1459 年）、心敬（1406—1475 年）、宗祇（1421—1504）等，都从不同角度丰富了连歌理论。连歌论仍以和歌论中的"幽玄"为最高审美理想，也强调以"心"为第一，从连歌唱和的角度论述"心""词""姿"的关系，"花"与"实"的关系等。但"连歌论"比起"和歌论"来，更注重连歌的相互唱和在社交活动的作用与价值，因而更强调题材、语言修辞技巧，特别是接续唱和时的心境、心情，并把这一点作为修心养性的途径与方式，与佛教的心的修行相联通。

　　随着连歌的衰落和 17 世纪后"俳谐"这一新的短小诗体从连歌中脱胎而出，"俳谐论"又在连歌论的基础上发展起来。如果说连歌论注重的是在歌会等公开场合人与人之间的唱和交流，是一种艺术性的社交论，那么俳谐论则强调俳谐对个人的心身修炼作用，"俳圣"松尾芭蕉及其弟子向井去来、服部土芳等人，在一系列文章和著作中，将俳谐视同"风雅"，即把此前滑稽俚俗的俳谐，提升为修心养性的"风雅"之道，进而将此前和歌论与连歌论中的"心"与"词"、"花"与"实"、"雅"与"俗"等二元论加以调和与统合，提出了"风雅之诚""风雅之寂"的概念，而其中的核心概念便是"寂"（さび）。"寂"在外层或外观上表现为听觉上的"动静不二"的"寂声"，视觉上表现为以古旧、磨损、简素、黯淡为外部特征的"寂色"。在内涵上，"寂"当中包含了"虚实""雅俗""老少"和"不易流行"四对子范畴，构成了"寂心"的核心内容，所表示的是俳人的心灵悟道、精神境界与审美心胸。"寂"表现于具体俳谐作品上，则是"寂姿"，是以线状连接、余情余韵为特征的"枝折"；"枝折"将上述四对范畴分别呈现、释放出来，从而使俳谐呈现出摇曳、飘逸、潇洒、诙谐的"枝折"之美。总之，从外在的"寂声""寂色"到内在的"寂心"，再到外在的"寂姿"，构成了一个入乎其内、超乎其外、由内及外的审美运动的完整过程。

在日本古代文论史上，上述的"和歌论──→连歌论──→俳谐论"是一条一以贯之的主线，主线之外还有两条支线，那就是"能乐论"与"物语论"。

"能乐论"是随着日本民族戏剧样式──"能"（或称"能乐"，又称"申乐、猿乐"）──的发展和成熟而产生的戏剧理论。由于能乐有较为严格的文学剧本，作为能乐剧本的主体部分的唱词大都是"五七"调的和歌，与和歌有密切的关系，再加上除了已有的和歌理论外，能乐理论的建构并没有其他的理论参照，于是能乐论就顺乎其然地继承了和歌论的传统。能乐论的奠基者和集大成者世阿弥在《风姿花传》（1400—1418 年）、《至花道》（1420 年）、《三道》（1423年）、《花镜》（1424 年）、《游乐习道风见》、《九位》（写作年代不详）等二十多部著作中，将和歌论中的"幽玄"论作为戏剧文学的最高审美观念，同时将和歌论中的"心"与"词"关系论改造并发展为"心"与"身"的关系论，作为演员的表演艺术论；将和歌中的"姿"论发展为"风姿"论，作为其戏剧艺术风格论；将和歌论中的"体"的理论发展为"风"或"风体"论，作为其戏剧体裁类型论；将和歌论中的"诚""实"论发展改造为"物真似"（模仿）论，作为其表演艺术论。在此基础上，世阿弥又从自己丰富的剧本创作与编导经验出发加以总结提炼，从大自然的花朵中观像取譬，提出了"花"这一范畴，作为对表演艺术最高魅力的象征与概括，在"花"的范畴之外，将"花种"作为永葆艺术生命之根本的概念，又就"花"划分为不同品级，将"妙风花"作为最高之"花"，在此基础上还以同样的"观像取譬"的方法，提出了"柔枝"（しおれたる）等概念。他还借鉴佛教哲学及中国哲学观念，提出并论证了"艺位""二曲三体""三道""六义""九位""序破急"等一系列概念。世阿弥的戏剧理论来自实践又努力用理论指导实践，既有经验总结、心得体会，又有抽象的概念与概括，乃至体系性的理论建构。在日本古典戏剧理论中，世阿弥的能乐论以其全面性、系统性独占鳌头，在世界戏剧理论史上也具有独特的重要地位。世阿弥的女婿和艺术继承人金春禅竹对世阿弥的理论也有所继承和发挥，试图将世阿弥的经验总结性的理论形态上升为抽象的理论形态，尤其是对"幽玄"论等核心概念做出了独到的阐发。为此他更多地乞援于佛理、佛教概念（例如"色""性""色性""缘"等）乃至中国古典哲学概念，虽然有时不免生硬与玄虚，但毕竟对世阿弥的能乐论有所发展和深化。

日本古代文论的另一条支线是物语论。

"物语"是日本古代叙事性散文文学的独特样式。"物语论"最早见于 10 世纪末宫廷女作家紫式部的《源氏物语》。《源氏物语》的《萤之卷》以人物对话的方式对"物语"这种文学样式发表了深入的议论，被后人公认为日本"物语论"的滥觞，对后来日本人的文学观、物语观产生了一定的影响。但在紫式部之后，关于物语的理论十分匮乏。12 世纪末出现了一本对话体的物语《无名草子》（作者不详，一说藤原俊成之女），该书对《源氏物语》等平安王朝的多种物语作品做了品评，但都是对其中的人物形象的好恶善恶的议论，没有涉及物语文学的本体问题，缺乏文论的价值。本来物语在日本产生很早，而物语论却长期匮乏，主要原因是物语的创作与欣赏不像和歌、连歌那样普泛，物语本身也受到歧视，许多人认为物语仅仅是供女子消愁解闷的读物，这一点与中国文人传统上重视诗文而歧视小说是一样的情形。而且，"物语"作为平安王朝宫廷贵族文学的特殊文体，随着宫廷贵族文化的衰落而创作不继，很快衰落，虽然后来也有"战记物语"等物语的变体，但都未能像和歌那样成为日本文学的主流样式，再加上要评论和概括物语，涉及社会、伦理、历史、风俗、心理、美学等各个方面的知识领域，难度与歌论相比要大得多。从平安王朝末期，以藤原伊行的《源氏释》为发端，陆续出现了藤原四辻善成的《河海抄》（1362—1368 年）等多种关于《源氏物语》的注释、考证之书，但都属于出典考证而不是理论性的研究。到了 18 世纪，安藤为章的《紫家七论》一书才对《源氏物语》的作者、文体、形象、主题思想等做了全面论述，但总体上是以中国儒家文论的"劝善惩恶"道德判断模式为出发点的。这种情况直到江户时代前期的"国学家"契冲的《源注拾遗》（1696 年）开始有所突破，而本居宣长所著《紫文要领》（1763 年）一书的出现，才真正建立了日本独特的物语论的体系。

本居宣长的物语论，也是建立在和歌论的基础之上，但他没有囿于此前长期流行的和歌论概念，而是独辟蹊径，提出了"物哀"这一新的范畴。他在研究和歌的专著《石上私淑言》（1763 年）一书中认为和歌的宗旨是表现"物哀"，为此，他从辞源学角度对"哀"（あはれ）、"物の哀"（もののあはれ）进行了追根溯源的研究。他认为，在日本古代，"あはれ"（aware）是一个感叹词，用以表达高兴、兴奋、激动、气恼、哀愁、悲伤、惊异等多种复杂的情绪与情感。由于日本古代只有言语没有文字，汉字输入后，人们便拿汉字的"哀"字来书写"あはれ"，但"哀"字本来的意思（悲哀）与日语的"あはれ"并不十分吻合。"物の哀"则是后来在使用的过程中逐渐形成的一个固定词组，使"あはれ"这个叹词或形容词实现了名词化。本居宣长对"あはれ"及"物の哀"的词源学、语义学的研究与阐释以及在和歌作品中所进行的大量的例句分析，呈现出了"物哀"一词从形成、演变，到固定的轨迹，使"物哀"由一个古代的感叹词、名词、形容词而转换为一个重要概念，并使之范畴化、概念化了。与此同时，在《紫文要领》（1763 年）一书中，本居宣长以"物哀"的概念对《源氏物语》做了前所未有的全新解释。他认为，长期以来，人们一直站在儒学、佛学的道德主义立场上，将《源氏物语》视为"劝善惩恶"的道德教诫之书，是非常错误的。而实际上，《源氏物语》乃至日本传统文学的创作宗旨、目的就是"物哀"，即把作者的感受与感动如实表现出来与读者分享，以寻求他人的共感，并由此实现审美意义上的心理与情感的满足，此外没有教诲、教训读者等任何功用或实利的目的。而读者的审美宗旨则是"知物哀"，只为消愁解闷、寻求慰藉而读，此外也没有任何其他的功用的或实利的目的。在本居宣长看来，"物哀"与"知物哀"就是感物而哀，就是从自然的人性与人情出发的，不受伦理道德观念束缚，对万事万物的包容、理解、同情与共鸣，尤其是对思恋、哀怨、寂寞、忧愁、悲伤等使人挥之不去、刻骨铭心的心理情绪有充分的共感力。而在所有的人情中，最令人刻骨铭心的就是男女恋情。而在恋情中，最能使人"物哀"和"知物哀"的，则是背德的不伦之恋亦即"好色"。因而《源氏物语》中绝大多数的主要人物都是"好色"者，都有不伦之恋，包括乱伦、诱奸、通奸、强奸、多情泛爱等等，由此而引起的期盼、思念、兴奋、焦虑、自责、担忧、悲伤、痛苦等，都是可贵的人情。只要是出自真情，都无可厚非，都属于"物哀"，都能使读者"知物哀"。由此，《源氏物语》表达了与儒教、佛教完全不同的善恶观，即以"知物哀"者为善，以"不知物哀"者为恶。在本居宣长看来，"知物哀"是一种高于仁义道德的人格修养特别是情感修养，是比道德劝诫、伦理说教更根本、更重要的功能，也是日本文学有别于中国文学道德主义、合理主义倾向的独特价值之所在。

就这样，本居宣长在对《源氏物语》的重新阐释中完成了"物哀论"的建构，并从"物哀论"的角度彻底颠覆了《源氏物语》评论与研究史上流行的、建立在中国儒家学说基础上的"劝善惩恶"论及"好色之劝诫"论。"物哀论"既是对日本文学民族特色的概括与总结，也是日本文学发展到一定阶段后，试图摆脱对中国文学的依附与依赖，确证其独特性、寻求其独立性的集中体现，标志着日本文学观念的重大转折和日本古代文论的成熟。

三、日本古代文论的基本特点

就这样，从公元 7 世纪的奈良时代到公元 18 世纪的江户时代的一千多年间，日本文论形成了从引进中国的诗论到形成自己的和歌论、连歌论、俳谐论，再发展到能乐论和物语论，形成了悠久的历史传统，在借鉴、改造中国哲学、美学及文论概念范畴的基础上，形成了一系列具有民族特色的审美概念与范畴。例如，将中国哲学及佛学中的相关范畴"心""词""诚""体""姿""风""艳""秀""情""物""感物""理""玄""幽玄"等等，加以引申和发挥，形成了"心""歌心""心词""有心""余情""妖艳""体""风体""姿""风姿""秀逸""物哀""幽玄""枝折""细"等文论范畴，这些范畴涉及了创作主体论、审美理想论、创作风格论、语言表现论等各个方面，而其中最核心的、最具有民族特色的三大概念范畴是"物哀""幽玄"和"寂"。"物哀"对应于和歌与物语，"幽玄"对应于和歌、连歌和能乐，"寂"对应于俳谐。在比喻的意义上可以说，"物哀"是鲜花，它绚烂华美，开放于平安王朝文化的灿烂春天；"幽玄"是果，它成熟于日本武士贵族与僧侣文化鼎盛时代的夏末秋初；"寂"是飘落中的叶子，它是日本古典文化由盛及衰，新的平民文化兴起的象征，是秋末初冬的景象，也是古典文化终结，近代文化萌动的预告。从美学形态上说，"物哀论"属于创作主体论、艺术情感论，"幽玄论"是艺术本体论和艺术内容论，"寂"论则是审美境界论、审美心胸论或审美态度论。

日本古代文论所关注的中心是创作主体的态度、审美心胸、艺术立场及作品的创作技巧与审美效果，大多从心理学、语言学角度着眼，具有浓厚的文艺心理学、文学语言学的色彩，属于文学本体论、作家作品本体论。而中国文论、西方文论中所大量涉及的功用价值论、文学本质论等，在日本古代文论中很少见。这显示了日本古代文论在论题、话题选择上的特点，那就是对文学的社会价值与功能问题、文学抽象本质问题、文学本源问题等缺乏关心、缺乏探讨。日本古代文论对文学的社会功用论的论述，所谓"经国之大业""成夫妇、厚人伦、美教化、移风俗""文以载道"之类，只见于早期从中国引进的诗论，并在后来的一些儒学家的著述中偶尔可见，但这只是从中国学来的套话。而在和歌论、连歌论、俳谐论、能乐论、物语论等日本特色的文论中，文学功用价值论则基本上没有触及。原因是日本文学不必用来"载道"，而只是怡情悦性的消遣、唯美唯情的文学。公元7—12世纪的奈良时代、平安王朝时代的文学家主要是宫廷贵族，在世袭制下，他们不必像中国文人那样用文学作为晋身出仕的手段，也无意用文学的方式对下层民众施以教化。13—16世纪的镰仓时代和室町时代，日本文学的创作主体主要是出家的佛教僧侣和隐逸者，他们是政治局外人，所关心的与其说是社会，不如说是个人的身心修炼。其文论的论题也不可能是文学的社会功用，而是文学作为技艺、作为美的相关问题。那个时期盛行的连歌，其本身是一种社交性的文学活动，但这种社交活动完全没有功利目的，而只是一种集体性的文学创作与欣赏。到了17世纪后的江户时代，以本居宣长为代表的国学家为了建立日本自主的以"物哀"为中心的文论体系，极力切割日本文论与中国文论的关系，于是对中国文论中以伦理教化为中心的功用论给予了全面批判和彻底否定，强调文学的非功利性。可见，文学的社会功用论的缺项，是日本文论的一个显著特点。

日本文论也缺乏对文学的抽象本质的论述，缺少一个关于文学本源论、文学本质论的最高的统括范畴。虽然中国的"道"这个最高的哲学与文论概念很早就传到了日本，日本古代文论中也较多地使用"道"字，但日本人对"道"的抽象内涵没有深刻把握和理解，只将"道"作为"人道"看待，又在"人道"之"道"中避开了抽象的"性""理"的内涵，而以"道"集中指称人的学问或学艺。这样，"道"就与日本古代文学、古代文论有了密切的关系。《古今和歌集·假名序》有"和歌之道"一语，此后，"歌道"作为一个概念就更常用了。"歌道"之后出现的是"连歌道""能乐道""俳谐道"等。在此基础上，较晚近时则出现了一个对各种文学艺术之"道"加以统括的"艺道"这一概念。然而用中国哲学之"道"的眼光来看，用"道"来称谓本来属于技艺范畴的东西，已经不是形而上的"道"，而是形而下的"器"了。没有文学的形而上学论，没有本源、本质论，就无法找到文学艺术最终极的依据，也就很难建立起一个高屋建瓴、层次完整的文论体系。而在世界各民族古代文论中，一般都有系统的"本原论"。例如，在中国有"原道"论，在古希腊有苏格拉底的"神赐"论和柏拉图的"理式"论，在印度梵语古典诗学中有神启论等等。而日本古代文论却对文学艺术的本原问题、最终依据问题几乎没有触及。《歌经标式》开篇云："原夫和歌所以感鬼神之幽情、慰天人之恋心者也……"《古今和歌集·真名序》也在开篇写道："夫和歌者……可以述怀、可以发愤。动天地，感鬼神，化人伦，和夫妇，莫宜于和歌。"

这些说法固然都有一些本原论的色彩，但可惜基本上是从汉代《毛诗序》中抄来的。在此后的日本文论中，连这样的有一定本原论色彩的文学价值论的阐述都很少见到了。日本文论的大部分抽象概念都是从汉语中借鉴而来，但在中国文论中常用的高度抽象的范畴，如"气"，如"神"，在日本古典文论中却使用极少，更未成为固定的概念。例如"气"，在日语中已经不是中国的阴阳和合之"气"，而是人的感情、心情，与汉语中的"气"的含义相去甚远。能乐理论家世阿弥对"气"字有少量使用，例如《花镜》一文中有所谓"一调、二气、三声"，其中的"气"指的是人的气息。又如，中国文论中常常以"神""神思"来形容无限自由的精神世界，而日本则完全没有这样的用法。古代日语中的"神"（かみ）只是一个名词，是指具有超人能力的实在。"神道教"将天皇及其家族直接视为"神"，甚至后来民间的神道教将普通的死者都视作"神"。可见，拒绝玄妙的抽象是日本人思维的重要特点。后来，一些日本文论家似乎感到了日本文论在理论高度的受限。为突破这种局限性便将"艺道"与"佛道"结合起来，从而将"艺道"加以提升。"艺道"与"佛道"结合的方法大致有两种。第一就是借助佛经的表述方式来表述和歌之道。如藤原俊成在和歌论著《古来风体抄》中就有这样的主张。"艺道"与"佛道"结合的第二种情形就是以佛道来解说歌道或以佛道譬喻歌道。连歌理论家心敬在《私语》中，世阿弥在《游乐习道风见》中，金春禅竹在《六轮一露记》《六轮一露记注》《幽玄三轮》《至道要抄》等论著中，都使用了这样的方法。但这些多属于对佛教概念的套用，未能根本改变日本文论的理论抽象程度不高的问题。

在著述方式上，日本古代文论具有私人性、非社会性、家传化的特点。比较而言，西方的文论从古希腊文论开始就具有强烈的社会化特征，文论家的著述对象一开始就是面向社会公众的，包括文论在内的古希腊罗马的学术文化的传播方式，主要是在面向社会的"学园"和面向公众的演说中实现的。印度古代文论依托于社会化的印度教，也具有相当的社会性。中国古代由于采风制度、科举制度等，文学与文论也具有很强的社会化特点，文论作者都有以此立身扬名、经世济民的想法。例如梁代刘勰费尽心血写成的体大虑周的《文心雕龙》，却没有藏于家中留给后代，而是千方百计将此书献给朝廷，为此而装作卖书人天天守候在路旁，等待当时的文坛领袖沈约路过时献上，类似这样的情况在日本文论史上是绝对没有的。日本文论属于"歌道""艺道"，而在日本的传统文化中，包括各种技艺在内的"艺道"，都具有很强的私密性，不外传、不示人，只传给特定的继承人。作为日本文学之基础的和歌之学，在日本平安王朝后期逐渐成为一种"家学"，由若干世家名人对和歌、连歌技法的制定、传承，与唱和方式的确立、理论主张的提出等，加以垄断。在这种情况下，和歌论、连歌论也带有很强的"家学"色彩。日本文论的题名中大都有"秘府""秘传""口传""秘抄""最秘抄"等字样，明确表明了这些书籍和文章的私密性。更有一些文论家（如世阿弥）常常在书后或文末，特别叮嘱此书为"秘传"，万万不可外传，只传给某某人，如此之类。有的是文论家应特定人士的要求而将某一问题写成书信，专给特定人士阅读，并叮嘱勿要给别人看。日本文论中的名篇如源俊赖的《俊赖髓脑》、藤原俊成的《古来风体抄》和藤原定家的《近代秀歌》《每月抄》等，都是私人通信。到了17世纪后的江户时代，随着书籍作为商品流通，文论著作的这种"家学"性质有所改变，但仍然以"私学"（私人学校、私塾）及私学先生为中心，带有很强的圈子化特征。日本文论的社会化的实现，则是在晚近的明治时代才开始的。

日本文论的家传化、私密化的著述与流传方式，甚至决定了日本文论在文体上的特点。那就是文论著述的散文化、随笔化。相比而言，西方文论的文体特征是逻辑化、体系化、论辩化的，逻辑性的煽情是其文体的突出特征，这与其公开演说与授业施教的传播方式密切相关；中国文论的文体特点是"美文"化的理论文体，将诗意的辞章与较为严密的义理结合起来，常常表现为侃侃而谈的高头讲章，这与中国文论的社会化阅读与传播方式密切相关。而日本文论的传授对象是特定的、有限的，主要是日常生活中熟悉的家人或朋友，强烈的逻辑、严谨的布局、华丽的辞藻，反而会使人感到疏远，而轻松散漫的文体却更有利于"以心传心"，让对方心领神会。纵观日本文论，堪与西方文论相比的纯理论文章非常罕见，中国的《文心雕龙》式的体系性著作也非常罕见。世阿弥的《风姿花传》是江户时代之前仅有的篇幅较大而且自成系统的著作，但仍然局限于经验总结的层面，理论抽象程度不高。一直到了

18世纪后的江户时代后期，由于儒学成为官方意识形态并使汉文写作成为文人的基本修养，来自中国的朱子学抽象的性理思辨，刚刚传入的西学（"兰学"）的严密的体系架构，对日本文人及其文论著作产生了双重影响。那时期的国学家贺茂真渊、本居宣长，还有歌学家香川景树等人的文论著作，也由传统的随笔性的软性文体逐渐转化为理论性、论辩性的刚性文体。

日本古代文论的大体情形如上。

四、日本古代文论汉译的必要及本书的编选翻译

最后谈谈日本古代文论的汉译及本书的编选与翻译的相关问题。

日本古代文论的文献资料相当丰富，但迄今为止译成中文的甚少。1965年出版的《古典文艺理论译丛》第十辑，收录了刘振瀛先生译藤原定家《每月抄》全文和世阿弥《风姿花传》的选译，共约三万字。三十多年后的1996年，曹顺庆先生编选《东方文论选》，第四编是"日本文论"，约请王晓平先生编译了四十多篇相关文献（其中有些篇目是直接用汉语写成的以汉诗为对象的"诗话"），共约十五万字。1999年，中国社会科学出版社出版了王冬兰翻译《风姿花传》全文。我国的日本古典文论翻译的家底大致如此。

日本古典文论的汉译之所以一直没有系统展开，一是因为古典文论本身的专门性与学术性，没有大众读者的市场支撑；

二是因为翻译的难度大。日语古文的古奥艰深和和歌俳句等"不可译"文学样式的大量夹杂，再加上时代与文化的阻隔、知识含量的密集，使得日本古典文论的翻译不是通常意义上的翻译，而是文学翻译与学术翻译的结合，更是翻译与研究的结合，难度很大。但是，尽管没有大众市场，尽管翻译难度很大，中国的日本文学翻译既然已经有了一百多年的历史积累，发展到今天，就必然要求我们实现从功利性翻译到审美性、学术性翻译，从大众市场的翻译到小众阅读的翻译这样一种转变，必然要求我们在翻译选题上有所突破、有所深化，以适应不同层次读者的多元化的阅读需要。从更大处着眼，作为中国这样的文化大国，必然应该是一个翻译大国。翻译大国的标志就是有能力翻译、阅读、消化、吸收世界各国从古到今的文化精华，将人类文化成果化为己有，使世界各国有价值的文学文献都有我们的语言译本，都纳入我们的阅读和研究视野。这样，我们才能不满足于在各地浮光掠影、走马观花，我们才能真正走进外民族文化的深处，走进人家的内心世界，成为一个真正的地球人和世界公民。

要继续推进我国的文学翻译事业特别是日本文学翻译事业，不仅要翻译古代的《古事记》、《万叶集》、《源氏物语》、《平家物语》、松尾芭蕉、井原西鹤，近现代的夏目漱石、芥川龙之介、川端康成、村上春树等，还要翻译日本历代文论家对这些作家作品的批评、研究与概括的文论著作。换言之，不仅要了解日本作家创作了什么，还要了解日本文论家如何解释他们的创作，这一点非常重要。对一般的日本文学读者而言，假如对日本文论知之甚少，甚至一无所知，那么对日本文学作品的阅读很可能只流于感觉感受的浅层，理解的深度就有局限乃至会产生误解，就有可能用我们自己既定的观念文化来曲解外来文学及文本。如果是这样，那么日本文学纵然读得很多，我们对日本人的理解，特别是对其情感心理、审美趣味的理解，仍然难以做到准确、深入、到位。因此，对一般读者来说，阅读日本古典文论的文献，将文论与创作相互参读，是深入理解日本传统文学乃至日本人精神世界的必要与有效的途径。

从学习研究与学术翻译的角度看，日本古典文论的系统编选翻译，可以为文学理论与文学批评、比较文学与比较诗学、东方文学及东方古典诗学、日本文学及中日比较文学等学科的学习与研究，提供必要的基础文献，将有助于改变日本文学翻译中文论翻译十分薄弱的状况，有助于改变中国的东方文论的译介严重不足、东方文论与西方文论的译介严重不平衡的状况，有助于纠正在比较文学、比较诗学中存在的"中西比较"模式所带来的偏颇。印度、日本、阿拉伯、波斯等东方古典文论不在场的"中西比较"的模式之所以长期盛行不衰，很大的原因是东方古典文论的译介没有跟上来。一个理论研究者不可能通过多种原文直接阅读东方各国的文论文献，因而我们不必责怪他们为什么不把除中国以外的东方文论纳入视野，不必责怪他们为什么常常将"中西比较"所得出的结论视为普遍有效的结论。我们的当务之急是要动手翻译，把译本呈现在读者和研究者面前。好在，近几年的东方古典文论的翻译已经取得了重要进展，黄宝生先生翻译的《梵语古典诗学汇编》（上下册）已经出版，据说穆宏燕研究员翻译的《波斯古典诗学》也即将问世，现在《日本古典文论选译》也问世了。这些东方古典文论的文献翻译出版后，假若文学理论、比较诗学与比较文论的一些研究者仍然视而不见，那只能归于无知与偏见了。

本书所编译的日本古典文论，分为"和歌论""连歌论""俳谐论""能乐论"和"物语论"五种主要的文论形态，是日本古代文论中主流的、正统的形态。译者在编选过程中，充分参照了日本出版的各种选本，主要有东京岩波书店《日本古典文学大系》中的《歌论集 能乐论集》《连歌论集 俳论集》和《近世文学论集》，其次是东京小学馆《新编日本古典文学全集》中的《歌论集》和《连歌论集 能乐论集 俳论集》，还有筑摩书房出版的《古典日本文学全集 36·艺术论集》等。同时以译者自己的眼光对这些版本所选篇目加以阅读甄别和综合采纳，又在各种选本之外选收了若干篇目，共有 39 名理论家的文论著述 65 篇。选材的基本标准是理论色彩和理论价值。例如，本书的"物语论"部分选目较少，是因为该领域中有理论价值的篇目很少，筑摩书房《古典日本文学全集 36·艺术论集》收录了《无名草子》（作者佚名，成书于 13 世纪初）中的关于《源氏物语》等王朝物语的评论文字，但阅读之后，仍感到那只是对人物形象的很感性的善恶品评，缺乏理论色彩，故未选入；江户时代还有一些通俗小说（包括市井小说"浮世草子"、根据中国小说改编的"读本小说"等类型）的序跋之类的文字，基本上都缺乏文论上的价值，故不列入本书翻译选题的范围。

严格地说，在上述五种文论形态之外，还应包括以汉诗为对象的"诗论"。但由于"诗论"是以汉诗文为对象的，不是日本本土化的文论形态，总体上是中国"诗话"的一个延伸，在理论观点上与中国诗话大同小异，而且许多文献都是直接用汉语写成而不需翻译。早在1919年，日本学者池田次郎四郎就编选了大规模的《日本诗话丛书》（东京文会堂书店），囊括了日本诗话史上的重要篇目文献。因为这些原因，本书未把"诗论"包括在内。

在编排方式上，本书先按上述五种形态分门别类，再分别按照时序先后加以编排。限于篇幅，有些较长的篇目只能节译。绝大多数篇目为首次翻译，少量的重译则力图改正所发现的差错，并期望在译文质量上有所提高。译文的注释，除特殊注明者外，均为译者针对中国读者的阅读需要而加，同时对日本的各种版本的注释也有所参考。

日本近代文论的系谱与构造

——《日本古典文论选译·近代卷》译本序①

一

本书所说的"近代文论"，是在与"现代文论"相区分的意义上使用的。日本"近代文论"指的主要是日本明治时代（1868—1912 年）的文论，有些理论现象也延伸到 20 世纪 20 年代的大正时代前期。至于此后的日本现代文论，其性质与面貌则发生了明显的变化。现代文论是以左翼的阶级论、意识形态论与各种现代主义（新浪漫主义）为主要形态的文论，它解构了以科学、理性、理想、审美、个人、社会为核心概念的近代文论。现代文论中的左翼集体主义、政治主义、意识形态主义以及各种现代主义思潮，在反传统信仰、反近代理性、反写实、重构文学主体性等方面，显示出了与"近代性"迥然

---

① 原载王向远译《日本古典文论选译·近代卷》（北京：中央编译出版社，2012 年）卷首。

不同的"现代性"特点。由此，日本"近代文论"也进入了"现代文论"的阶段。因而，对日本文论而言，"近代文论"与"现代文论"不仅仅是一个时序概念，也是一个价值概念。

在一千多年的日本文论发展史上，近代文论虽只占四五十年的时间，但却有着重要的历史意义。它是在日本古代文论的基础上、在西方古代文论的直接影响下产生和发展起来的。从日本与西方比较的角度看，17—18世纪的日本江户时代与15—17世纪的欧洲文艺复兴及古典主义时代较为相似，是以日本古代文学传统的发现、研究与重估为主要时代特征的。以"启蒙主义—写实主义—浪漫主义—自然主义"为基本演变线索的明治时代的日本近代文论，在论题性质、话语方式上，也大体对应于欧洲18世纪启蒙主义文学到19世纪浪漫主义、写实（现实）主义、自然主义文学这一历史时期。总之，近代文论是整个日本古代文论传统的合乎逻辑的发展，正如人们也将19世纪的欧洲文学称为"欧洲古典文学"，将19世纪的欧洲文论称为"欧洲古典文论"一样，日本近代文论既具有现代性，也具有古典性，理应属于日本古典文论的一个组成部分。

日本近代文论的形成，既有文学革新与文学改良的动机，也有思想启蒙的诉求，更有政治功利的色彩。不同的理论家分别从这三个方面推动了传统文学与文论的近代转型。

从纯文学角度来看，在一千多年间的日本古代文学史上，和歌、连歌、俳谐、物语、戏剧等各种文学体式都有一个自然、平缓的发展演化过程，从未经历过明治维新之后那样巨大的转折。以贵族文人、出家隐逸者、市井町人为主体的日本古代文论家，都以"物哀""幽玄""寂"为基本的审美价值取向，较少带有政治功利目的，在文论方面也没有出现理论观念上的巨大跳跃。进入明治时期，随着西方文学的大量译介，日本传统文学从创作实践到创作观念都受到了巨大冲击，于是在明治二十年即 1880 年代之后，开始出现传统文学改良论的思潮，一些诗人、歌人、小说家、戏剧家、理论家纷纷撰文，提出引进和借鉴西洋文学，对传统进行革新和改良。例如，外山正一在《〈新体诗抄〉序》（1882 年）中，最早明确提出和歌、汉诗已经不能充分表达现代人的思想感情，应该引进西洋式的新体诗；小室信介力主稗史与戏曲的改良，呼唤"日本的莎士比亚"的出现；末松谦澄在《戏剧改良意见》中以西洋戏剧为参照，提出了改良日本歌舞伎等传统戏剧的构想；坪内逍遥在《小说神髓》（1886 年）和《我国的历史剧》（1894年）等著述中，以写实主义为中心，更为全面系统地提出了小说、戏剧改良方案；与谢野宽在《亡国之音——痛斥现代无大丈夫气的和歌》（1894 年）一文中，认为日本传统和歌缺乏"大丈夫气"，提倡有"大丈夫"气、有"崇高"之美的格局宏大的和歌；正冈子规在《俳谐大要》（1895 年）等一系列著作和文章中，系统地提出了以"写生"为中心的俳谐（俳句）革新的方法与途径；接着，大须贺乙字和河东碧梧桐则进一步提倡"新倾向"俳句。总体看来，大部分文论家在主张引进西洋文学、革新旧文学的同时，也强调文学传统的连续性和传统文学古典性的保持和延续。

从文学与政治关系的角度来看，明治时期日本近代文论之所以很快形成，除了纯文学内部的革新改良的诉求之外，还有来自社会政治的有力推动。与传统文论的脱政治性、隐逸性、超越性不同，近代文论的一个最显著的特点，就是明确主张文学应有助于现实社会政治的改良与改善，从而使得近代文论具有明显的思想启蒙动机与政治功利色彩，我们不妨将此概括为"启蒙功利主义文论"。这种文论思潮的形成，是由当时的社会政治环境、作家与文坛的构成成分的变化所决定的。旧幕府政权被推翻后所造成的人才缺位与政治空间，需要新型的政治家来填补和支撑，维新者所倡导的自由民权思想及其运动的展开，更需要民众的广泛参与和支持，要求进行广泛的舆论宣传。于是，许多新派政治家、社会活动家、新闻记者、学者教授，纷纷拿起笔来撰写文章甚至创作小说，在政治、宗教、教育、媒体等领域与文学的交叉处，产生了许多双重或多重身份的作者。末广铁肠在题为"从政与写小说孰难？"的演说中，将文学家的创作与政治家的作为相提并论，将文学家的创作与政治家的事业进行比较，从而确认了两者的相通性与各自独立的价值。就文论这一领域来看，其作者有新型政治家（如末广铁肠）、基督教思想家（如内村鉴三）、新型报纸杂志记者编辑（如德富苏峰、严本善治）、大学里的教授学者（如金子筑水）等。政治家与文学家、文论家双重身份的合一使人们认识到，这些新型的文学家与江户时代取悦读者、卖文为生的"戏作者"有了根本的不同，他们所从事的不再是传统文学中贵族与隐士的自我表现，也不仅仅是纯审美的或纯消遣的行为，文学家可以通过"文明批评"和"社会批评"来批评社会、改造社会、引导民众、推动文明开化，从而成为具有社会责任感、使命感，以社会改良与社会进步为宗旨而从事写作的新兴一族，由此，他们的社会声誉与社会地位也得到了很大提升。这些文学家和文论家们，以近代欧洲自由民主思想及相关文学现象为借鉴，呼吁思想与言论的自由，强调文学的政治功能与社会作用，认为文学，特别是具有广泛读者的小说，应该在政治体制的维新改良方面，在建立现代国家、塑造现代国民方面发挥重大作用，为此他们极力提倡"政治小说""社会小说""倾向小说"等新的小说样式，这一切就构成了启蒙功利主义文论的基本价值取向。

二

然而，这种功利性的文学价值观使得启蒙功利主义文论难以彻底解决文学独立性的问题，也无法真正建立起文学的本体论。虽然坂崎紫澜在《论稗史小说之本分》（1885 年）一文中提出了小说是表现世态人情的一种"写真镜"，表明他认识到了小说自身的相对独立性与本体价值，但更多的人则强调文学的功用价值而相对地忽视了文学的审美功能。如严本善治在《文学与自然》（1889 年）一文中，就提出了"最美的艺术决不能伴随不道德"这样的论断；内田鲁庵在《再论今日的小说家》（1893 年）一文中提出小说家要做"人生的探索者、社会的批判者、人性的说明者、普遍道德的说教者"；矢崎嵯峨屋在《小说家的责任》（1889 年）一文中指出小说家的责任有三：真理的发挥、人生的说明、社会的批评。他们都没有强调审美的功能，这就必然导致实际创作中审美功能弱化、艺术性降低的问题。对此，评论家德富苏峰曾在《评近来的政治小说》（1888 年）一文中，对当时流行的"政治小说"的艺术水平低下问题做了尖锐的分析批评。

文学与政治的属性本来就有着本质的差异，大多数情况下文学和政治的联姻往往是苟合的、短暂的。事实上，到了明治时代后期，日本的文学家与政治家逐渐形成了明确的社会分工：政治家以权力改造社会，文学家以其思想与良知来评判社会。好比政治家是建筑工程的施工方，而文学家及文论家则是监督方和评判者。而在现实中，政治家的现实作为大多不能令人满意，文学家却可以站在更为超越的立场上，批判政治、指陈时弊、弘扬理想，因而比起政治家来，文学家在道义上、思想上常常占据更为优越的位置。当维新后的日本政治体制基本稳定之后，政治家对文学工具的需求降低了，而文学家的阶层独立意识也相应地强化起来了，特别是明治二十年代陆续登上文坛的新一代作家，其"文学家"的身份意识、文学与"文坛"的独立意识，也明显地突显出来。这一点集中体现在以坪内逍遥为代表的写实主义文论中。

写实主义文论的宗旨，就是使文学脱离功利性目的而获得独立，从这个角度说，坪内逍遥的《小说神髓》实际上就是近代文学独立的宣言。坪内逍遥支持江户时代文论家本居宣长提出的"写人情"的主张，抨击劝善惩恶的文学及文以载道、劝善惩恶的文学观，鲜明地提出了"小说的主旨是写人情，世态风俗次之"的主张。他反对当时流行的功利主义的政治小说，认为文学是艺术，文学的价值只在于美，"只在于悦人心目并使人气品高尚"，不能有任何功利性目的，这就与启蒙主义文论的功利文学观划清了界限。他还从进化论的观念出发，认为真实地"模写"人情世态是人类文学从传奇性的神话传说发展到劝诫性的寓言故事、寓意小说，再发展到以客观真实地描写为指归的现代小说的必然结果。他所说的"人情"与"世态风俗"不同于启蒙功利主义文论所说的"社会"与"政治"。社会与政治含有表层性、时效性、变动性、功利性，而"人情"与"世态风俗"则具有内在性、客观性、相对稳定性与超越性的特征。"人情"就是人与人性，"世态风俗"就是人的社会性与文化性。如果说启蒙功利主义文论主张描写政治的人，坪内逍遥的"模写"论则主张写人性的人、文化的人，就是将文学从变动不居的政治语境中摆脱出来，而牢牢地落座在更为恒定、更为客观、更为深厚的人情世态之上，以此建立起文学本体论与文学独立论。在这个意义上，《小说神髓》不仅堪称日本近代写实主义文论的"圣经"，为整个日本近代文学及文论奠定了理论基础，对此后的浪漫主义、自然主义的文学本体论都产生了影响。从这种写实主义立场出发，二叶亭四迷在《小说总论》（1886年）一文中，从"形"与"意"的关系入手，批判了劝善惩恶的旧小说，也论述了"模写"在小说创作中的重要性与必要性，从一个角度对坪内逍遥的《小说神髓》做了呼应与补充。此外，写实主义的文学观还影响到传统的和歌俳句领域，例如俳句（俳谐）革新的核心人物正冈子规推崇俳句中的"写实"和文章中的"写生"方法，反对功利的文学价值观，认为"文学是神圣的、绝对的、高尚的、超脱的"，不能为社会、政治与金钱所左右，其《俳谐大要》将写实主义理论引入俳谐论，认为写实方法最适合于俳句，但同时也不排斥想象（空想），主张将写实与想象统一起来。大西操山则写了《批评论》（1888年），论述了文学批评的重要性，阐述了创作与批评的关系，批评家的职责，批评的范围与对象，批评的性质、作用与方法等各个方面。如果说《小说神髓》是近代第一部文学本体论、小说家独立论，那么《批评论》则是日本近代最早的文学批评本体论、批评家独立论，堪称文学批评领域中的《小说神髓》。至此，在小说、戏剧、和歌、俳句、文学批评等各个领域，都全面确立了文学家的独立品格、创作与批评的本体价值，这是写实主义文论的一大功绩。

值得强调的是，以坪内逍遥《小说神髓》为代表的日本写实主义思潮固然受到了莎士比亚、托尔斯泰等西方作家创作的启发与影响，在理论主张上也与福楼拜、巴尔扎克有较多的相通相似，但从坪内逍遥的《小说神髓》中可以看出，他受西方文论的影响是极其有限的，他最大的理论来源是日本古代的"诚"（真实）论，特别是《源氏物语》及本居宣长的"物哀"论，主张描写道德伦理之外的人性与人情，而相对忽略了对社会现实的深度介入、深刻分析与批判，在这一点上与西方的现实主义理论形成了明显的差异，明显带有日本色彩。

19世纪西方文坛盛行的深度干预社会现实的所谓"批判现实主义"文论，在日本则几乎没有产生。石川啄木的《时代闭塞的现状——强权、纯粹自然主义的终结及对明天的考察》（1910年），是罕见的一篇主张向"强权"、向"时代闭塞的现状"挑战，具有批判现实主义色彩的文章，某种意义上可以看作是对写实主义文论的继承与超越，但该文在作者生前并没有发表，在当时也没有产生什么社会影响。日本一直是将西文的"realism"译为"写实主义"，这个"写"字就是"模写"，重在客观地描写真实，而不是主观地分析与批判现实。在中国，1928年，左翼评论家瞿秋白因不满足于"模写"而主张将一直从日本引进的"写实主义"这一概念改译为"现实主义"。日本近代文论中也使用"现实主义"这个词（如长谷川天溪的《现实主义的诸相》），但它不是一般的文学思潮与运动的概念，而是与抽象的、脱离现实的"理想主义"相对立的概念。因而在日本文论中，西方、中国那样的"现实主义"论基本上是缺位的。

三

日本写实主义文论就是这样通过将文学定位于"人情世态"的描写，确立了文学创作的本体性、独立性价值，但写实主义所谓"模写论"带有明显的客观描写的意味而在一定程度上轻视了作家的自我与主观世界，包括感情、理想与纯美的表现。换言之，相对于作品的本体性，写实主义对作家的主体性强调不够，对此，稍后兴起的浪漫主义文论在这一问题上与写实主义文论形成了对立与互补。

在文学独立性、文学审美特质的确认方面，日本浪漫主义文论与写实主义文论是基本一致的。可以说，浪漫主义文论对坪内逍遥为代表的写实主义文论多有继承，这一点从浪漫主义文论最早、最重要的发言者森鸥外的《读现今诸家的小说论》（1889年）一文对坪内逍遥的基本主张表示赞同并多次加以征引，就可以看出来。但是，在要不要表现"理想"、怎样表现"理想"这个问题上，森鸥外与坪内逍遥却有着不同的见解与争论。坪内逍遥在《莎士比亚剧本评释》（1891年）一文中主张"没理想"，即作家要将自己的主观思想隐藏起来，而森鸥外却在《〈早稻田文学〉没理想》（1891年）等一系列文章中，将坪内逍遥的"没理想"理解为"没有理想"、埋没理想，并对坪内逍遥大加诘难。这既是文坛意气之争，也反映了"理想"这一概念在浪漫主义文论中的极端重要性。此后，浪漫主义诗人、评论家北村透谷写了《厌世诗家与女性》（1882年）、《内在生命论》（1893年）、《万物之声与诗人》（1893年）等一系列文章，站在弘扬"内在生命"即主观精神的浪漫主义立场上，强调文学的使命不是客观地描写现实，而是要表现与现实世界相对峙的"理想世界"，也就是对污秽的现实世界的超越、对纯洁女性与爱情的追求、对自然造化的感应与观照、对"内在生命"的表现与追求，并认为这些才是近代文学应追求的"理想"。

在日本近代文论诸流派中，浪漫主义文论的构成成分是最为复杂的。粗略划分起来，既有个人的浪漫主义，也有社会的浪漫主义；既有日本主义、国家主义的浪漫主义，也有世界主义的浪漫主义。其中，森鸥外的浪漫主义受哈特曼等德国唯心主义哲学美学的影响，偏向于观念与思辨；北村透谷的浪漫主义文论受美国爱默生的超验主义的影响，主张文学与现实人生无涉，偏向于个体对现实的超越。可以说，森鸥外、北村透谷所主张的是"个人的浪漫主义"。而内村鉴三、与谢野宽、田冈岭云、德富芦花、高山樗牛等人则强调文学的社会价值与社会作用，主张文学的社会干预性，这与 19 世纪欧洲的浪漫主义者拜伦、雪莱、雨果等人的理论与实践更为接近，属于"社会的浪漫主义"。例如田冈岭云在《小说与社会丑恶》和《下层小民与文士》（均 1895 年）等文章中，呼吁作家"怀着远大的理想写实吧！以火一般的同情去暴露吧！"在"写实"这一点上似乎与写实主义描写人情世态的主张有相通之处，但田冈岭云反对写实主义的客观写实，他在《写实主义的根本谬误》（1902 年）一文中，认为以 19 世纪为代表的现代文明是"唯物"的文明，过于物质、过于归纳、过于经验、过于客观、过于智巧、过于功利、过于非自然、过于理性，这一切在文艺上的表现就是写实主义；写实主义文学偏重客观，藐视主观，无视作家的理想，今后的文学应该"拥有更高的理想主义和理想的写实主义"。德富芦花在《我为什么要写小说》（1902 年）一文中，认为小说家是尊贵的职业，因此要有自己的信条和精神，要忠实地表达出自我及自己所见，不要忌惮，不要屈从，强调了近代作家的人格追求与社会责任。

而此后的高山樗牛则将"社会的浪漫主义"与"个人的浪漫主义"向两个极端加以扩展。他先是把"社会的浪漫主义"极端化地扩展为"国家浪漫主义",《论所谓社会小说》（1897年）一文站在"国家主义"的立场，认为当时的"社会小说"对下层民众寄予同情，支持并教唆他们反抗，对于国家社会是十分有害的；《小说界革新的契机——对非国民小说的诘难》（1898年）一文则表示反对坪内逍遥《小说神髓》以来的写实主义文论所主张的文学独立论，认为文学不能独立于国家与社会，文学家对战争等国家大事视而不见、不做反映，是坪内逍遥写实主义文学独立论的流弊，那样的作品忽视了"国民的性情"的表现，是"非国民文学"，那样的作家也没有资格作一个"日本国民"，他就是在这个意义上提倡所谓"国民文学"的。高山樗牛的《时代精神与大文学》（1899年）一文，批评日本的文坛是与时代社会隔膜的"孤立的文坛"，呼吁文学要表现"国家人文"与"时代的大精神"；而《作为文明批评家的文学家》（1901年）则表现了他从国家主义、日本主义的文学观向尼采式的个人主义的文学观的转变；《论美的生活》（1901年）又进一步主张超越于道德与知识的、满足"人性本然的要求"的"美的生活"。在高山樗牛文论中，极端国家主义与极端个人主义的主张互为表里，在总体倾向上与田冈岭云、德富芦花相反，代表了日本近代浪漫主义文论的右翼。与高山樗牛的国家主义、日本主义倾向相对立的，则是基督教思想家内村鉴三的世界主义。他在《为什么出不来大文学家?》（1895年）一文中，猛烈批判当时盛行的狭隘的"大日本膨胀论"等极端民族主义思想，反对好战宣传，反对明治专制统治，呼吁思想独立、言论自由，弘扬"世界精神"和"世界文学"，强调"能成大文学者，必能容纳世界的思想"。内村鉴三的这些思想主张对后来的许多浪漫主义作家都产生了积极影响。

浪漫主义文论由明治时代发展到大正时代，则明显地具有了"新浪漫主义"（即后来所说的现代主义）的性质了。代表性的理论家厨川白村的《创作论》以弗洛伊德心理学为理论依据，提出并论证了"生命力受到压抑而产生的苦闷烦恼乃是文艺的根底，而其表现法则是广义的象征主义"这一重要命题。将此前的浪漫主义文论的"理想""国家""社会""个人"等关键词，置换为"人生""文明""心理""压抑""冲突"，标志着浪漫主义文论向现代主义文论的转换。

四

如上所述，启蒙功利主义文论确定了作家的社会地位、尊严与责任感，写实主义确认了文学的独立性与作品的独立品格，浪漫主义则确认了作家的主体性、主观性、理想性、参与性与作品的国民性。如此，到明治时代中期以后，日本文论的近代传统及体系构建已经基本形成。而明治时代末期（20世纪初期）产生的自然主义文学思潮，则在融合上述三种思潮的基础上逐渐成为日本近代文学的主潮。日本自然主义文论家也在接受西方影响的基础上，从对日本文学的创作实践的总结出发，提出了一系列独特的理论观点，标志着日本近代文论进入了总括、合成的阶段与成熟时期。自然主义文论融合了写实主义的客观论与浪漫主义的主观论，强调主客观融会，进入"正"（写实主义）与"反"（浪漫主义）之后的"合"的阶段。而且，日本自然主义先是受到以左拉为代表的法国自然主义的影响，但后来大多数自然主义文论家却放弃了左拉，而以北欧的易卜生，俄国的屠格涅夫、陀思妥耶夫斯基等俄国"自然派"为榜样。换言之，在日本自然主义文学与文论中，也有通常我们所说的"现实主义"文学的成分，这就使它具有了更强的包容性与整合性。

首先是小说家田山花袋写出了最早一批自然主义的理论文章。其中，1901 年发表的《作者的主观》和《主观客观之辨》两篇文章认为自然主义并不排斥主观，而是要表现揭示人性奥秘的、"彰显大自然面影"的"大自然的主观"，认为这是强调以左拉、易卜生为代表的"后期自然主义"的特点。1904 年发表的《露骨的描写》主张排斥技巧，进行大胆而无所顾忌的、暴露个人丑恶隐私的"露骨的描写"。田山花袋的这些主张，由此后的自然主义文论家如长谷川天溪、岛村抱月等人做了进一步的阐发，也在他本人的创作实践中得到了进一步的体现。

而最为系统、明确、全面地提出并阐释日本自然主义理论主张的，是理论家长谷川天溪。长谷川天溪在一系列自然主义文论文章中提出了许多新颖的理论观点。在《自然与不自然》（1905 年）一文中，长谷川论述了"自然主义"与"写实主义"的区别，认为"对那些只局限于客观世界而不敢越雷池一步、不涉及精神领域的文学主张，我称之为'写实主义'"，他声称："我要提出与写实主义相反的主张，那就是营造现实以外的世界，创造想象中的人物与性格，摆脱现实的束缚。"在《文学的科学实验精神》（1905 年）一文中，长谷川一方面接受左拉的"实验"文学论，认为"文学家就其态度而言，也是一类科学家"，另一方面他又不认同左拉主张的解剖学报告式的客观描写，认为文学主要是对人的主观心理现象进行观察与表现，而不仅仅是描写生物学意义上的、现实社会中的人生。就这样，长谷川天溪在接受与扬弃欧洲自然主义文论的基础上，对自然主义做了日本式的理解与改造，把"自然主义"的"自然"主要理解为"人性自然"和"主观的自然"，即主观心理等人的精神领域，使得日本自然主义很大程度地包容了西欧自然主义所排斥、浪漫主义所主张的主观情感与想象。在此基础上，长谷川天溪在《理想的破灭与文学》（1905 年）、《幻灭时代的艺术》（1906 年）等文章中，进一步提出了"幻象破灭"论并以此作为自然主义的"真实"观与立足点。他认为在 19 世纪那个理性与科学的时代，由宗教、哲学、文学艺术所构筑起来的一切理想、信念、观念、美等等之类的"幻象"都破灭了，人们面对的是一个赤裸裸的真实的世界，而"幻灭的时代所要求的，就是不加修饰地描写真实的艺术……而这种艺术最好的代表，就是易卜生的戏剧"；他还在《排斥逻辑的游戏》（1907 年）一文中进一步指出，以往提倡的"理想、理性"、宗教的臆想、哲学的推理、学术的理论等等，其实都是一些虚幻的"逻辑的游戏"，都应该加以排斥，而理想主义（浪漫主义）乃至写实主义的文艺却常常陷于那种"逻辑的游戏"之中，自然主义则要在摆脱逻辑的游戏之后，放弃一切观念与理想，做到"无念无想"，并以"破理显实"的态度介入现实人生，直面现实，才能构筑起新的文学来。在《现实暴露之悲哀》（1908 年）一文中，长谷川天溪进一步指出：幻象破灭后现实就暴露于人的面前，人们越是面对现实就越感到悲哀，"以这有增无减的悲哀为背景，正是近代文艺的生命之所在"。长谷川天溪就是在这个基础上建立了日本自然主义的"真实"观乃至整个自然主义文学观，即文学要排斥理想、信念等"逻辑的游戏"，直面"幻象破灭"后赤裸裸的人，要表现人们心中的"现实暴露之悲哀"。这样一来，西欧自然主义所依据的自然科学、实证科学及遗传学本身，都被长谷川视为"逻辑的游戏"加以排斥，仅仅将这些视为"幻象破灭"的根源；而被西欧自然主义所排斥的人的感情与想象，却被长谷川视为"现实暴露之悲哀"的表现，并作为自然主义的生命所在。

与长谷川天溪的带有强烈主观感悟性的文章不同，自然主义的另外一个重要理论家岛村抱月的文章则以冷静的学理分析见长，在基本观点上则与长谷川天溪互为补充。岛村抱月对"自然主义"这一概念做了广义的理解，他将自然主义视为 19 世纪后期欧洲文学主潮的代名词，将几乎所有的思潮都以"自然主义"概括之，同时又在此基础上对自然主义的类型加以划分，在《今日文坛与新自然主义》（1907 年）一文中提倡所谓将自然与自我融为一体的"纯粹自然主义"，在《文艺上的自然主义》（1908 年）一文中，与纯客观写实的"消极的自然主义"相对，岛村抱月更倾向于提倡掺入主观印象的"积极的自然主义"；在《自然主义的价值》（1908 年）一文中，岛村抱月认为自然主义的特征是在"外形"（形式）上排斥技巧，内容上追求自然真实，"无理想、无解决"。而被自然主义文论家普遍接受的所谓"无解决"论，则是片上天弦在《无解决的文学》（1907 年）一文首先提出来的，他认为，与当时流行的观念小说、倾向小说按照习俗道德对作品中提出的问题给以廉价的"解决"相反，自然主义只是对事实加以客观描写而不寻求任何解决，即"无解决"。此后，"无解决"随即成为自然主义的一个特征性口号与主张并在长谷川天溪、岛村抱月等其他理论家那里得到了进一步阐发。

除了对自然主义的特征做出日本式的独特阐释之外，日本文论家也普遍地将自然主义作为一种总括性、综合性的文学思潮来看待，例如自然主义评论家相马御风在《文艺上主客两体的融合》（1907 年）一文中认为自然主义是一种世纪末思潮，"19 世纪文艺中知识与情感的争斗、客观与主观的背离，即使最终未能得到那么明确的解决，却在极度的疲惫中产生了自然主义这一新的巨大思潮……疲劳、无解决、怀疑、自暴自弃，所有的这些都是可以冠于世纪末文艺之上的形容词，而晚近的自然主义文艺特质也正在于此"，他认为自然主义与写实主义的不同就在于自然主义泯灭主客两体的界限，将两者融合起来，"写实主义发展到内在观察就成了自然主义"，这一点也是日本自然主义者的基本共识。而站在自然主义圈外的评论家阿部次郎，对日本自然主义的总括性特征更有着清醒的判断，他在1910年发表了《不自知的自然主义者》一文，指出了自然主义者试图囊括一切现代文学思潮流派，"将以往自然主义的无所不包的做法推向极端，把自然主义搞成了现代主义或者广义浪漫主义的同义词"，由此而敏锐地看出了自然主义的理论困境与矛盾混乱。同年，评论家片山孤村写了《自然主义脱却论》，指出"自然主义早已经走进了死胡同"，因为"是由许多杂乱的思想与情绪混合而成的，它只不过是排旧求新运动的总称。"

　　正是因为自然主义在日本的这种综合性与总括性，才使得自然主义成为日本近代文学的主潮、自然主义文论成为日本近代文论的主潮。自然主义继承了它前面的启蒙主义文学的革新意识又排斥了启蒙主义文学的功利论与政治工具论；接受了写实主义文论所主张的客观写实论，认可了写实主义不对社会政治进行批判的柔软姿态，又排斥了写实主义的技法、技巧论；继承了浪漫主义文论所主张的文学与道德无关论、主观想象论、情感表现论，又排斥了浪漫主义文论的理想论、观念论。它的理论概括与文学主张，正好和20世纪初的日本及西方的文化背景、社会心理与文学走势相契合，显示出相当强的先锋性、前卫性特征，同时骨子里又与日本传统的"物哀""幽玄""寂"的审美传统相联通，故而势头最为强劲，影响最为深远，在其衰微之时也余音不绝，衍生出了一系列相关的文论流派与理论主张。

近代文豪夏目漱石走向文坛伊始，就表现出了不随自然主义之流俗的特立独行的姿态，他在《文学论》（1907 年）一书中，提出文学鉴赏中的"非人情"的主张就是排斥主观的善恶判断，只进行审美判断。在《我的〈草枕〉》（1906 年）一文中提出了"俳句式的小说"的概念，认为这是"让人淡化现实苦痛、给人以精神慰藉的小说"，西方没有，此前日本也没有，今后应该多多创作。他在《写生文》（1907 年）一文中，提倡用客观写生的方法进行描写，要求作家在写人物大哭时要做到不与他一起哭泣流泪，面对人物的悲伤痛苦要能以怜惜的微笑来表现自己的同情，也就是站在一种"非人情"的、纯审美的、超越的立场进行创作。在《高滨虚子著〈鸡冠花〉序》（1908 年）一文中，他进一步在理论上提出了"余裕论"，将小说划分为"有余裕"的和"没有余裕"的两种类型并特别提倡"有余裕"的小说。他认为品茶、浇花是余裕，开玩笑是余裕，以绘画、雕刻消遣是余裕，钓鱼、唱小曲儿、避暑、泡温泉等都是余裕，而描写这类生活的小说就是"有余裕"的小说，"就是从容不迫的小说，也就是避开非常情况的小说，或者说普通平凡的小说"，亦即具有"禅味"的小说。夏目漱石提出的"余裕论"意在反抗自然主义文学"没有余裕"、触及人生窘迫生活的作品，这不仅是对沉重、灰色、悲哀、窘迫的自然主义文学风格的逆反与矫正，也具有相当的理论创新的价值。

　　如果说夏目漱石的"余裕论"是自然主义盛行时期对自然主义的逆反与矫正，那么 1920 年代后出现的私小说、心境小说论则是直接在自然主义文论延长线上产生的。因为"私小说"（自我小说）这种日本近代文学中独特的文体，本来是从自然主义文学中产生的，后来，几乎日本所有的近现代作家，不管是什么流派，都或多或少地染指私小说，"私小说"也被普遍认为是正统的"纯文学"样式，由此也出现了众多"私小说论"。许多作家、理论家对"私小说"作家作品以及"私小说"的起源、特征，"私小说"与"本格小说"（正统小说）、与"心境小说"的关系等做了大量的研究，出现了久米正雄、宇野浩二、佐藤春夫、小林秀雄、中村光夫、山本健吉、伊藤整等一批批的"私小说"理论家。"私小说"理论家们强调了作家的主体性、作家坦露自我的真诚性、描写身边琐事的必要性与可行性、私小说对社会的超越性。既糅合了日本传统小说观念又阐释了小说的现代性特征。例如久米正雄在那篇著名的文章《私小说与心境小说》（1925 年）中宣称，私小说才是"文学的正道，文学的真髓"，而那些虚构性、故事性的小说，即便再伟大"也不过是伟大的通俗小说而已"。他认为"私小说"并不是"自叙小说"，作者创作时首先必须具有一种"心境"，在这个前提下，无论是多么无聊、多么凡庸的"私"（自我），都可以描写。久米正雄所说的"心境"，就是一种审美的态度，他认为有了这种"心境"，"私小说"就戴上了艺术的花冠，就与告白的小说、忏悔的小说产生了一条微妙的分界线。在这个意义上，"私小说"也就是"心境小说"。总体看来，余裕论、私小说论与心境小说论，三者角度不同，但基本的美学精神是相通的，它们既来自日本近代文学创作实践的总结，与自然主义有相反或相成的关系，也融合了禅宗趣味、"俳谐趣味"等东方与日本的审美思想传统，与西方文论中的"回归自然"之类的议论大异其趣，在世界近现代文论中也独树一帜。

五

综上，明治时代到大正时代初期的近半个世纪的日本近代文论史，以文学思潮、文学运动为依托和动力，以"主义"为标榜，以启蒙功利主义为开端，经历了写实主义、浪漫主义的相生相克，发展到总括性的自然主义文学主潮，又由反抗自然主义而衍生了余裕派文论，由顺应自然主义而衍生出了私小说论与心境小说论，显示了较为清晰的发展演化逻辑。

日本近代文论的"近代性"的确立，是与日本所谓"脱亚入欧"的近代化轨道相联系的。在这个轨道上，日本近代文论从以中国古代文化源头为依托的日本古代文论转变为以欧洲（西洋）文化文论为依托，我们可以权且称之为"脱汉入欧"。"脱汉入欧"的日本近代文论基本上由留学西洋或学习西洋语言的新派学者、文学家、评论家们建构起来。他们一般都以西方某人、某派的思想与理论为依据，以西方作家作品为榜样和标准展开理论与批评。在批判地继承东方传统文论的基础上建立了人本主义、个性主义、国家主义、科学主义、审美主义的近代文学观。同时，由于日本近代许多文论家通常是汉学、西学、国学（和学）三者皆备，其东西方文化修养与世界视野显然为同时代的西方文论家所不及，这就使得许多文论家在进行理论思考与理论概括的时候，有了传统与近代的对照意识、东方与西方的比较意识，这是实现理论创新的条件。

理论的创新首先要求词语概念的更新，即新名词、新术语、新范畴的创制与使用。日本古代文论议论的对象主要是和歌、连歌、俳谐、能乐、物语这五大文学样式及来自中国的汉诗汉文，而日本近代文论所讨论的对象则主要是来自西方的新文学样式、新文体，包括新体诗、新小说、新剧等。谈传统的和歌、俳句等文学样式也是讨论如何实现旧样式的革新。这样，日本古代文论讨论的话题是文学家的心性修养、创作态度、审美规范与审美理想，关键词是"心""词""诚""姿"和"幽玄""物哀""寂"等，而近代文论所讨论的话题，则主要是文学与哲学思想、文学与社会、文学与道德、文学与现实、文学与自我、文学与自然、文学与科学、文学与各种思潮流派、文学与审美等问题，为此，引进并翻译西方概念，更新文论用词，对文论的语境、对象、话题等方面的概念范畴进行全面更新，实现近代性转换，是新的文学时代的必然要求。在这方面，日本文论家在东亚各国文学中捷足先登，他们将西方文学理论的一系列、一整套术语概念逐一翻译成了形神兼备的汉语词组，如哲学、科学、审美学、美学、主义、主观、客观、理想、现实、社会、时代精神、国民性、文坛、创作、杂志、文学界、文学家、文学史、文学改良、文学革命、翻译文学、写实、写实主义（写实派）、浪漫（罗曼）、浪漫主义（浪漫派）、自然主义（自然派）、演剧、历史剧、文明批评、社会批评、政治小说、社会小说、倾向小说，如此等等。这些概念术语都是日本近代文论中的关键词，也陆续传到了中国、朝鲜半岛并对东亚近代文论话语的转换、形成与展开产生了深刻影响。（关于日本近现代文论对中国现代文论的影响问题，请参照笔者《中日现代文学比较论》一书的"文论比较论"一章，在此不赘。）

日本近代文论在文本、文体上的显著特点，是文论与具体的文学创作实践紧密相连。如果把"文论"分为"文学评论"（文学批评）与"文学理论"两个方面的话，那么日本近代文论的主要成果就表现为文学评论，这就使得文论与文学创作更为密切地结合在一起。从事文论写作并且有成就的人，绝大多数是创作家，而不是专职的评论家。最好的文论文章绝大多数也是作家写出来的，而写得最好、最富有新意和创见的文论文章，也是与创作实践、创作体验密切结合的文章。换言之，日本近代文论的成果主要不是体现在大部头的著作中，而是体现在大量的篇幅相对短小的感悟性的评论文章中，这与西方文论的面貌有所不同。西方文论的写作者兼有作家、理论家和学者，而处于高端的文论家是学者、哲学家与美学家，博大精深的文论著作同时又是哲学著作与美学著作，而最有理论创见与思想深度的著作则往往是由专门的理论家、思想家写出来的，如古希腊的亚里士多德，近代的康德、黑格尔、维柯等。而在日本近代文论中，像西方那样的体大思精、具有严整的逻辑体系的独创性的文论著作是不多见的，在这方面，坪内逍遥的《小说神髓》是个例外，它是世界文论中第一部有规模的、体系性的小说论著作（比亨利·詹姆斯的《小说的艺术》还要早些）。日本近代文论中虽然还有夏目漱石的《文学论》、岛村抱月的《新美辞学》等专门的、有一定系统性的长篇大论的著作，但这些著作往往模仿西方文体，而又在概念的创制、结构的布局、理论语言的驱使方面显得拙笨而又吃力。以夏目漱石为例，他的《文学论》《文学的哲学基础》等大篇幅的著作枯燥晦涩，而《写生文》《高滨虚子著〈鸡冠花〉序》等短篇文论则更有灵气与创见；浪漫主义诗人北村透谷的感悟性文章远比另外一个浪漫主义者森鸥外的那些玩弄抽象概念的诘屈聱牙的文章更为清新可读。又如在自然主义文论中，岛村抱月的纯学理性的论文，除上文提到的少数几篇外，其他的如《论人生观上的自然主义》《代序 论人生观上的自然主义》《艺术与生活之间划一线》《观照即为人生也》等文章常常表述含混、枯涩沉闷，比长谷川天溪的那些感悟性的文章远为逊色。这似乎与日本人善于感悟、拙于抽象思辨的天性有关，也是因为近代文论处在传统向现代的转型时期，历史积淀不足，沉思不够。而到了1920年代以后的大正、昭和时代，"近代文论"进入"现代文论"时期之后，较大篇幅的著作逐渐多了起来。但那些著作很少是原创性的博大精深之作，多是将此前西方与日本文论的成果加以条理化从而形成了教科书类的较为通俗性、普及性的著作。

从存在空间的角度看，日本近代文论的另一个显著特点是文论基本上是在所谓"文坛"这一范围内运作的。起初的启蒙功利主义时代"文坛"尚未独立，但在写实主义倡导作家主体性与文学独立性之后，无论是在哪种思潮流派的文论中，"文坛"意识都自觉强化起来。"文坛"首先是与"政坛"相区别而言的。在西方，文论家往往是政论家；而在日本，文论家则很少为政论家，他们在政治上基本认同政治家的国体设计。这就造成了一种现象，即不同的文论思潮与流派在文学问题上虽相互论争，但在国家政治问题上总体的、最终的立场却保持着惊人的一致。例如，浪漫主义文论最终的政治立场是日本主义与国家主义（以高山樗牛为代表），而自然主义文论家也是一样（以长谷川天溪为代表）。因此，与西方文论特别是18世纪前后的文论比较起来，日本近代文论作为一种纯文坛现象，其政治作用与政治功能是非常微弱的。

当然，作为近代文论之空间的"文坛"与日本传统文论的"家学"空间相比，已经有了很大的拓展，而具有了相当程度的社会性。古代文论中的和歌论、连歌论等基本上是宫廷之学，后来成为被少数显贵家族所垄断的"家学"，能乐论则基本上为能乐世家所垄断与承袭，俳谐论则局限于师徒同门之间的切磋交流，主要传承的方式则是所谓"秘传"的单线传播，因而无法实现社会化。而近代文论的主要传播方式却是向全社会公开发行的商品化的报纸、杂志、书籍，近代文论家将古代文论的"家学"变成了"公学"，将古代具有身份与阶层限定的"合"与"会"等传播场所，变成了虽具有一定的职业特征却又面向全社会的所谓"文坛"。另一方面，在"文坛"上展开的理论探索与争鸣往往超出了"文坛"的范围而与各种社会思潮密切关联、即时呼应，因此，日本近代文论的传播效果与社会效应，在广度上常常是全国性的。例如，关于"文学与自然""文学与道德"的问题的讨论，关于当今文坛是"极盛"还是"极衰"的讨论，坪内逍遥与森鸥外展开的关于文学中的"理想"与"没理想"的论争，北村透谷与山路爱山展开的"文学与人生"关系的讨论，等等，都曾引起了较为广泛的社会关注，而日本近代文论的有些问题例如关于政治小说的价值与作用的问题的讨论，不仅在日本国内产生了影响，甚至影响到了中国、朝鲜等邻国。"文坛"化与"社会"化的矛盾统一，是日本近代文论空间存在上的显著特点。

最后需要指出的是，日本近代文论非常丰富多彩而又富有价值，很有必要进行系统的翻译和研究，近百年来我们也陆续有所译介，可惜数量少、不系统、不成规模。此次笔者承担的《日本近代文论选译·近代卷》以文学思潮流派为依据，将日本近代文论分为"传统文学改良论""政治小说与文学启蒙功利主义文论""写实主义文论""浪漫主义文论""自然主义文论""余裕论与私小说·心境小说论"共六个部分，精选出50人的文论文章共计105篇，约80万字，希望出版后能为我国日本文学、文学理论、比较诗学和比较文论的学习与研究提供参考。

关于日本古典文论的翻译①

一

很久以前，我曾翻译出版过几种日本古今文学名著，那都是 20 世纪 80 年代至 90 年代初文学翻译热潮中的习作，已经不值一提了。此后，我也曾著书撰文呼吁重视"翻译文学"，做过翻译文学方面的理论研究，却一直没有再动过作品翻译的念头。不过，系统翻译、研究日本文论并在此基础上进行中日文论与诗学的比较研究，却是我多年的夙愿。

早在 1985 年我攻读硕士研究生的时候，曾协助陶德臻教授筹备开设"东方文论选"的课程，并草拟了一份"东方文论选"（包括日本文论）的选目大纲。那份由陶先生手写的大纲，我一直珍藏至今。1987 年我被派遣到"北京讲师团"，在北京郊区的中学任教一年，曾在工作之余译出了若干篇日本文

---

① 本文原为《日本古典文论选译》古代卷、近代卷的译者总后记。

论的文章。1988 年夏，我完成讲师团工作重返北师大中文系后，马上被安排独立讲授本科生基础课。因教学工作繁重及其他研究课题接踵而至，日本文论的翻译就一直被搁置起来。直到近几年，我的研究选题进一步向文学理论研究倾斜，感到首先需要进行日本古典文论的系统翻译，于是从 2008 年 9 月起重拾译笔，先是将多年前的一些译稿加以校订修改，又新译了许多新篇目，编为一书，名之曰《日本古典文论选译》。

　　2009 年下半年，我拿这部书稿申请国家社科基金后期资助项目。立项通过后，根据评审专家组的《评价意见表》及叶渭渠、王晓平等先生的建议，用了一年多的时间加以增译，除在古代文论部分扩大选目、增加篇幅之外，还将选目范围向下延伸至明治时代。从学理上说，"日本古典文论"应该包括明治年间的近代文论。近代文论是古代文论向现代文论的过渡时期，又经过了近百年的积淀，已经很大程度地经典化、古典化了。基于这种认识，我将《日本古典文论选译》分为古代和近代两部分，到 2010 年 11 月完成了两卷本的翻译，并呈交学校有关部门申请结项，心情一时倍感轻松。当时我在草拟的"译者后记"中这样写道：

　　　　此次编译完成日本古代文论、近代文论共两卷，共计一百余万字，耗时两年，其中酸甜苦辣，难以尽述。总之，实现了多年夙愿，确实有如释重负之感，并为自己放了一个月的长假。2010 年 11 月初全书基本完成后，便开始出门远游，辗转西安的陕西师范大学和西北大学、长沙的湖南大学、永州的湖南科技学院、广州的广东外语外贸大学和华南师范大学等六所大学，应邀做了六场学术讲演、主持了两场座谈，其间游山玩水；接着又应邀去韩国，从韩国西北部的仁川，到中南部大田市的韩国科学技术院、大邱市的启明大学，参加学术活动并做讲演，最后游览了最南端的济州岛，返回北京，就这样借此释放了"小功告成"的心情。……

可是，当我从外地返回后却被学校财经处告知，该项研究经费大部分未使用，结项表格中的"经费使用情况"一栏没法填写，按规定难以结项，一时不知如何是好。但很快决定再延期一年，进一步扩大选译篇目。老实说，我原本没打算在翻译上花费这么长时间，但后来随着翻译的进行越来越感到这项工作的重要价值，心想既然揽下了这个活儿，就应该把它做得更大一些，选目更全面些，以便在今后若干年内不需要麻烦别人再干同样的事情，为此多花一些时间精力也值，于是申请延期。算起来，从2008年8月到2011年11月，我连续做了三年又三个月的翻译。在延期的这一年时间里，古代卷和近代卷共增译了约50万字，大体上把我认为最有翻译价值的篇目译出来了。就这样，《日本古典文论选译》连续三次扩大规模，从初稿的一卷本45万字到二稿的两卷本100万字，再到终稿四卷本160多万字，逐渐成为一部有较大规模的、囊括日本古代文论之精华的选译本。当然，日本古典文论的文献极为丰富，即便是如此大的规模，也只能算是一个容量有限的选译本而已。

在编译《日本古典文论选译》的过程中，我还以日本传统文论与美学的三大关键词——"物哀"（もののあわれ）、"幽玄"（ゆうげん）、"寂"（さび）——与"意气"（いき）为中心，译出了日本学者本居宣长、能势朝次、大西克礼、九鬼周造等的相关主题的研究著作，并把一部分已经翻译出来的日本文论原典作为延伸阅读的材料附录于书后，编译出了"审美日本系列"译丛四种——《日本物哀》《日本幽玄》《日本风雅》和《日本意气》，作为《日本古典文论选译》的前期成果。其中前三种已由吉林出版集团于 2010 年 10 月、2011 年 6 月、2012 年 5 月陆续出版发行。三本书设计新颖、装帧精美，分别首印 5000 册，据说卖得不错。这表明我国不少高品味的读者对日本古典文论的翻译出版是有期待的，他们的求知阅读也开始延伸到了很有阅读难度的日本文论原典，这使我备受鼓舞。

二

《日本古典文论选译》古代卷中的各篇，原文均用日本古语（文言文）写成。日本古语与现代日语的差异要大于古汉语与现代汉语之间的差异，而且不同时代的日本古语，词汇与句法都有不同。日本古典文论中的一部分篇目近年来已由日本学者译成了现代日语（主要见于小学馆《日本古典文学全集》

第87卷、88卷），但大部分篇目没有现代语译，甚至有的文献（如金春禅竹的能乐论等）连起码的注释本也没找到。而《近代卷》中的许多篇目处在古代日语向现代日语的演变时期，文白交混、文体杂乱，总之翻译难度也相当大，每每痛感"自讨苦吃"。然而另一方面，干任何事情都是"因难见巧"（钱锺书《谈艺录》语），轻而易举、人人能为的事情往往没有太大价值，干起来也没劲；正因为难度大，才有挑战，才有意思，才有意义，才会由"自讨苦吃"而又感到"自得其乐"。

在翻译过程中，我深深体会到，日本古典文论在文体上是有特殊性的，大部分篇目既是一种理论形态，也是一种创作形态，因而对它的翻译既有理论著作翻译的性质，也有文学作品翻译的特点。

从文学翻译的角度看，日本文论中常常有大量的和歌、连歌、俳句的例句，这样的日本独特的文学样式几乎是"不可译"的。怎样把和歌、俳句的形式特征在汉译中大体保存下来，又怎样将日本独特的艺术韵味传达出来，前人做了若干尝试，但迄今为止仍未在我国的日本文学翻译界形成共识。我认为，不能像以前的许多译文那样将这些日本独特的诗歌体裁译成中国古诗体，尽管这样做或许不符合一般中国读者对"诗歌"的阅读期待。翻译尤其是诗歌翻译，要得其神似，必先得其形似，而形似更难。对于和歌、俳句的翻译而言，应保留原作的"五七"调，保留其不对称的诗型进而保留其"幽玄""物哀"与"寂"的基本审美趣味和总体风格。这是我在日本文论及日本古典和歌、俳句翻译中的基本追求。当然，我这样翻译是否恰当，尚待时间和读者的检验。为便于读者检验，我在脚注中附录了和歌、俳句的原文，懂日文的读者可以随时参照原文加以对读和品味。

从理论著作翻译的角度看，既然是"文论"，那么理论性、学术性就是其根本属性，它的翻译方法与小说诗歌等虚构性作品的翻译也应有所不同。在学术理论著作的翻译中不能提倡所谓"创造性叛逆"，因为"创造性的叛逆"往往会成为"破坏性的叛逆"，对原作和读者都是不负责任的。但是，另一方面，学术理论著作的翻译必然需要包含译者的理解与阐释。由于时代与语言上的种种原因，日本古代文论在语言运用方面，总体上是依赖"以心传心"，表达过于简单也过于暧昧。而我们的译文是给现代读者看的，应该追求清晰、准确、明白，而不是含糊、暧昧甚至不知所云。为做到这一点，除个别特殊的篇目和段落外，我的译文不使用文言，而是使用典雅简洁的现代汉语。因为我觉得古汉语本质上是一种诗性的语言，不是一种科学精确的语言，假如使用文言翻译，就很容易使得原文的意义显得含混不清，让读者感到一头雾水，其结果就像严复所言"译犹不译也"。因而，译文必须使用现代汉语，这样一来，在翻译的过程中就必然需要对本来过于简单的原文加以适当的阐释，日本古典文论翻译的"创造性"就在这里。当然，这种"创造性"不是随意添油加醋，而是一定要符合原作的思维逻辑和语言逻辑。这里既包括形式逻辑，也包括文气、情感等内在逻辑。凡是理论性文章，必有一种合理性的逻辑思路、一种上下贯通的文气在，我们读原文若觉得文章不合逻辑，文气不通，很可能是没有读懂；译文译出来不合逻辑、文气不畅，很可能是译错了。以前我在进行日本文学汉译史研究、从事译本评价的时候，发现一些译文不合逻辑，就去查对原文，结果发现大多数属于错译（极少数是原作本身有问题），这也是我发现错译的一个小小的"窍门"。因此，对于言简意赅、以心传心的日本古典文论，以现代汉语加以清晰的翻译表述，就要在翻译中包含适度的、合乎原文逻辑的阐释，这是现代翻译的必然要求，也是现代读者的必然要求。实际上，在我国现当代翻译史上，两千多年前的古希腊文献都是用现代汉语翻译的；两三千年前的印度大史诗也是用现代汉语翻译的，何况一千年乃至几百年前的日本文论，完全应该用现代汉语来翻译。这是一种"彻底的"翻译，可使我们拉近与外国的古人的距离。我相信语体的文、白之间的转换不会损害原文的风格，只能有助于我们与古人的交流，有助于我们对古文的理解。

理论文章的翻译与文学作品的翻译一样，同样要求"信达雅"。严复先生的"信达雅"本来是就学术著作《天演论》的翻译而提出来的，可见学术文献的翻译与文学翻译一样，既是科学活动也是艺术活动，学术著作的翻译也仍然要求"雅"，要求"美"。不过，人们在小说、诗歌等虚构性作品的翻译或阅读中感受到美，是自然的也是较为容易的；而一个译者在翻译学术著作、理论著作时也能够伴随着美感运动，一个读者在阅读学术文章时也同样能感受到美，恐怕就不是那么轻易可以做到的了。在翻译过程中，揣摩语义、斟字酌句、掂量用词，犹如与高手对弈，既要你来我往、亦步亦趋，又要出招应对、若合符节，追求的是译文与原文的貌合神似，目的是既让中国读者读到本色地道的中文，又能从中感觉出一丝日本味。这是我所追求的理想境界。但由于学养不精不透，所谓"理想境界"恐怕就是"可想而不可及"的境界了。更不必说译文中难以避免的错误，只好期待方家高明指教了。

三

在《日本古典文论选译》翻译的过程中，我得到了日本文学翻译与研究的老前辈叶渭渠、唐月梅夫妇和著名日本文学研究家王晓平、孟庆枢、林少华，比较文学与文艺理论家曹顺庆等先生，还有八十高龄的台湾著名学者、评论家、翻译家陈鹏仁先生的支持与帮助。在项目申请时，叶、唐两先生，孟庆枢先生曾给我写了推荐信或推荐词，王晓平先生积极努力促成该项目立项并鼓励我说："你又干了一件大事！"陈鹏仁先生得知我系统翻译日本古典文论后，在给我的电邮中两次鼓励道："你在这方面的成绩，真是了不起！"他在为我编译的《日本风雅》所写的推荐词中说："无论从中国大陆，还是从台湾及港澳地区来看，王向远教授都是用汉语大规模系统地译介日本古典文论的第一人。对他所从事的这一困难重重而又富有学术文化之价值的工作，读者将会铭记。"林少华先生听说我翻译日本古典文论，也对我说了同样的话，他说当年他读研究生的时候，也曾在和歌论的翻译与研究方面下过工夫，但后来因为"碰上了村上春树"就放弃了，他在为我翻译的《日本幽玄》所写的推荐词中，肯定了日本古典文论翻译的价值并使用"孤独而艰辛"这一字眼来形容我的翻译过程，实乃知人之言！

在项目进行的过程中，当时已身患重疾的叶渭渠先生几次通过电话和电邮加以鼓励，并希望项目完成后交《东方文化集成》丛书出版。2010 年 6 月 18 日，叶先生大病出院后，给了我一封信，其中这样写道：

> 向远兄：你好！这次患病，承蒙你派出茂君、文静、德玮三位，作为家属在急救室外 24 小时轮流值守，茂君并多次代表你来医院探视，还有你在校的学生纷纷来信慰问让我获得了极大的慰藉。对于你的这种关爱和深情厚谊，用语言是难以表达感激之情之一二的。由于出院后身体屏弱，未能及时去函致谢，谦甚！目前日渐康复中，每天可以工作二三小时了。正在修订《日本文艺三讲》，出版后将送上请雅正。
>
> （中略）祝《日本古典文论选译》进展顺利。同时听北大《东方文化集成》编辑部说，有个别学者的项目结项后，本来规定在特定出版社出版，但也有争取改由"集成"出版的。我们十分盼望这部宏大的尊译完成后，也能如愿收入"集成"出版，为季〔美林〕先生创建的东方学增光。（下略）

叶先生的殷切期待成为我翻译工作的一大动力，时常想象着译稿完成后，亲手交给叶先生，请他指教。不料，到了12月中旬，先生却因心脏病再次突发而溘然长逝。此后不久，许金龙等先生为《作家》杂志开办一个缅怀叶先生的专栏并向我约稿，但当时我难过得不知该从何说起，没有及时写出文章，错过了刊期，深感遗憾。不过我想，如今《日本古典文论选译》终于完成，可以告慰于一直关心此项工作的叶先生了。只是由于国家后期资助项目的出版管理更趋严格，因而未能列入《东方文化集成》出版，但愿今后有机会弥补这一遗憾。

本项目的完成，不仅有前辈的关心支持，也有学生、同事们的参与与协助。我将《近代卷》中的若干篇目（约占《近代卷》三分之一的篇幅）交给学生、同事们承担初译，具体篇目是（以目录编排先后为序）：柴红梅（小室信介、佚名、尾崎行雄、矢野龙溪、大西操山各一篇，末广铁肠、坂崎紫澜各两篇，北村透谷《厌世诗人与女性》《万物之声与诗人》）；郑文全（与谢野宽《亡国之音》，正冈子规《文学的本分》《致歌人书》及《俳谐大要》的前半部分，森鸥外除《〈早稻田文学〉没理想》之外的诸篇）；张剑（二叶亭四迷《我的"言文一致"的由来》《我的翻译标准》）；李文静（石桥忍月、德富芦花各一篇，田冈岭云《写实主义的根本谬误》）；沈德玮（高山樗牛诸篇）；史瑞雪（田山花袋诸篇）；曹眈（岛村抱月诸篇）；卢茂君（夏目漱石《〈文学论〉序》《文学谈》《我的〈草枕〉》《写生文》《高滨虚子〈鸡冠花〉

序》）。这些初译稿交给我后，我再加以校对、修改、润色并定稿，因而译文中若仍存在错译等问题，也应主要由我负责。此外，我的博士、硕士生薛英杰、李妍青、木岛星华、王升远、郭雪妮、周冰心、祝然、叶怡雯、陈婧等同学，在查找资料、校注、通读译稿等方面，对我都有所协助。中央编译出版社的编辑为本书付出了不少心血和劳动。对上述各位的参与和协助，在此一并表示感谢。

《日本古典文论选译》做完之后，我仍觉得有未尽之处，就是觉得应该将日本现当代文论也加以编译，再搞一部《日本现代文论选译》出来，才算圆满。但是日本现代文论的篇目大多数都在版权保护期内，要一一获得翻译许可，恐怕很是麻烦。若日本相关机构和部门能够考虑到此乃纯学术的、非营利的中日文化交流事业，而能促成版权问题的解决，则可以在不久的将来付诸实施。

2011 年 11 月 15 日

日本古代文论的千年流变与五大论题

——《日本古代诗学汇译》译本序①

　　日本文化史上有一大批文献是对日本传统文学进行讲解、评论、研究的著作，包括和歌论、连歌论、俳谐论等诗歌论和能乐论、狂言论、净瑠璃论等戏剧论，还有物语论、汉诗论等，可以统称为"日本古代文论"或"日本古代诗学"。在我国，长期以来，在文艺理论研究中的"西方中心论"及"中西中心论"的大语境下，日本的古代文论文献未能引起足够的重视，没有加以系统的翻译，已出版的相关译文只有十来万字。直到最近几年来，《日本古典文论选译》（古代卷、近代卷)②和《审美日本系列》（含《日本物哀》《日本幽玄》《日本风雅》《日本意气》四种)③陆续翻译出版，现在，经增补

---

① 原载王向远译《日本古代诗学汇译》（北京：昆仑出版社，2014年）上卷卷首。

② 《日本古代文论选译》（古代卷上下，近代卷上下），王向远译，北京：中央编译出版社，2014年。

③ 《审美日本系列》四种，《日本物哀》《日本幽玄》《日本风雅》《日本意气》，王向远译，长春：吉林出版集团，2010—2012年陆续出版。

修订的《日本古代诗学汇译》（上下卷）也要列入《东方文化集成》出版了，这些都可填补我国的外国文论翻译的空白，为今后的研究提供基本的原典资料。

在日本古代文论的研究方面，虽然日本学者的相关研究成果不少，但由于现代大多数日本学者固守经验性的思维习惯，坚持以文献实证、校勘注释为主导的研究方法，而缺乏宏观层面上的观照、思辨与概括，日本古代文论的发展演进规律究竟是什么，日本古代文论的民族特色是什么，都没有在宏观层面上加以明确的概括、提炼和总结。他们习惯于将和歌论、连歌论、俳谐论、能乐论等不同文体的文论分头进行研究，甚至没有"文论"这样的统括性概念，也少有超越文体的理论贯穿。这些都使得他们的研究在理论概括与思辨性建构方面，在宏观的比较诗学研究方面，留下了许多余地与空间。

鉴于此，我们有必要站在中国文化的立场上，运用比较诗学的方法，在现代日本学者浅尝辄止之处，继续加以探索和研究。本文的宗旨，就是将日本古代诗学置于以中国为中心的东亚传统诗学乃至世界诗学的背景上，加以纵向的考察和横向的解剖，从而对日本古代文论的发展演进的逻辑做出纵向的宏观鸟瞰，对日本古代文论的一般性和特殊性做出横向的分析与概括。特别是在"慰"的文学功能论、"幽玄"的审美形态论、"物哀"与"知物哀"的审美感兴论、"寂"的审美心胸论、"物纷"的文学创作论等方面，见出日本古代文论的独特理论主张，呈现日本文论在吸收、跨越中国文论的基础上所形成的鲜明的民族特性，从而矫正一些学者认为日本古代文论只是中国文论的分支而缺乏独创的偏颇成见，并为我们的日本文学的阅读与欣赏、理解与研究，提供理论上的支持与参照。

另一方面，研究日本古代文论，对于深入研究中国古代文论也是必要的。中国古代文论的研究，也不能仅仅研究中国文论自身，还要研究中国古代文论的衍生性和增殖性，也就是研究它对周边国家的传播与影响，而中国古代文论对日本的影响最为深远，也最为典型。因此，现在我们对日本古代文论文献进行系统的翻译及在此基础上进行的中日比较研究，不仅有助于日本古代文论研究的深化，而且也是中国古代文论研究的一个拓展，对东方文论与东方诗学的总体研究，都极富学术价值和历史文化意义。同时，将包括日本文论在内的东方古代文论纳入我们的研究视野，也将有助于突破文论、诗学研究中沿袭已久的"中西比较"的模式，有助于建立具有真正全球文化视野的世界文论、比较文论与比较诗学体系。

一、对中国古代文论的引进、套用和初步消化

纵向地看，日本古代文论的发展与日本古代文化的发展阶段基本同步，具有历史连续性，也呈现出历史阶段性特征。若以它与中国文论之间的连带关系为据，大致可以将日本古代文论的发展分为前期、中期、后期三个时期。

前期是奈良时代（710—784 年）至平安时代（794—1192年），也就是日本历史学者通常所说的"古代"时期，从 8 世纪初至 12 世纪末的五百年是对中国古代文论的引进、学习和

套用、消化并初步超越的时期。

日本古代最早的文献是公元 712 年编纂的对天皇及其家族加以神圣化的书——《古事记》，其内容基本上是日本神话传说的汇编。编者太安万侣用汉语撰写的《〈古事记〉序》可以视为日本最早的一篇文论（文章论）。其中提到了该书编纂的目的是"邦家之经纬，王化之鸿基"，意思是为巩固天皇国家服务，这样的文学功用论显然是从中国学来的。在讲述全书采录、编纂的时候，作者使用了"言"与"意"、"词"与"心"、"辞"与"理"等三对基本概念，成为此后的日本文论经常使用的概念范畴。在日本汉诗论方面，公元 752 年日本第一部汉诗集《怀风藻》的序言作为日本汉诗论的源头，提出"调风化俗，莫尚于文；润德光身，孰先于学"，表明了编者对"文"与"学"的教化作用、修身养性作用的认识。上述《〈古事记〉序》和《〈怀风藻〉序》的儒家的教化文学观在后来的诗学中被反复强调。

由奈良时代进入平安时代后，随着佛教的进一步流传渗透和中日文化交流的进一步深化，中国的汉魏至唐代的诗论、诗学和文论被系统地引进到日本，对此做出巨大贡献的是留学僧空海。空海著有《文镜秘府论》（819—820）及精编本《文笔眼心抄》。《文镜秘府论》分"天、地、东、西、南、北"六卷对中国六朝及隋唐文论进行分类编辑、引述和综述，有些是成段地较为完整地抄录中国文论的有关著述，有些则是祖述，而"天之卷"的"序"等处也体现了自己的文论观。《文镜秘府论》不仅为中国文论保存了文献，特别是在中国已经散佚或缺损的文献，也系统地、大规模地引进了中国诗论与诗学。其中一些重要的概念范畴例如道、心、气、文、文质、文体、文气、风、风骨、风格、自然、境界、趣味、雅俗、格调、风雅颂、赋比兴、情、意、意象、味、艺等等，大都为日本古代诗学所吸收和借鉴，为日本古典诗学的发展奠定了基础。平安王朝初期有奉天皇之命编纂的所谓"敕撰"汉诗文集——《凌云集》（814 年）、《文华秀丽集》（818 年）、《经国集》（827 年）等，编者在序言中都援引了"文章经国之大业、不朽之盛事"的文学功能观，频繁使用了"文""文章""风骨""气骨""文质"等一系列概念。

把汉诗文与中国文论同时引进，是日本古代诗学史上最初阶段的现象。接下来便是将来自中国的诗论、文论的概念直接套用于日本独特的诗歌样式——和歌。随着和歌创作的繁荣，关于和歌作法的"歌学书"陆续问世，藤原滨成在公元 772 年撰写的第一部歌学书《歌经标式》中化用中国"诗经"一词而成"歌经"，借用中国的"诗式"及"式"的概念而为"标式"。"歌病"和"歌体"则套用中国的"诗病""诗体"。在和歌的起源上说是"在心为志、发言为歌"，直接套用了中国诗论；在文学的功用上认为"原夫歌者，所以感鬼神之幽情，慰天人之恋心也"，"感鬼神"显然来自中国的《诗大序》，而"慰天人之恋心"就颇带日本的味道了。"慰"字后来成为日本古代文论关于文学功能论的重要概念，而且所"慰"者乃是"天人之恋心"，"恋心"即"爱恋之心""爱情之心"，直接触及了人情的最深处。在《歌经标式》问世后的几十年至两三百年后，又陆续出现了《喜撰式》《孙姬式》《石见女式》，统称"和歌四式"，后三者都是对《歌经标式》的重复和修补。平安王朝政治家、学者、汉诗文家菅原道真（845—903年）在用汉文撰写的《〈新撰万叶集〉序》（894年）中认为和歌创作是"随见而兴既作，触聆而感自生"，与中国诗学的"感兴"论一脉相通。他还以"华"与"实"来比喻新旧时代两种不同风格的和歌。

随着各种和歌集的编纂出版，许多歌人都在和歌集序言中表达了自己的歌学观点。这些序言大都用汉语写成，单是被收在11世纪中期藤原明衡编纂的汉诗文集《本朝文萃》一书第十一卷中的和歌汉文序，就有《古今和歌集·真名序》等十一篇。这些用日文写成的和歌集却用汉文作序，看起来不甚协调，而且基本上都重复着中国《诗大序》中的诗歌功能论。这也表明当时日文中的理论语言还很贫乏，日语中的相关词语尚未概念化，因而使用汉语写序也是势在必行。同时也显示了汉诗论向和歌论的渗透和转移。这其中，最有代表性的是10世纪初出现的著名歌人纪贯之（约870—945年）等人撰写的《古今和歌集·真名序》，开篇即云："夫和歌者，托其根于心地，发其花于词林者也。人之在世，不能无为，思虑易迁，哀乐相变。感生于志，咏形于言。是以逸者其声乐，怨者其吟悲。可以述怀，可以发愤。动天地，感鬼神，化人伦，和夫妇，莫宜于和歌。"然后指出："和歌有六义。一曰风，二曰赋，三曰比，四曰兴，五曰雅，六曰颂。"仍是对中国文论的套用。

与《古今和歌集·真名序》不同，《古今和歌集·假名序》则对中国文论做了解释性的翻译和发挥，标志着日本文学与诗学意识的自觉。作者纪贯之不仅把和歌六义分别解释性地翻译为"讽歌"（そへ歌）、"数歌"（かぞへ歌）、"准歌"（なずらへ歌）、"喻歌"（たとへ歌）、"正言歌"（ただごと歌）、"祝歌"（いはひ歌），更重要的是体现出了明确的"倭歌"或"和歌"的独立意识，说和歌"始于天地开辟之时"；"天上之歌，始于天界之下照姬；地上之歌，始于素盏呜尊"，这就从起源上否定了汉诗与和歌形成的渊源关系。作者称："和歌样式有六种，唐诗中亦应有之。"本来"六义"来自中国，却说"唐诗中亦应有之"，听上去好像和歌"六义"与唐诗"六义"是平行产生似的，甚至让人感觉和歌"六义"出现更早。不仅如此，《假名序》还在和歌与汉诗的对照中显示了自己的价值判断，将汉诗称为"虚饰之歌、梦幻之言"，认为汉诗的盛行导致和歌的"堕落"。体现了日本和歌开始有意识地摆脱汉诗影响，自觉地确立和歌特有的审美规范了。例如，《假名序》在《真名序》的文学功能论之外，明确提出了"男女柔情，可慰赳赳武夫"，明确强调了"慰"的文学功能论；在对六位著名歌人加以简单批评的过程中，使用了"心""歌心""情""词""诚""花"与"实"等词汇作为基本的批评用语，与中国诗学用语有重叠而又有所不同，成为此后日本诗学的基本概念，影响深远。

与纪贯之同为《古今和歌集》四位编者之一的壬生忠岑写了《和歌体十种》（945 年），作者不取来自《诗经》的

"六义"而是参照了中国唐朝崔融《新定格诗》中的诗歌十体、司空图《诗品》中的二十四诗品等，将和歌划分为十体，即：古歌体、神妙体、直体、余情体、写思体、高情体、器量体、比兴体、华艳体、两方体，对各体做了简要的界定与说明并分别举出若干首和歌为例。《和歌体十种》中对和歌的这种划分尚属草创，对各体的界定也有模糊不清、语焉不详之处。但他毕竟在此前的《古今和歌集·假名序》六种和歌划分的基础上，试图进一步从审美风格的角度对和歌的种类加以划分和界定。尤其是将"词"与"义"（即"心"）两个方面作为划分的主要依据并使用了"幽玄""余情"等日本独特的概念。

接下来，藤原公任（966—1041年）的《新撰髓脑》（约1041年）和《和歌九品》（约1009年之后）两书从内容与形式两分的角度，明确提出了"心"与"词"两个对立统一的范畴并将壬生忠岑的"体"改称为"姿"，进而论述了"心""词""姿"这三个概念之间的关系。"心"就是作者内在的思想感情，"词"就是具体的遣词造句、语言表现，而"姿"就是心词结合后的总体的美感特征（风姿、风格）。他提出和歌须要"'心'深、'姿'清"，"'心'与'姿'二者兼顾不易，不能兼顾时，应以'心'为要"；认为"假若'心'不能'深'，亦须有'姿'之美"。藤原公任之后，"心、词"两者的关系或"心、词、姿"三者的关系，一直成为日本和歌论乃至日本文论的基本问题。源俊赖（约1055—1129年）在长篇"歌学"书《俊赖髓脑》（1111—1115年）中以和歌实例赏析为主，进一步强调了"歌心"这一概念，并使用这一概念对不同类型的和歌做了鉴赏和批评。藤原俊成（1114—1204 年）的《古来风体抄》作为日本第一部和歌史论，着重从"姿"与"词"的角度梳理和歌的历史沿革，对具体作品加以评点并特别强调"心姿"这一概念。他的歌学思想还大量地体现在"歌合"（和歌比赛）的"判词"（评语）中，作为权威批评家，藤原俊成在宫廷显贵举行的二十余次歌合中做裁判，在"判词"中从"姿""风体""体""样""心""词""华实"等角度使用了一系列表示审美判断的词汇，如"余情""风情""优""优美""艳""哀""寂""幽玄""长高""巧""愚""可笑"（をかし）等，初步形成了和歌批评和鉴赏的概念群，这些概念与中国文论概念有叠合之处，但也有明显不同。在这种情况下，歌人的和歌独立意识进一步增强，强调和歌不同于汉诗，例如著名歌人藤原基俊（约1054—1142 年）在《中宫亮显辅就歌合》（1134 年）的"判词"中，严厉批评有的和歌写得像是汉诗，表现了和歌创作摆脱"汉家"束缚的价值取向。

平安时代的日本古代文论思想主要表现在汉诗论、和歌论中，在日记、物语等日语散文创作及相关的论述中也有表现。这类作品现在被视为日本文学的正宗，但在当时却被视为供妇女儿童消遣用的读物，不入汉诗、和歌的正统文学之列，作者也主要是女性。正是因为这样，日记论、物语论不像汉诗论、和歌论那样受到中国诗学观念的明显影响，而主要是表达作者的创作体验。作者们最关心的是读者读了以后是否觉得"有意思"（おもしろし），是否"新奇"（めずらし），是否能引起"哀"（あはれ）之感。为此，如何处理虚构与真实（诚）的关系是最为重要的问题。例如藤原道纲之母的日记作品《蜻蛉日记》（954—974年）开篇就谈到，她要写的"日记"与那些流行于世的纯粹虚构的"物语"之不同，就在于"逐日记录自己非同寻常的经历"，认为这也会使读者感到新奇，从而表现了"日记"之不同于虚构物语的真实观念，也可以视为以暴露私生活为乐趣的"私小说"的源头。在物语论中最有诗学价值的还属紫式部（约978—1016年）的《源氏物语》，特别是在《萤》和《蓬生》卷中，作者借书中人物之口系统地表达了物语文学观。作者首先解释了物语文学的接受心理，就是"明知是假"却"甘愿受骗"，而读者从物语中所追求的，无非就是"放松心情、排遣寂寞"，也就是"慰"或"消遣"（すさびごと）。而"慰"或"消遣"的文学功能观与儒家的载道、教化的文学观是大相径庭的。另一方面，紫式部认为物语故事看上去是虚构，写的却都是"世间真人真事"，对人物行为与性格的好坏尽管做了夸张，但"都不是世间所没有的"，所以"若一概指斥物语为空言，则不符合实情"；紫式部又指出，物语所描写的真实与历史学的真实不同，正如佛教中的"说法"不同而趣旨相同，虚构的物语比起历史书来，所反映的事实"更加条理和翔实"。就这样，紫式部对物语的虚构与真实的关系做了非常辩证的阐发。更为重要的是，《源氏物语》中所表现的所谓"哀"（あはれ）与"物哀"（もののあはれ）的审美观及在这一审美观下对复杂

难言的男女私情即"物纷"（もののまぎれ）的描写，都包含着丰富的诗学思想，被后来的文论家不断加以阐发。

就这样，从奈良时代到平安时代初期即8世纪初到9世纪末的二百年间，以留学僧、天皇及宫廷群臣贵族为中心，日本热心引进中国文论并加以学习和消化，在10世纪初《古今和歌集·假名序》之后，初步形成了属于自己的文论思想及相关概念范畴。这是日本古代文论原创性概念、范畴与理论命题初步提出的时期。

二、对中国文论的吸收利用与日本古代文论的确立

日本古代文论发展的中期即公元13—16世纪，从镰仓时代（1192—1333年）到室町时代（1338—1573年）的四百年间，是日本古代文论的确立时期，也是日本文论原创性的理论概念、命题进一步确立、巩固的时期。

这四百年在历史学上一般被称为"中世"。在政治上，武士争雄，皇室架空；在文化上则是公家文化、武家文化、僧侣文化三足鼎立。这一时期的日本诗学仍以歌学或歌论为正统和中心，在其延长线上出现了"连歌"论这一分支。同时，在歌学的影响下"能乐"理论也异军突起，成为这一时期日本文论发展中的亮点。

藤原定家（1162—1241年）是此时期歌学、歌论承前启后的关键人物。他继承和发挥了其父藤原俊成的歌学思想，以其多才多艺与博学多识及理论的稳健、新颖、系统和深刻而成

为宫廷歌坛的霸主和权威。藤原定家一生创作和歌三千六百多首，主持编纂了《新古今和歌集》。传世的歌论文章有《近代秀歌》《咏歌大观》和《每月抄》，均以私人通信的形式写成，以"有心""幽玄"等和歌美学的基本理念主张"'词'学古人，'心'须求新，'姿'求高远"。在体式与风格上提倡"有心"及"有心体"，进一步深化了"心""词""姿"的理论，都对后世产生了重大影响。

藤原定家的重大影响，直接表现在以他为源头的日本中世歌学、歌论的"家学"化与传承化格局的形成。此前，其父藤原俊成以自己的歌学歌论为中心形成了"御左子家"，是歌学、歌论的家族化的端倪。藤原俊成传至其子藤原定家，定家传至其子藤原为家（1198—1275），再到藤原为家的孙辈，分裂为以藤原为世（1251—1338年）为代表的"二条家"，以藤原为谦（1254—1332年）为代表的"京极家"，和以冷泉为相（1263—1368年）、冷泉为秀（1372年卒）为代表，今川了俊（1325—1420年）继其后，正彻（1381—1459年）再继其后的"冷泉家"。三家成为此时期整个日本歌学歌论的三个中心和主脉，相续一百多年，三家都标榜得祖父藤原定家的真传，都推崇和宗法藤原定家，但重点与理解各有不同，互相竞争和论争，促进了歌学的繁荣和发展。这样，藤原定家就成为整个镰仓时代乃至室町时代日本歌学歌论的偶像。正彻在《正彻物语》中甚至说："在和歌领域，谁要否定藤原定家，必得不到佛的庇佑，必遭惩罚。"藤原定家的观点、说法为人所援引，成为不刊之论，甚至后来陆续出现的一些歌学著作如

《三五记》《愚秘抄》《愚见抄》《桐火桶》等，也都托藤原定家之名以行世。并且，这些著作虽然被判定为"伪书"，但是作为中世歌学歌论的重要组成部分、藤原定家思想的一种扩展和延伸，也有不可忽视的价值。

歌学歌论家族化、传承化的形成也使其成为一种道统；同时，随着思考的深入，歌学歌论也必然借助佛道思想，使得歌学进一步发展成为由技进乎道的"歌道"，歌学"道学"化方能成为"歌道"。

镰仓、室町时代的日本文论思想发展的另一个表现，就是由和歌论生发出了连歌论。"连歌"是和歌的变体，原是由多人联合吟咏和歌的一种社交性的语言游戏，到了室町时代便成为一种相对独立于和歌的语言艺术，在"歌人"之外出现了从事连歌创作的"连歌师"，关于连歌的论述也大量出现，于是从"歌道"而生发出"连歌道"。连歌道的奠基人二条良基（1320—1388）写了一系列连歌论的文章与书籍，包括《僻连抄》《连理秘抄》《击蒙抄》《愚问贤注》《筑波问答》《九州问答》《连歌十样》《知连抄》《十问最秘抄》等，对连歌的各方面的知识做了整理概括并系统地提出了自己的主张与见解。他为连歌会的举办及连歌的相互唱和与接续制定了详细可操作的"式目"即规矩规范，目的是使连歌唱和这种原本以娱乐为主的语言游戏成为表现人的知识修养，在规矩规范的种种限制中显示随机应变的灵活性、创造性的平台。也就是说，他既承认连歌与和歌一样具有审美性，同时也赋予连歌以社交性、社会性，将个体的审美性与群体的社交性结合在一起，在相互协调、默契、以心传心、感知余情、余味等方面展示连歌特有的魅力，这也是连歌论和连歌道的根本要求和特点。因此，连歌首先是心性的修炼，其次是技艺的修炼。这样的连歌论到了僧人连歌师那里得到了很好的发挥。僧人心敬（1406—1475 年）在《私语》一书中将连歌的学习修炼与佛教的修炼密切结合在一起，阐述了连歌与心灵修炼，与静心、悟道之间的关系。两位著名僧人兼连歌师宗祇（1421—1502 年）在《长六文》、宗长（1448—1532 年）在其《连歌比况集》等著作中，从佛教禅宗的角度阐述了日常生活修养、修炼与连歌的关系。至于连歌的审美理念，则基本承袭歌学与歌论，例如，都以"幽玄"为最高的审美理想，都从心与词、心与姿的关系入手提倡以"心"为第一。

这一时期出现了新的文艺样式——能乐。能乐是"猿乐之能"的简称，原本是受中国古代乐舞影响的日本民间戏曲。到了室町时代以武士贵族为审美趣味与标准，被迅速加以雅化，成为日本民族最早成熟的古典戏剧剧种，能乐成熟的显著标志之一就是能乐理论的出现，而能乐艺术及能乐理论的集大成者是世阿弥（1363—1443 年）。世阿弥在《风姿花传》《至花道》《三道》《花镜》《游乐习道风见》《九位》《六义》等二十多部著作中，借鉴歌学和歌论的既有成果，同时将自己及前辈的艺术经验与体验加以总结，建立了较为完整的能乐理论体系，涉及能乐起源论、审美理想论、风格类型论、观众的戏剧欣赏论、演员的技艺修炼论、表演艺术论、编剧的编剧艺术论等各个方面。他从印度与中国寻找能乐的源头，较早具备了亚洲区域文学的眼光。他将歌论中的"幽玄"论作为能乐的最高审美理念，将"花"作为能乐艺术风格的最高表现，将"物真似"（模仿）论作为其表演艺术的指归，将如何处理"心"与"身"的关系论作为演员的表演艺术的关键。此外，还提出并论证了"艺位""二曲三体""三道""六义""九位""序、破、急"等编剧和表演学上的一系列概念。又提出了表示戏剧审美风格的"蔫之美"（しおたれる）的概念。世阿弥的能乐论不仅在日本诗学文论史上是一个高峰，而且在同时期世界古代戏剧理论上也以其全面性、系统性、深刻性而罕有匹敌者。世阿弥的女婿和继承者金春禅竹（约1405—1470年）借助中国佛教禅宗哲学将世阿弥的经验总结性的理论形态加以抽象化，以此对"幽玄"等核心概念做出了独到的理解与阐发。

以汉诗为评说对象的"诗话"也是日本古代诗学的重要组成部分。这一时期，由奈良平安时代贵族菅原道真、高僧空海等人开创的汉诗文创作及汉诗论的传统，为镰仓末期至室町时代初期的"五山文学"（统指幕府管辖下的以五山、十刹为中心的僧人们所创作的汉文学）继承下来。在五山禅僧汉诗文创作繁荣的同时，也出现了五山文学的鼻祖虎关师炼（1278—1346年）用汉文撰写的《济北诗话》，这本作为日本第一部以"诗话"命名的诗论的著作也是此时期唯一的一部诗话，为江户时代日本诗话的大量出现做了预示和铺垫。

三、日本古代文论的成熟及对中国文论的跨越

江户时代（1603—1868 年）的二百六十多年间是日本文论发展的后期，是对此前的文论成果加以咀嚼、消化、阐发、总结的时期，也是日本古代诗学的成熟期、总结期。主要表现为诗话与诗论的著述大量出现、歌论与歌学空前深化、物语文学进入研究形态、俳谐论异军突起、各种剧种的戏剧论全面展开。关于各体文学的各种"论"，包括议论与评论等，到了这一时期便形成了具有系统性的"学"即"诗学"的形态。由此，日本古代文论臻于完成。

江户时代日本文论的成熟首先有赖于汉学的普及与成熟。此时期，由于官方意识形态是儒学，汉学尤其是儒学研究成为最受重视的学问，由此催生了汉学热，汉学（包括汉诗文）便成为普通知识阶层的必备修养，几乎人人能作能写。依靠所谓"和汉训读法"，一般人也都可以较为容易地阅读汉文汉籍。如果说，此前的七八百年间汉学只是少数贵族学者的专擅和专利，那么到了这一时期，日本才算真正实现了汉学的普及化，才算全面深入地掌握了汉学。在这种情况下，一些作家对《水浒传》等中国古典小说加以"翻案"（翻译改写）并在此基础上创作了"读本小说"等通俗小说类型；一些人（如泷泽马琴等）借鉴中国明清小说理论与批评的范畴与方法展开了日本小说的批评。更有一些汉学家、汉诗人对中国和日本的诗作加以评点和研究，模仿中国的"诗话"体式用汉文或日

文写出了大量"诗话"。其中，祇园南海（1676—1751年）的《诗学逢原》、广濑淡窗（1782—1856年）的《淡窗诗话》最有代表性，特别是关于中日诗歌比较的部分最有理论价值。还有一些汉学家在文学批评与研究中向日本诗学贡献了新鲜的思想。例如汉学家、思想家荻生徂徕（1666—1728年）在《徂徕先生答问书》中认为："圣人之教，专在礼乐，专在风雅文采，而不是什么'心法''性理'之类。"他批评"后世的儒者却妄加解释，重道德而轻文章"，强调要理解圣人之道，就要通晓"人情"，为此就要进行实际诗文创作，而创作就要重视文辞和文采。这种重人情、重文学、重词语考辨的倾向和从语言入手研究文学的学术方法，对稍后的贺茂真渊、本居宣长等"国学家"的理论与方法也有一定影响。

　　汉学及汉诗文研究的深化与成熟，与和歌研究和歌学的深化成熟也是相辅相成的。到了江户时代，具有悠久历史传统与成果积淀的和歌论发展到了带有总结性、体系建构性的真正的"歌学"阶段。在此之前，"歌学"这个词也常常被使用，但那时的"歌学"是将和歌作为一种学问修养来看，而江户时代的"歌学"则是和歌的一种学术性"研究"的形态。"歌学"的形成又与江户时代中期后所谓"国学"的出现密不可分。"国学"与汉学相对而言，江户时代后期又生成了"兰学"（洋学），形成三足鼎立。不同学问领域及其内部的学派、宗派之间也展开了激烈的学术论争，促进了学术思想的活跃，也推动了"歌学"的深化与成熟。"国学"派对日本古典文学文献加以研究和阐发，以突显其日本"国学"的特殊品格。

其中，国学的先驱者、被称为"国学四大人"之一的契冲（1640—1701）在其巨著《万叶代匠记》中，一方面论证《万叶集》作为日本文学不同于中国文学的独特性及优越性，否定了使用汉籍直接解释日本"神道"及《万叶集》的可能，另一方面又每每引用汉籍来佐证《万叶集》。"国学四大人"之二荷田春满（1706—1751年）在《国歌八论》中，论述了日本的"国歌"即和歌的性质与特点，反对儒家功利文学观，强调和歌与政治、道德无关，推崇和歌的辞藻语言之美。"国学四大人"之三贺茂真渊（1697—1769年）的系列著作"五意考"即《歌意考》《书意考》《国意考》《语意考》和《文意考》，其中心内容是将日本本土文化称为"国意"，将儒、佛等外来文化称为"汉意"，认为"汉意"不符合日本的政道与现实，而日本固有的"歌道"（和歌之道）虽看似无用，反而可以成为治道之理。所以，他反对拘泥于儒教的义理，强调根植于天地自然的日本固有的"古道"亦即"神皇之道"，认为长期以来，外来的儒、佛之道遮蔽、歪曲了古道，因而必须对其加以排斥并回归纯粹的日本的古道。为此他推崇《万叶集》中的上古和歌，认为学习万叶古歌不仅可以掌握歌道，而且还会学到"真心"，而万叶歌的"真心"正是天地自然的真心即"大和魂"，从而将日本的"歌学"从"汉意"、从儒学朱子学的劝善惩恶的观念中解放出来。这些观点为他的学生本居宣长所继承光大。"国学四大人"之四本居宣长（1720—1801年）继承和发展了契冲的古代文献学与贺茂真渊的古道学，集"国学"派的复古主义与日本文化优越论思想之大成，他通过丰富多彩的学术研究努力阐释日本文化传统、强调日本文学的独特性，为此不惜贬低和贬损外来的汉文化、佛教文化，主张"排除汉意，立大和魂"，追求日本文化的自强自立。本居宣长对日本文论的最大贡献就是"物哀论"。他在研究《源氏物语》的《紫文要领》（1763）及《源氏物语》的注释书《源氏物语玉小栉》（1796 年）、研究和歌的专著《石上私淑言》（1763 年）等一系列著作中一再强调：无论是《源氏物语》等物语文学还是和歌，其宗旨就是"物哀"和"知物哀"，就是从自然人性出发的、不受道德观念束缚的对万事万物尤其是男女之情的包容、理解与同情，而不是像以往儒学家所说的劝善惩恶。"物哀"和"知物哀"是日本诗学观念试图摆脱中国式思维的一个重要标志，也是对日本文学民族特色的发现、概括与总结。

本居宣长之后的国学家、《源氏物语》研究家荻原广道（1815—1863 年）所著的《源氏物语评释》一书，对此前的安藤为章《紫家七论》的"讽谕论"、本居宣长《紫文要领》的"物哀论"进行了吸收扬弃，通过对《源氏物语》的细致的注释与分析提出了"物纷"论，认为《源氏物语》的主旨是描写"物之纷"（物の紛れ），即对道德与人情交织在一起的复杂难言的男女私情做原样忠实的表现和描写，而不做价值判断。可以说"物纷"论在更高的程度和层次上揭示了《源氏物语》乃至日本传统文学的一个突出特点。

江户时代日本诗学思想的深化还表现为歌学的衍生性和增殖性。随着俳谐（俳句）这一新的文学样式创作的兴盛，俳谐论（简称俳论）也在歌学、连歌学的基础上悄然兴起，在日本古代诗学特别是江户时代诗学构架中尤其引人注目。俳谐论的最大功绩是实行了审美趣味的时代转换，即从贵族的审美趣味转换为庶民的审美趣味。首先是对"俳谐"的审美价值的确认。在和歌论中，平安时代歌人藤原清辅的《奥义抄》（1124年）在谈到"俳谐歌"的时候，以中国古籍中的滑稽故事为例较早论述了"滑稽"的审美性，但他所说的"滑稽"之言是"机智""辨言"和"巧言"。江户时代的俳谐论将与"雅"相对的"俗"作为"俳谐"的特征。和歌、连歌作为贵族趣味的文艺形式，坚持使用"雅言"，是坚决排斥俗言俗语的。而俳谐论从理论上确认了俗言、俗语的审美价值，论述了雅言与俗言的辩证关系，从历来被认为卑俗不美的俗言俗语中发现了其独特的审美价值并在俳谐创作中加以实践。以松尾芭蕉及其弟子向井去来、森川许六、服部土芳、各务支考等人为中心的"蕉门"（芭蕉的门徒），将佛教禅宗的人生态度贯彻于俳谐创作又写出了大量俳论著作。"蕉门俳谐"及其俳论以"寂"（さび）论为中心，将超越雅俗对立的俳谐创作作为"风雅之道"，上升为一种修心养性的人生修炼，提出了"寂之声""寂之色""寂之心"的概念，提出了"风雅之诚""风雅之寂""夏炉冬扇""高悟归俗"等美学命题，形成了独具特色的俳论体系，从一个独特的角度为日本古代诗学的深化做出了贡献。

这一时期的戏剧论是第二期的能乐论的一个延伸和余波，总体上没有出现世阿弥那样的成体系的戏剧文学理论形态，相关文献不多。但是，随着在能乐的基础上生发出来的市井戏剧样式——科白剧"狂言"、木偶戏"人形净瑠璃"、歌舞剧"歌舞伎"——的流行，作家们也发表了一些有理论价值的见解。例如，在狂言方面，大藏虎明（1597—1662年）的《童子草》（又名《狂言昔语》，1660年）对狂言的艺术特点做了一些总结，提出了"狂言是能乐的简略化"、狂言是"能乐之狂言"的看法。在歌舞伎方面，歌舞伎作家人我亭我入（生卒年不详）的《戏财录》是江户时代唯一的一篇论述歌舞伎剧本创作的长文，论述了剧本创作与不同地方不同的风土人情、与一年中的四个季节等因素的关系，强调了作者的想象力的重要性。他认为"只有在虚实之间，才有'慰'"，从而提出了"所谓艺术的真实，就存在于虚与实的皮膜之间"的命题。

总的看来，江户时代作为日本古代文论的总结期、研究期，表现为学者、理论家们把此前的成果加以系统化、体系化、细化和深化，对前人提出的概念、范畴及作品中表现的审美思想意识加以研究阐发，使之增殖；作为日本古代文论的成熟期，表现为民族性的空前自觉和对理论自主性的强调。在这个过程中，中国文论起到了或明或暗的刺激、激发、启示和促进的作用，在日本的汉诗论中，中国诗论与诗话是日本文论家自由利用、挑选、为我所用的资源与宝库；在和歌研究和物语研究中，中国文论成为不可缺少的对象物，供其映衬、对比、对照，以表示其跨越。随着日本诗学的成熟，整个日本文论一千年发展史逐步完成了对中国文论的引进、模仿、套用、化用、修改乃至跨越的过程。到了江户时代末期的香川景树（1768—1843年）的歌学，以对"国学家"的复古主义言论的驳难而站在了近代文论的入口。此外，值得提到的是，在江户时代的"色道"美学中，在新兴市井文学中，特别是通俗小说"浮世草子"与"人情小说"中，生发了以"意气"（いき）这一概念为中心的更具日本特点的身体美学思潮，但尚未理论化，到了现代才由美学家九鬼周造在《"意气"的构造》一书中加以系统阐发。

四、日本古代文论的五大论题及理论特色

从世界文学与世界诗学的视阈来看，文论有"原生态"和"次生态"两种。原生态的文论是在没有受到外来影响的情况下自发成长起来的，例如古希腊、印度、中国的文论与诗学。次生态的文论则受到了外来影响，日本古代文论就是典型的次生态诗学，因为它主要是在中国文论的影响启发之下形成的，属于以中国文论为中心的东亚文论体系的一个分支。因此，研究日本古代文论不可脱离以中国古代文论为中心的东亚诗学的视阈。日本古代文论这种次生态的性质决定了它是先具备"一般性"，然后才逐渐脱出"一般性"而形成自己的"特殊性"。换言之，当时的日本要建立自己的文论就需要依托于中国文论，寻求与中国文论的共通性、一般性。这与原生态的文论先具备特殊性，然后逐渐流出和扩大而具备了一般性，其路径是相反的。"一般性"与"特殊性"是日本古代文论的两

面。没有"特殊性"就意味着日本古代文论只能是模仿和抄袭；没有"一般性"就意味着日本古代文论纯粹就是自言自语，难以与世界文论接洽。

日本古代文论的基本问题主要涉及了文学本原论、文学功能论、审美形态论、审美感兴论、审美心胸论、文学创作论、作品风格论、作品文体论等方面的论题。主要是"慰"的文学功能论，二是"幽玄"的审美形态论，三是"物哀""知物哀"的审美感兴论，四是"寂"的审美心胸论，五是"物纷"的文学创作论。

第一，"慰"的文学功能论。

在文学功用论的问题上日本古代文论有两种看法，第一种看法是文学是有用的，例如太安万侣在《〈古事记〉序》中的"邦家之经纬，王化之鸿基"之说，《古今和歌集·真名序》中有"可以述怀、可以发愤。动天地，感鬼神，化人伦，和夫妇，莫宜于和歌"之说，纪贯之在《〈新撰和歌集〉序》中有"动天地、感神祇、厚人伦、成孝敬，上以风化下，下以讽刺上"之说，这些显然是直接引述中国诗学文献特别是《毛诗序》，后来的一些日本汉学家与儒学家也一直持有这样的功能论，这是日本古代文论与中国的相同之处，也是其一般性。

但是，这种功能论并不符合日本文学的实际情况，而仅仅是在日本文论发展的前期即奈良、平安时代，在汉诗占主导地位的情况下为了强调和歌不亚于汉诗，日本人在功能论上模仿中国所做的不无夸张的表述。实际上，日本文学史上无论是和歌还是其他样式的日本文学，基本上是脱政治、脱道德的，既没有政治功用也没有像汉诗文那样被官家用来考试和选拔人才，而仅仅是一种娱乐和消遣之物。与此同时，纪贯之的《古今和歌集·假名序》因为直接用日语表述，可以一定程度地摆脱对汉语的模仿，于是一开篇便对文学功能论做了这样的描述："倭歌，以人心为种，由万语千言而成，人生在世，诸事繁杂，心有所思，眼有所见，耳有所闻，必有所言。聆听莺鸣花间，蛙鸣池畔，生生万物，付诸歌咏。不待人力，斗转星移，鬼神无形，亦有哀怨。男女柔情，可慰赳赳武夫。此乃歌也。"这样的表述显然与中国诗学的功能论有了距离。其中提到的"可慰赳赳武夫"的"慰"（なぐさむ），是安慰、慰藉、抚慰的意思，后来成为日本古代文论与诗学中关于文学功能论的核心概念。差不多同时，藤原滨成在《歌经标式》中一开篇也写道："原夫和歌者，所以感鬼神之幽情，慰天人之恋心也。"这就进一步将"慰"的对象和指向规定为"天人之恋心"，后来《石见女式》等歌学论著也不断重复"慰天人之恋心"这句话。所谓"恋心"即恋爱之心，显示了日本和歌功能论的核心及特点。在物语文学方面，紫式部在《源氏物语》中也有"慰"的功能观，例如在《蓬生》卷中写道："那些表现无常的古歌、物语之类的消遣之物，可以使人消愁解闷，慰藉孤栖。"这就把物语归为"消遣之物"（すさびごと），认为其作用是"消愁解闷、慰藉孤栖"。到了江户时代，"国学家"以"慰藉"论、"消遣"论对一些儒学家的"劝善惩恶"的功能论加以批驳，例如贺茂真渊在《国歌八论》中指出："和歌，不属于六艺之类，既无益于天下政务，又无益于衣食住行。《〈古今和歌集〉序》中言'动天地，感鬼神'者，实际上是不可轻信的妄谈。……和歌只是个人的消遣与娱乐。"另，在《源氏物语新释·总考》中，他认为紫式部创作《源氏物语》的目的在于"慰心"。本居宣长在《石上私淑言》第七十九节中认为："谈到和歌之'用'，首先需要指出的，就是它可以将心中郁积之事自然宣泄出来并由此得到慰藉。这是和歌的第一'用'。"在戏剧论方面，近松门左卫门在《〈难波土产〉发端》中指出："只有在虚实之间，戏剧才有'慰'。"世阿弥也有类似的看法，认为戏剧的功能是要对观众或读者有"慰"的作用。在小说方面，江户时代市井小说大家井原西鹤在《好色二代男》的跋文和《新可笑记》的自序文中，都强调小说的作用是作为"世人之慰藉"。甚至江户时代的汉诗论也以"慰"论诗，例如祇园南海在《诗学逢原》中认为，中国宋代的诗歌是以"理窟"为尚，以议论为诗，而"到了元明时代直至今日，诗歌只是以'慰'为事"。虽然"慰"的文学功能论在世界各国诗学中都有相似的论述，但仅仅是将这个看作文学的功能之一，而日本文论则将文学功能窄化到消遣慰藉的"慰"，否认文学的载道教化之类的政治伦理功能，这既是对日本文学功能的较为正确的概括，也体现出了日本古代文论功能论的特殊性。

第二，"幽玄"的审美形态论。

审美形态问题也是日本古代文论涉及的基本问题之一。在世界文论与诗学中，古希腊的审美形态范畴是"美"，希伯来

文化的审美形态范畴是"崇高"，中国的审美形态范畴是"中和""妙""滑稽"等，欧洲近现代的审美形态范畴是"美"、"崇高"（悲剧）、"滑稽"（喜剧），日本的审美形态范畴则有日语固有的词汇概念"美"（うつくし）、"艳"（えん）、"有趣"（面白い）、"谐趣"（をかし）"、"長高"（たけたかし）等，汉字词的概念有"滑稽"（こっけい）、"幽玄"（ゆうげん）等。其中最有蕴含度和日本特色的则是"幽玄"。"幽玄"作为汉字词汇承接了这个汉字词的基本词意，这是其一般性；同时日本文论又将这个汉语中并不常用、作为宗教哲学词汇的"幽玄"改造为文论概念，这是其特殊性。

"幽玄"一词在日本的平安时代就被零星使用，到了镰仓时代和室町时代，这个词不仅在上层贵族文人中被普遍使用，甚至也作为日常生活中为人所共知的普通词汇之一广泛流行。那一时期日本的歌学、连歌学、诗学、能乐论及各种艺道文献中，到处可见"幽玄"二字。至少在公元12到16世纪的约五百年间，"幽玄"是日本传统文学最高的审美范畴。"幽玄"成为日本贵族文人阶层所崇尚的优美、含蓄、委婉、间接、朦胧、幽雅、幽深、幽暗、神秘、冷寂、空灵、深远、超现实、"余情面影"等审美趣味的高度概括。这一概念与刘勰《文心雕龙》中的"隐""隐秀"的概念较为接近，但含义更广。日本现代学者大西克礼把日本的"幽玄"与欧洲的审美形态论的概念相对位，把"幽玄"视为"崇高"的派生范畴。实际上，在朦胧、不可言说、不可把握等方面"幽玄"与欧洲的"崇高"有相通之处，但欧洲的"崇高"是一种没有感性形式的无限的存在，故而不能凭感性去感觉，只能凭理性去把握，而日本的"幽玄"是感觉的、情绪的；"崇高"作为高度模式是高高耸立的，给人以压迫感、威慑感，而"幽玄"作为深度模式是深潜的、隐性的，给人以吸附感。这也是"幽玄"的特殊性之所在。

"幽玄"这一概念的成立，首先是日本文人出于为本来浅显的民族文学样式如和歌、连歌等寻求一种深度感。当时日本在大量接触汉诗之后，对汉诗中音韵体式的繁难和意蕴的复杂产生了深刻的印象。在与汉诗的比较中，许多人似乎意识到了和歌浅显，人人能为，需要寻求难度与深度，因为没有难度和深度的艺术就不"幽玄"，不"幽玄"就很难成为真正的艺术，故而必须确立种种艺术规范（日本人称为"式"）。只有"幽玄"的和歌、连歌才被认为是不肤浅的，是美的。理论家们更具体地提出了"心幽玄""词幽玄""姿幽玄"之外，还有"意地的幽玄""音调的幽玄""唱和的幽玄""聆听的幽玄"等各方面的"幽玄"要求。同样地，在世阿弥、金春禅竹的能乐论中，只有"幽玄"的能乐剧本、"幽玄"的戏剧语言、"幽玄"的表演，才能达到"花"的审美效果。世阿弥在《花镜》中强调："唯有美与柔和之态才是'幽玄'之本体。"在这里，"幽玄"实际上成了高雅之美的代名词。有了"幽玄"，和歌、连歌、能乐这些日本本土的浅显的语言游戏与杂耍表演才能进一步实现雅化、艺术化乃至神圣化，才能成为"艺道"。随着贵族文化与文学的衰落，"幽玄"这一概念在江户时代后极少使用了，但"幽玄"的审美趣味却被继承下来，那就是铃木修次在《日本文学与中国文学》一书中所说的日本人的"幻晕嗜好"、谷崎润一郎在《阴翳礼赞》中所说的"阴翳"之美。直到今天，我们中国读者读完川端康成等日本传统审美意识较为浓厚的作品，常常会有把握不住、稍纵即逝的感觉，不能明确说出作者究竟写了什么，更难以总结出它的"主题"或"中心思想"，这就是日本式的"幽玄"。[①]

在日本古代文论中，作为审美形态概念的"幽玄"还有一系列次级概念，最重要的一个次级概念是"余情"。这个概念来源于中国，其含义也与中国诗学中的"余情"相当，指的是言外之情、含蓄蕴藉、有余韵的意思。日本古代诗学中的"余情"主要是对"幽玄"特征的一种描述，有时又可以称作"余心"或"心有余"。

第三，"物哀""知物哀"的审美感兴论。

"感兴"是中国古代文论中常用的重要概念，日本高僧空海在《文镜秘府论》中最早把"感兴"一词用作概念，指的都是审美感兴即审美情感及其激发、形成问题。日本诗学中关于审美感兴的重要范畴也有来自汉语的范畴与日语固有范畴两类。世阿弥在《花镜》中强调了来自汉语的"感"这一范畴，认为"感"是"无心之感"，是"超越心智的一刹那的感觉"；而日语固有的概念则是"哀"（あはれ）、"物哀"（もののあはれ）和"知物哀"（物の哀を知る）这三个连带词。

---

① 王向远：《释"幽玄"——对日本古典文艺美学中的一个关键概念的解析》，《广东社会科学》2011 年第 6 期。

这些范畴与西方文论中表示审美感兴的概念"共感"（sympathy）、"移情"，与中国文论中的"感物""物感""应感""感兴""感悟""兴感""哀感""感物而哀"等，在表层语义上十分接近；与印度梵语诗学中"情味"，印度佛教诗学的"现量""观照"等概念也有相通之处，这是其一般性。同时内涵上却有很大差异，这又是其特殊性。

"哀"（あはれ）这个词在平安时代文学特别是《源氏物语》中作为叹词、名词、形容词大量使用，《源氏物语》问世约一百年后出现的《无名草子》（约成书于1200—1201年），在评论《源氏物语》的故事内容、人物性格、人物心理时，频繁而又大量地使用"哀"（"あはれ"）一词，开启了从"哀"的角度评论《源氏物语》的先例。在镰仓、室町时代的和歌论中，"哀"更多地以"物哀"的形式使用，逐渐被概念化，"物哀体"成为和歌之一体。到了江户时代，本居宣长在前人的基础上，认为表现"哀""物哀""知物哀"是《源氏物语》作者的"本意"并进一步以"物哀"论将中国文学的"文以载道"的功利论、"劝善惩恶"的道德论与日本文学严加区别，认为日本作家只是表现"物哀"，就是面对世间万事万物的纯审美的、无功利的善感、敏感，目的是让读者"知物哀"，也就是带着无功利、审美的态度去感知、体察、理解和通达人情。因而"物哀"之"物"排斥了妨碍审美的三类事物，一是功利性的政治，二是僵化的世俗道德，三是讲大道理的、理论性的、抽象的"理窟"。总之，"物哀"论排斥了社会政治、伦理道德、抽象说理这三种因素，而只是面对单纯的人性人情以及风花雪月、鸟木虫鱼等大自然。作者只是面对这样的"物"而"哀",读者也在阅读活动中感知了这种"物哀",也就是"知物哀"。"知物哀"的"知",不是一般意义上的"知",而是一种审美感知,是一种以人性、人情为特殊对象的相当复杂的审美活动,作为审美感知的"知",是一种自由、自主的精神活动,是一种纯粹的"静观"或"观照"。它与现代美学中的"审美无功利"说、"审美距离"说、"审美移情"说等都有相通性。"若能从人性、人情出发,对人性、人情特别是男女之情给予理解并宽容对待的,就是'知物哀';若不能摆脱功利因素的干扰和僵化的道德观念的束缚而对人性、人情做出道德善恶的价值判断,那就是'不知物哀';或者对此麻木不仁、浑然不觉者,也是'不知物哀'。在人性人情与道德、习俗、利益发生矛盾冲突的时候,站在人性人情角度加以理解的,就是'知物哀';站在道德、习俗、功利角度加以否定的,就是'不知物哀'。要言之,'知物哀'就是情感上的感知力、理解力和同情心;'不知物哀'就是没有或者缺乏情感上的感知力、理解力与同情心。"① 就这样,"物哀论"解构了以儒家思想为基础的言语与价值系统,以日本式的唯情主义替代了中国式的道德主义,标志着江户时代日本文学观念的重大转变,显示了日本文论思想民族化的自觉。

第四,"寂"的审美心胸论。

---

① 王向远:《日本的哀·物哀·知物哀——审美概念的形成流变及语义分析》,《江淮论坛》2012 年第 5 期。

审美心胸论，又可以称为审美态度论，是审美主体的一种精神状态。中国古代文论中表示审美心胸的概念有"心斋""坐忘""虚静""玄览""神思""静观""游""神与物游"等，印度佛教美学中有"谛观"（谛视）、"谛听"等，欧洲古典诗学有"游戏"说、"审美无功利"论等。日本的"寂"与这些都有相同之处，但它单单拈出一个日语固有词汇"寂"（さび）来描述审美心胸、修炼审美态度，在概念使用上可谓以少胜多，以一字尽得风流，这是日本"寂"论的特色。

虽然"寂"字在平安时代的藤原俊成，镰仓、室町时代的吉田兼好等人的著作中都有运用，但真正把它概念化的还是"俳圣"松尾芭蕉及其"蕉门弟子"。"蕉门"俳论以"寂"（常称"风雅之寂"）为中心论述了俳人的审美修养、俳谐创作与欣赏所需要的心胸与态度。分析起来，"寂"的概念有三个层面的意义。第一是"寂之声"（寂声），"寂声"就是"有声比无声更静寂"的声；第二是"寂之色"（寂色），是一种具有审美价值的单调而又陈旧之色，包括水墨色、烟熏色、复古色、破损色；第三是"寂之心"（寂心），是"寂"的核心与关键。"寂心"就是审美主体的一种寂然独立、淡泊宁静、自由洒脱的人生状态，是一种平淡的心境与趣味，一种超然的审美境界，有了"寂"的心境和趣味，就会使人摆脱世事纷扰，摆脱物质、人情与名利等社会性的束缚，摆脱不乐、痛苦的感受，使心境获得对非审美的一切事物的"钝感性"乃至"不感性"，在不乐中感知快乐，在无味中感知有味，甚至可以化苦为乐、自得其乐、享受孤独，从而获得一种心灵上的自由、洒脱。在蕉门俳论看来，对任何事物的偏执、入魔、痴迷、执着、胶着，都只是宗教虔诚状态，而不是审美状态。真正的审美就必须与美保持距离，要入乎其内然后超乎其外。因而，"寂"须是优哉游哉、游刃有余、不偏执、不痴迷、不执着的态度。为做到这一点，蕉门俳论提出了四个基本论题和命题。第一就是"虚实"论，提出了"游走于虚实之间"。第二是"雅俗"论，要求将"风"（世俗）与"雅"（高雅）统一起来，"以雅化俗""高悟归俗""入俗离俗"，这样才有"风雅之寂"。第三是"老少"论，提出了"忘老少"的命题，认为只有如此俳人才能有生命与创作之美。第四是"不易、流行"论，提出了"千岁不易，一时流行"的命题，提出俳人要能静观和把握宇宙天地的永恒性与变化性，达成动与静、永恒与瞬间的对立统一。以上四点构成了"寂心"的基本内涵。①

与"寂"的涵义几乎完全相同的还有"侘"（わび）这一概念，只是"侘"多用于茶道艺术领域。除此之外，审美心胸或审美态度的概念还有"诚""狂"等，都受到中国诗学的影响，但是日本人除了"誠"（まこと）是"真实"的意思外，更多地倾向于心之诚，而不是客观真实，因而与其说"誠"是文学真实论的概念，不如说更接近一个审美心胸论的范畴。"狂"指的是一种潇洒、放达、自由洒脱、不拘礼法的

① 王向远：《论"寂"之美——日本古典文艺美学关键词"寂"的内涵与构造》，《清华大学学报》2012 年第 2 期。

精神状态，在这种精神状态下创作的"狂诗""狂歌""狂句"等受到人们推崇并由此形成了"狂态"审美。

第五，"物纷"的创作方法论。

就日本文学而言，无论是"幽玄"的美学形态的形成还是"物哀"的审美感兴的发动，都是由作者的特殊的创作方法决定的。但长期以来，日本古代文论对自己的创作方法的总结、提升和说明明显不够。歌论和汉诗论大都受中国"修辞立诚"论的影响，强调作家要有"诚"，即真实地描写现实生活；物语论中有紫式部的"对于好人，就专写他的好事"的命题，接近"类型化"的创作方法论；戏剧论中有世阿弥的"物真似"的模仿论，还有近松门左卫门的"虚实在皮膜之间"论。这些说法和主张都来自作家们的创作体验，具有相当的理论价值。但在概念的使用和表述上，总体上未脱中国诗学的真实论、虚实论的范畴，更多地带有与中国诗学理论相通的一般性。

具有日本特色的创作论，到了江户时代后期终于出现，那就是荻原广道的"物纷"论。"物纷"论是在"源学"（《源氏物语》研究）中形成的。荻原广道在《源氏物语评释》中，在批判性继承前辈学者安藤为章的"讽谕"论、本居宣长的"物哀"论的基础上提出了"物纷"论。"物纷"（物の紛れ）这个词的字面义就是"事物之纷乱"，意思是事情很复杂、理不清、说不清，是紫式部在《源氏物语》中用来表示主人公私通乱伦行为的委婉用词。作者使用"物纷"一词而不使用"私通""乱伦""不伦"之类表义更明确的词，显然是为了避免对人物的相关行为做出明确的价值判断。安藤为章的《紫家七论》、本居宣长的《紫文要领》中虽然大量使用"物纷"这个词，但指的就是源氏与藤壶妃子的乱伦生子一事，尚没有将这个词概念化。荻原广道则将其初步加以概念化，他在《源氏物语评释》一书中认为：

> 作者（指《源氏物语》的作者紫式部——引者注）又不是露骨地表现报应，而是对人心有深刻的洞察，不是挥笔就是为了表现讽谕，而是按照人性人情的逻辑，写出事情的纷然复杂，同时夹杂着从女人的角度发表的议论，这才是作者之意。……"物纷"就是《源氏物语》的主旨，其他描写都是为了使这"物纷"的描写更加纷然，也可以看作是"物纷"的点缀。只有"物纷"，才是作者的用意所在。自然，作者的意图究竟是什么，如今我们很难知道了。若要强行说清楚，未免自作聪明，所以对此我还是打住不论。读者好好品读，就可以有所体悟吧。[①]

这段话流露出了非常重要的诗学思想，我们可以称作"物纷"论。荻原广道说"'物纷'就是《源氏物语》的主旨"，就已经不仅仅是将"物纷"看作是指代具体的乱伦事件

---

① 〔日〕荻原广道：《源氏物語評釈》，岛内景二等编《批評集成 源氏物語（近世後期篇）》，东京ゆまに书房，1999年，第312–313页。

的词，而是把它提升到了作者的创作"主旨"的高度，强调"只有'物纷'，才是作者的用意所在"，从而将这个词概念化。这是对《源氏物语》中源氏与藤壶妃子、柏木与三公主乱伦事件的描写加以仔细体味而做出的结论。"物纷"的字面意就是"事物纷乱"，特指主人公的乱伦行为。但在作者的笔下，乱伦事件的发生体现了佛教的命定或宿命论，正如古希腊悲剧中的俄狄浦斯王的杀父娶母，那不是俄狄浦斯王个人的过错，而是命运的注定。同样地，《源氏物语》中源氏与继母藤壶乱伦是宿命性的，而源氏的妻子三公主又与人私通，则也是轮回报应的结果。这样一来，主人公的乱伦行为就有了客观性，所以才叫作"物之纷"，而不是"人之纷"。"物纷"的"物"强调的是"纷"的客观性，乱伦行为被作者写成了在宿命与轮回报应中身不由己的行为。这就很大程度地消解了人物的主观之罪。作者将所有人物混乱的性行为都如实地描写出来，但却是作为"物纷"来描写和表现的。事情是什么样子，就写成什么样子，作者不做明确的分析与价值判断。在《源氏物语》中，男女越轨之事从人情上说是可以理解的，而从既定道德上说是错误的；从伦理道德上说是应该否定的，而从美学上说却是有审美价值的；身体是堕落的，心灵是"物哀"的、超越的。当事者是一边做着错事和坏事一边又不断地自责，他们都是不断做着坏事的好人。"物纷"就是乱麻一团，头绪纷繁，说不清、理还乱；理不清，扯不断。"物纷"论指出了事情的这种纷繁复杂性，认为只是将本来就复杂纷然、难以说清、难以明确判断的事情如实地写下来，保持"物纷"

的原样，而不要"解纷"（"解纷"是一个古汉语词，《史记·滑稽列传》使用过），才是作者的用意所在，而且是越写得纷然也就越好。这样即可以呈现人与人情的全部复杂性。因而可以说"物纷"的创作方法所追求的不是西方文学那样的思想"深度"，而是生活本身的"复杂度"。另一方面，"物纷"又可以使作者的倾向性隐蔽起来。一般作者往往忍不住从一己好恶出发对所描写的人与事做出判断，随着时过境迁而越发暴露出自己的浅薄，在"物纷"的创作方法中，这种情况可以很大程度地避免。用"物纷"方法创作作品，读者就很难知道作者的创作意图是什么，但读者只要"好好品读，就可以有所悟"。"物纷"论也点出了文学作品意义的"诗无达诂"的不确定性、模糊性、复杂性，又解释了《源氏物语》的创作方法及艺术魅力之所在，而且与西方及中国文论史上的有关论述也不谋而合。但中西文论中似乎还缺乏"物纷"这样洗练的概念，因而这个概念的理论价值、普遍价值也就更大了。

"物纷"作为创作方法的范畴，强调的是一种如实呈现人间生活的全部纷然复杂性的写作方法和文学观念，近乎当代中国文坛所说的"原生态"写作。实际上，日本作家从古至今大都奉行"物纷"的创作方法。从古代妇女日记文学开始，作者习惯于"原生态"地、赤裸裸地写实，而不做是非对错的判断，谨慎流露观念上的倾向性。这与中国诗学中的强调创作中的想象力的"神思"论大有不同。换言之，日本文学中不少作品让读者感觉只是呈现事物和事情本身，在倾向性和价值判断上却是似是而非、似非而是，不说清楚。读者也不求把一切东西都"强行说清楚"，若真的说清楚了，那就是日本古代文论最排斥的所谓"理窟"，即堕入了大道理的陷阱。"物纷"写法的反面就是所谓"理窟"。只有"物纷"的写法才能避免"理窟"，这体现了日本文学的一个基本特点。

除上述的基本论题及相关范畴外，日本古代文论还涉及文学风格论及文体论等方面的理论探讨与表述。其中，文学本原论的概念是从中国借来的"道"和"气"，同时又对"道"与"气"做了具象性的理解与活用。① 更多的日本文论家将中国哲学中的"心"这一概念改造为文论概念，使文学本原论进一步具有了"唯心"性质。② 创作风格论方面的基本概念，如"风""秀"及"秀逸""秀句"，"妖艳""华""实"及"华实"等，都是从中国诗学中借鉴的，能乐论中还有"花"及"柔枝"（しおり）、"蔫美"（しおたれる）这样的观物取譬的概念，属于日本独特的概念；文体论方面有"姿""体"以及"皮、骨、肉"等从中国文论中借来的概念，但"风姿"和"风体"这样大量使用的概念，在中国文论中并不多见。

最后，对本书翻译出版中的一些具体问题稍做说明。

一、本书早于四五年前，在叶渭渠先生的关心支持下，就

---

① 王向远：《道通为一：日本古典文论与美学中的"道""艺道"与中国之道》，《吉林大学社会科学学报》2009 年第 6 期；王向远：《气之清浊各有体——中日古代语言文学与文论中"气"概念的关联与差异》，《东疆学刊》2010 年第 1 期。

② 王向远：《日本古典文论中"心"范畴及其与中国之关联》，《东疆学刊》2011 年第 3 期。

列入了《东方文化集成》出版计划，但后来因获得国家社科基金后期资助项目的立项资助，按规定其最终成果《日本古代文论选译》（古代卷、近代卷）必须由有关部门统一安排出版。为了落实《东方文化集成》出版计划，"东方文化集成"责编张良村先生与北大"集成"编辑部希望我将古代部分进一步加以增译充实，重新单独编译成书，列入"集成"出版。于是我遵命经过几个月的劳作，编译成《日本古代诗学汇译》。

二、全书分为上下两卷。其中，奈良时代、平安时代、镰仓时代、室町时代为第一卷，江户时代为第二卷。篇目大体按年代排序。

三、本书在已出版的《日本古代文论选译·古代卷》的基础上，增译了若干篇目，特别是把祗园南海、广濑淡窗的两篇日文诗话全文译出，又增加了获原徂徕、获原广道的两篇重要文献，将以前节译的京极为谦的《为谦卿和歌抄》予以全译，选译藤原清辅的《奥义抄》中的一节，增加了《〈古事记〉序》等三篇用汉文写成的篇目，使全书在选目上进一步充实。

四、书中的脚注除特殊注明者外，均为译者针对中国读者的阅读需要而加，同时对日本的各种版本的注释也有所参考。

最后，感谢为本书的问世给予关心、支持、帮助的日本文学翻译家、研究家叶渭渠（已故）和唐月梅先生，著名学者、北京大学《东方文化集成》编辑部樊津芳老师，还有何乃英、张玉安、孟庆枢、黎跃进、李强等诸位教授。

翻译的快感

——《日本古代诗学汇译》代译者后记①

　　翻译是一件苦差事，要照着既定的鼓点起舞，要按照纸上的乐谱演奏，因而与一般的创作比较起来，不够潇洒，不够自主，不够自由。故而有人说翻译是在替处女作"媒婆"，有人说翻译是为新娘做嫁衣，有人说翻译是把自家脑袋租借给了别人。既然是这样，除非迫不得已，有谁愿意去做翻译呢？

　　近来外出参与"翻译史高层论坛"时，和一位老翻译家朋友谈起了翻译的甘苦。我告诉他自己刚刚译完了什么，接着还要继续翻译什么。他听完后说道："翻译这事儿，容易上瘾啊！译完这个还想译那个，译完那个，还想再译那个，没完没了……。"我听罢，知道他也是在夫子自道。但想想自己，岂不是已经上了翻译的"瘾"么？刚刚出版 160 万字的《日本古典文论选译》（古代卷、近代卷），现在又在《古代卷》的基础上进一步增译，搞出了两卷本的《日本古代诗学汇译》；

　　① 本文又载《社会科学报》（上海）2013 年 6 月 27 日第 5 版。

《日本审美系列》四卷出版后又译出了夏目漱石的《文学论》，还跟出版社策划《日本文学原典译丛》，准备把没有汉译本的日本文学与文论的第一流的原典名著陆续翻译出版。

然而，凡有翻译经验的人都知道翻译是个复杂、细致、繁难、单调、累人的活儿。每天伏案埋头按既定的字数，一字字琢磨、一句句推敲，为查找一个生词典故而翻遍好几种辞书；为确定一个译词而搔首挠头，旬日踌躇。一天下来，腰酸背痛，眼花眼涩，有时甚至产生生理上的排斥反应，恶心欲吐。数年如一日地干这种活儿，岂不是自我摧残吗？又何况，翻译这些没多少人会读的、非常小众的古典文学与美学文献，既不能让出版社赚钱，也不能让自己赚稿费；既不能吸引大众读者眼球，也不能让自己出名，这究竟是为了什么呢？

想来想去，虽然如此，到底还是因为在翻译中体会到了"快感"的缘故。

"快感"这物，听上去似乎有点形而下乃至很有点肉体，然而它却是人的一切行为的原初推动力。好像古希腊哲学中有个"快乐主义"流派就持这样的主张，实在不无道理。"快感"是无法形容、说不清楚的，但你可以随时体会到它，感觉到它是否存在，而自己的情绪和状态也在很大程度上被它左右着。做没有"快感"的事也许是人生最大的痛苦、最大的不幸了；反过来说，做事体会到了快感则是最大的幸福。孔子曰"好之者不如乐之者也"，说的差不多就是"越伴随快感，越能把事情办好"这个道理吧。

翻译的快感首先来自文化人的文化责任感，有一种挑战、应战的诱惑。一个有悠久历史文化传统的民族，一个与我们有密切关联的国家，在成百上千年里创作的、蕴含着民族文化奥秘的文本，摆在我们面前已经很久很久了，我们有没有勇气和能力解读它？要不要把它们翻译出来？这是一种无声的挑战，也是无声的诱惑。我在译著《日本意气》（吉林出版集团 2012年）的"译后记"中写过这样一段话，在此还想再引述一下——

> 每当完成一部译作，把外国的有价值的书译成自己母语的时候，相信不少译者都会产生一种"据为己有"的快慰；每当写出一篇译本序言或学术论文，对外国人与外国书"说三道四"的时候，就会有一种"人为鱼肉，我为刀俎"的大快朵颐的甘美与酣畅。是的，在相当长的一段历史时期里，我们曾经缺乏那种随心所欲地译介出版外国书、评说外国事的能力与"余裕"，我们只能被别人说，而自己却不能说别人。活着的无语如同活着的死亡。相反的，一直以来，对中国书与中国事，那些欧美人、日本人却译介得很多、评说得很多。归根结底，翻译外国书，评论和研究外国问题，其实就是一种文化力、思想力的投射。当一个民族沉默寡言、只能任外国人说来道去的时候，他们就只好来做这个世界的随从甚至奴隶了。当一个民族能以语言和思想把握世界的时候，就能做这个世界的主人。如此说来。翻译外国书，研究外国事，其作用和意义不可谓不大。

这话也许说得过于堂皇一点了，但这确实是我对翻译之价值的切身感受。就中国与日本而言，在过去相当长的一段时期内，日本人大规模地翻译中国、研究中国、谈论中国，而中国却没有这样的能力。最近三十年来，情况发生了变化，中国也有能力、有"余裕"大规模地持续翻译日本、研究日本、谈论日本了。在这方面，我们的努力正在与日本相拮抗。而这个过程中，双方的国力、软实力的消长变化也自然而然明显地反映出来。翻译日本、研究日本所带给我们的，自然也是一种前所未有的自豪感和快感。

翻译的快感不仅来自一种文化迎战的责任感，也来自译者对自我价值的实现、对自我独特性的确认。当意识到自己所翻译的东西别人很少愿意翻译、很少能够翻译或自以为由自己来译最合适的时候；当意识到自己所翻译的这些东西是经典名著而不是通俗读物，只有少部分精英读者愿意读、只有少部分精英读者能够读懂的时候；当你想到将有一些读者因为读这些书而进入精英阅读的层面的时候，你怎能不会产生一种精神上的优越感，一种自我实现的快感呢？有人也许因为翻译了畅销书，赚了不少版税而有快感；而我却相反，喜欢为小众的中高端读者写书和译书，为能脱离广大俗众而沾沾自喜。为此哪怕赔本、倒贴也罢。

回想起来，年轻的时候，之所以身在中文系却较少单纯研究中文方面的东西，似乎也与这种想法和趣味有关。那时我就觉得：中文的东西谁都看得懂，与其嚼饭哺人、干别人也能干的活儿，不如找那些绝大多数人看不懂的东西，去看、去翻译、去研究，才觉得有意思。于是我努力学习日本古语，硬啃那些连日本人都不愿读、大都需要借助现代日语译本才能读懂的古典文学，并在二十多年前尝试着翻译出版了井原西鹤的小说集。现在看来，以这种理由选择专业方向，确实有点幼稚、过于感性了。但是没有办法，快感便是一种感性，靠道理是难以说明的。后来一直不间断地死啃日本古文和日本古典文学，兴味渐浓，这六七年间，在繁重的学术研究与写作之余，终于忍不住一再染指翻译，自然也是翻译的快感在驱动。

翻译的快感表现在翻译过程中，就是对艰涩原文的咀嚼和体味。在两种不同语言、两种异质文化对阵对垒的时候，更能充分感受到阅读与理解的诱惑，感受到用母语加以传达的快乐。我体会，翻译日本古典的时候尤其如此。日本古典作品大多用日本古语写成，而日本古语与现代日语的差异比古汉语与现代汉语的差异还要大，且不同时期的文体不同，语法和词汇系统差别也比较大，加上日语表达本身的暧昧，很不好懂，对中国译者而言，翻译难度很大。此前我国的日本古典文学译本，许多是以日本古典作品的现代日语译本作底本的，因而译文与原文相比，便出现了"膨胀"与"增殖"的现象。严格地说，这就不是忠实原作、将原文平行移动到译文中的那种"迻译"，而是添油加醋，变成了解释性、阐发性的"释译"了。"释译"有时候是迫不得已的，但应该尽量减少。直接面对古典原作的"迻译"，在"平移"的过程中固然很不平滑、很涩，但是却也因此增加了翻译的快感。日本美学中有一个重要概念，叫作"涩味"（渋み），除了汉语中的"涩味"的意思之外，还有高雅、脱俗之意。也许是因为"涩味"在许多人的味觉体验中不是一种好味道，因而不为大众所喜好，但能够接受"涩味"并从中体会到美味、美感时，就能获得高雅、脱俗之美；而相比之下，只喜欢"甘味"（甘み）的，便很通俗、很一般了。不妨说，通俗的、与我们没有时代阻隔和文化落差的文本是"甘味"的，困难的文本是带有浓厚"涩味"的。比起"甘味"的文本来，那些"涩味"的文本翻译似乎更能给译者带来挑战，翻译这样的文本，会使译者如同在从未涉足的凹凸不平、崎岖陡峭的山路上长时间行走。这样走下来，虽然脚痛腿酸，却能使人将这段行走长久地刻在记忆里。

翻译的快感是对翻译过程的享受，是为了翻译而翻译，正如为了学术而学术、为了艺术而艺术一样，是一种审美化的境界。现在我们是为了能够出版而翻译，而我们的前辈翻译家们，许多人曾在出版无望的情况下为翻译而翻译。"文革"期间，季羡林先生翻译印度古代史诗《罗摩衍那》的时候，根本没有想到能够出版，他只觉得像这样的名著中国应该有人来译，于是就翻译了，这是单纯地对翻译过程的享受。杨烈先生自述，"文革"期间对《古今集》《万叶集》的翻译使他在最寂寞、最压抑的时候感到了充实和快慰；丰子恺先生译完日本古典名著《源氏物语》还没来得及出版时，"文革"便爆发了，当丰先生的女儿为译作不能出版而叹息时，丰先生却很坦然，表示自己把《源氏物语》翻译出来就感到很满足了。……

翻译的快感，终究还是来自对翻译本身的爱。

2013 年 8 月 31 日

卓尔不群，历久弥新：重读、重释、重译夏目漱石《文学论》
——《文学论》译本序跋[①]

一

20 世纪以来的一百年间，在全世界范围内，由于知识的体系化、专门化、课程化的强烈需求，文学概论、文学原理之类的书层出不穷，至今仍不绝如缕。毋庸讳言，这类书的大部分，要么着眼于知识普及，要么作为教材用于教学，因而在观点和材料上往往流于祖述，缺乏创新。而且越到了晚近，特别是在当今，这类书虽然越写越厚，越写越玄，却常常缺乏创意，不禁令人发出今不如昔之叹。实际上，就人文成果而言，创新与成果出现的时间有先后，但两者之间并没有必然的联系。新出的书未必新，而许多年前出版的旧书却也未必旧。这

---

① 本文是《文学论》（夏目漱石著、王向远译，上海译文出版社，2016 年）译本序跋（最后一小节为跋）。

是我们不能不承认的。

旧书不旧，这里可以举出日本近代文豪夏目漱石（1867—1916年）的《文学论》，该书是作者1903年至1905年在东京大学的讲稿，1907年整理出版，到现在刚好一百年了。一百年，至少经历了三代人，的确是很久了。然而只要读者此前有过"文学概论""文学原理"之类的书籍阅读或课程学习的经验，那么读一读《文学论》就一定会感到惊讶，会没想到夏目漱石是这样论述文学，这样叫人耳目一"新"！例如全书第一编第一章开门见山地说：

> 一般而论，文学内容，若要用一个公式来表示，就是（F+f）。其中，F表示焦点印象或观念，f则表示与F相伴随的情绪。这样一来，上述公式就意味着印象或观念亦即认识因素的F和情绪因素的f，两者之间的结合。

据研究者推断，上述定义中的"F"可能来自英文的Focus或者Focalpoint（焦点），也有人认为来自Fact（事实）；而"f"可能来自feeling（感情）。漱石之所以把F+f放在括号里写成（F+f），是强调两者是不可分的，表示只有两者交互作用而成为一个整体时，它们才能成为"文学的内容"。在漱石看来，人们的各种语言表达，固然都是表现"焦点意识"F的，但仅仅表现F还不成其为文学。他认为，我们平常所经验的印象和观念，大体上可以分为三种：一是有F而无f，即有知性的要素而缺少情绪的要素，例如数学、物理学的公式定律，它仅仅作用于我们的智力而不能唤起我们的情绪；二是伴随着 F 而发生 f，例如我们对于花儿、星星等的观念；三是只有 f，而找不出与其相当的 F，例如莫名其妙、没有缘由地感到恐惧之类。漱石认为，以上三种情况，可成为文学内容的是第二种，即（F+f）的形式，至于第三种情况，文学作品中也有描写和表现，但实际上是 F 的省略，经读者加以想象和补充之后，也可以归为（F+f）而成为文学内容。

虽然我们大部分人都会接触文学，但要说出文学是什么，要给文学下一个定义并不那么容易。世上关于文学的定义五花八门，各有各的角度与立场，而夏目漱石的"文学就是（F+f）"这一定义，明确指出文学就是"认识的因素"（又称"知性的要素"）和"情绪的因素"两者的结合，这大概算是最简约的文学定义了吧。

在漱石《文学论》的定义中，有几个关键词或词组，对于理解全书思路和思想尤为重要。

第一就是所谓"文学内容"。

"文学内容"原文作"文学的内容"。在日语中，"的"字作为结构助词，表示"带有……性质"的、"具有……特征"的意思。"文学的内容"就是"具有文学性的内容"。意即使文学成为文学的基本材料，所以有时又称作"文学的材料"。这里的"内容"是广义上的，并非狭义的"内容"与"形式"二分法意义上的"内容"，而是内容与形式融为一体的"内容"，接近于我们通常所说的文学素材，但素材是需要处理的材料，内容则是处理后的成品状态。在这里，漱石使用的"内容"具有原初意义，就是文学作品本身所承载的全部，简言之，就是文学作品本身。在这个意义上，漱石表述为"文学的内容……就是（F+f）"，也就是文学本身。漱石是在"文学构成论"的意义上，强调文学的"内容"即内部构成，要说明"什么东西可以进入文学""什么材料可以成为文学的材料"，因而才特地表述为"文学的内容"，而没有直接表述为"文学"。由于"文学内容"就是文学本身，所以在《文学论》中没有与"文学内容"相对而言的"文学形式"。全书第四编论述文学创作的修辞方法与艺术技巧，本来属于我们通常所理解的"形式"的范畴，这一编的标题却是"文学内容的相互关系"。依漱石的（F+f）的文学定义，文学的形式问题也是如何处理 F 与 f 的关系问题，因而归根到底也就是如何处理"文学内容的相互关系"问题。这种"内容一元论"的思路，对于解决"内容"与"形式"二分法所带来的"二元对立"的理论困境，是颇为有效的。

第二个关键词，就是"焦点印象或观念"，又称"焦点意识"，漱石用 F 这个字母来表示。

所谓"印象或观念"无疑是心理学概念。"印象"是客观事物在人的大脑中留下的记忆和迹象；"观念"也是客观事物在人的头脑中留下的印象，但比"印象"更有概括性，更带有知性特点。"印象或观念"合在一起称为"意识"，而"焦点的印象或观念"，简言之就是"焦点意识"，因而漱石在后文中更多地使用"焦点意识"一词。漱石借鉴美国心理学家摩尔根的"意识流"理论，认为人的意识是一刻不停地起伏流动着的，"焦点意识"是意识流动起伏过程中的顶点或焦点的部分，也是最明确的部分。意识波动的"焦点"前后，都属于"识末"即意识的边缘和模糊地带。"焦点意识"F在时间上有长有短，范围有大有小。漱石将其划分为三种：一是发生于意识的一瞬间的F，二是某个人一生中某一时期的F，三是社会进化某一时期的F亦即通常所谓的"时代思潮"。在漱石《文学论》的定义中，并非所有的"印象或观念"或"意识"都可以作为文学的内容，而只有"焦点意识"才能成为文学内容。文学家要描写的是自己的焦点意识，反映的是那个社会时代的焦点意识，而读者也是从自己的焦点意识出发，阅读、理解和欣赏文学作品的。漱石的"焦点"论在一定意义上接近左翼社会学文论中的"人的本质""社会本质""时代本质"论，但意识形态语境中的"本质"论往往是一种僵硬不变的价值判断，而"焦点"论则强调流动起伏和推移变化。漱石《文学论》的"焦点意识"这一概念及相关阐述，体现了他对文学的社会根源、心理根源的独特理解。"焦点意识"论没有直接把"现实社会"或"社会生活"作为文学的来源或源泉，而是直接将作为心理内容的"焦点印象或观念"即"焦点意识"作为"文学内容"。漱石并非不承认社会生活是文学的依据和来源，但他没有简单地走机械的"反映论"和"决定论"的思路，而是强调文学作为精神产品，作为人的心理产物的特殊性、复杂性、能动性。由此，漱石将欧洲文论史上长期存在的社会学与心理学、唯物的与唯心的、社会存在与社会意识的二元对立的文学观加以消泯，将两者自然而然地融为一体。

第三个关键词就是"情绪"，用 f 来表示。

在漱石《文学论》的定义中，情绪 f 是伴随着焦点观念 F 的，情绪 f 虽然是依附性的，但 f 的有无和多寡却决定了 F 能否成为文学材料又在多大程度上成为文学材料。漱石所说的"情绪"基本上是"情""感情"的同义词，他把"情绪"看作是文学的决定因素。这与坪内逍遥《小说神髓》"小说主要是写人情"、岛村抱月《文学概论》中"文学内容的主要因素是'情'"的命题是基本相通的，而从社会心理学角度加以透彻阐述，则是漱石"情绪"论的特色。漱石将能够作文学材料的 F 划分为四种：第一种是"感觉 F"，主要存在于自然界，最能唤起人们的强烈的情绪；第二种是"人事 F"，主要存在于人类社会，包括行为善恶、悲欢离合等，若是活生生的具体的人事，也很能唤起情绪；第三种是"超自然 F"，主要是宗教信仰，能够引起人们的强烈的、持久、神秘的情绪；第四种是"知识 F"，主要指有关人生问题的思想观念。"知识 F"因主要诉诸概念，虽能引发情绪 f，但 f 的程度一般较弱，不太适合作为文学材料。他又指出，随着社会历史的发展和个人的成长，F 在不断地增殖，而 f 也随之不断增殖。f 的增殖法则有三：（1）感情转置法，是爱屋及乌、恨屋及乌似的衍生转移；（2）感情的扩大，是伴随着新的 F 而产生的新 f；（3）感情的固执，是 F 本身虽不存在了，f 却迟迟不消失。漱石《文学论》对"情绪" f 的解释始终紧扣（F+f）的文学定义，与对焦点意识 F 的解释密切结合在一起。这样一来，便消除了客观的素材 F 与主观感情 f 的二元性，由通常所假定的对立关系而转为情绪 f 对意识 F 的依附关系，从而消除了情感与理智的对立、题材与素材的对立。

与这个定义相关的第四个关键词是"幻惑"。

漱石所解释的"幻惑"接近于英文的 Illusion，但含义更加丰富，"幻惑"分为"作者的幻惑"和"读者的幻惑"。"作者的幻惑"有诗意的浪漫的幻惑（又称"诗趣的幻惑"）和"写实的幻惑"。"幻惑"指作家可以将平常丑恶的、令人不快的材料经过艺术处理后使读者体味到美感。可以将一个通常认为的坏人写成好人，反之亦然；读者也可以颠倒是非标准，津津有味地欣赏恶人恶行。在这里，"作者的幻惑"有"幻觉""错觉""假象""艺术假象""文学假定""魔幻手法""审美转化""点铁成金""化腐朽为神奇"的意思；"读者的幻惑"就是"直接经验变成间接经验的一瞬间，立刻黑白颠倒，化圆成方"，以至善恶不分、好歹不辨，有"艺术错觉""审美迷误"的意思。比如在欣赏悲剧时隔岸观火、以欣赏他人的痛苦为快乐，享受"奢侈的悲哀"。漱石《文学论》把这些"幻惑"看成是情绪 f 的一种附属特征，情绪 f 本身——无论是作者的情绪、作品的情绪还是读者的情绪——都一定伴随着"幻惑"，文学特征即文学性的多寡是由情绪 f 所决定的，那么就可以说，"幻惑"也是文学本身的特征，甚至"文学的目的"也在于制造"幻惑"。在这一点上文学与科学截然不同，为此，漱石专门设立了第三编"文学内容的特质",将文学的 F 和科学 F 加以比较,特别是联系具体作品和事例详细地区分了"文学之真"和"科学之真"。既然文学及文学之真的特征是"幻惑",那就不要将文学等同于现实人生,不能将人生与文学直接联系起来。

既然文学是"幻惑",文学不同于现实人生,那么文学鉴赏就一定要超越于现实人生,为此,漱石进一步提出了关于文学鉴赏论的概念:"去除自我"或"非人情"。所谓"去除自我",首先是要在文学鉴赏中去除与自己的利害关系的考量,要把从自我观念中所产生的"f"从作品所描写的所有事物中排除出去。其次要去除的是善恶观念和道德判断,而只是追求"崇高感""滑稽感"和"纯美感"。漱石把这个叫作"非人情"或"超道德"。最后是排斥知性判断,特别是指不用现实中的"真"来要求文学之"真",因为对文学而言,"幻惑"本身就是"真",是"文学之真"。"幻惑"就是要求文学鉴赏者沉入艺术家所创作的艺术世界,做纯审美的观照。

论述了文学的"幻惑"的特征之后,《文学论》第四编专门论述"幻惑"的创造,为此,漱石提出了"观念的联想"这一术语。"幻惑"的制造依靠作者的"观念的联想"从而在不同事物中建立联系,就是面对已有的文学材料,"要怎样加以表现,才最能将其诗化或美化(或滑稽化)",这就需要有具体的语言艺术及方法技巧,漱石把这个叫作"文学语法"或"文学修辞法",并提出了如何制造文学之"幻惑"的"文学修辞法",包括"投出修辞法""投入修辞法""以物拟物的联想""滑稽的联想""调和法""对置法""写实法""间隔法"共八种基本修辞方法，并以 18—19 世纪的英国文学作品加以例证。写作《文学论》时，漱石不仅有了大量的阅读体验，而且有了成名作长篇小说《我是猫》及若干短篇小说的创作经验，对文学创作手法或"文学修辞法"有着切身的体会和细致的把握，因此这一部分写得尤为细致精到。例如，第一种方法"投出修辞法"，指的是把自己投射（Project）于外物并以此来说明外物，就是通常所谓的"拟人法"；第二种方法"投入修辞法"，是为了使人类行为状态的印象更加明晰，而把外物投入进去，也就是我们通常所说的"拟物"法；第三种方法"以物拟物的联想"，照原文直译是"与自我脱离的联想"，意即脱离人本身而在物与物之间进行联想；第四种方法"滑稽的联想"，是为了将两个事物联系起来，往往不深究其间的本质联系，只抓住其间的表面的一点类似便加以联想，从而表现出滑稽的趣味。在上述四种方法中，前三种是为表现类似而将两个事物联系起来，第四种是要通过类似性的联系，使人联想到非类似。若把这前者加以扩展，就成为"调和法"；把后者加以延展，便成为"对置法"。

与上述制造"诗趣的幻惑"及相关方法不同，漱石还提出并特别论述了"写实法"，认为写实法要制造的是另一种"幻惑"，就是"写实的幻惑"。他以简·奥斯汀等英国文学有关作品为例，认为写实法就是无论在语言使用还是人物描写上，都要尽可能接近现实的日常生活，"取材淡淡然，表现也是自然而然而不用丝毫的粉饰"，目的是"唤起我们那种对于街坊邻居一般的兴趣与同情"，而不是追求浪漫和奇异，同时还要追求"藏于平淡写实中的那种深刻"。漱石指出，那些浪漫、夸张、雕饰的"诗趣的幻惑"会让我们"目瞪口呆"，而"写实法"则让我们在镜子里看到熟悉的日常生活而使人"目不转睛"。"'目瞪口呆'与'目不转睛'，效果虽不一，但无疑都存在于'幻惑'中"。值得注意的是，漱石仅仅把"写实法"作为"文学修辞法"的一种"方法"，这与后来出现的各种各样的文学概论中的"写实主义"（后来又改译为"现实主义"）的所谓"创作方法"有很大的不同。漱石的"写实法"是与"诗趣的幻惑"相对而言的"写实的幻惑"的表现方法，是"文学修辞法"层面上的，而不是"文学思潮"与文学流派层面上的，更不是意识形态化的"主义"层面上的。

在上述的各种手法之外，漱石《文学论》还提出了与此相关的所谓"间隔论"。漱石认为，"间隔"也是产生"幻惑"的重要手法之一，就是如何处理作者、作品与读者之间的距离问题，是一种叙事的间隔方法。例如，要在时间上缩短距离，作家所惯用的就是"历史的现在叙述"。而漱石着重论述的是"空间缩短法"。"空间缩短法就是把介乎于中间位置的作者的影子藏匿起来，使读者和作品中的人物面对面地坐着。要做到这一点，有两种方法：一是把读者拉到作者旁边，使两者置于同一立场，这时读者的视阈与作者的视阈合而为一，作者的耳朵与读者的耳朵合而为一，如此，作者的存在便不足以妨碍读者的视听了，两重的间隔就会缩短而减其半；二是不把作者拉到读者旁边，而只是作者自己主动地和作品中的人物融为一体，丝毫不露中介者的痕迹，如此，作者便成了作品中的主人翁或副主人翁，或成为在作品世界中生活的一员，读者就可以不受作为第三者的作者的指挥与干预。"对此，漱石以英国文学作品及中国《左传》中的"鄢陵之战"的一段描写为例，作了细致的分析。

漱石《文学论》中的文学修辞论极有特色。他所论述的"观念的联想"方法，包括"投出修辞法""投入修辞法""以物拟物的联想""滑稽的联想""调和法""对置法"，还有"写实法""间隔法"，既是文学鉴赏论也是文学创作技法论。不仅对读者，而且对作家都有参考价值。一般文学概论、文学原理之类的书。由于执笔者的局限，大都只能取文学批评、文学史研究这两个角度，而漱石除了取批评家和文学史家的角度外，同时也站在作家的立场上，以批评家、文学史家、作家的三重角色，详细阐发了文学创作的具体修辞技法，尤其对"怎么写"这个作家最关心的问题讲得头头是道，条分缕析，使得《文学论》成为"写给作家看"的书，这也是漱石的过人之处，也是《文学论》的突出特色之一。

二

就这样，漱石在《文学论》全书的前四编中，围绕着(F+f) 的文学定义，以"文学内容"（文学材料）和"焦点意识""情绪""幻惑"等关键词，从文学创作与鉴赏两个方面阐释了他的文学构成论、文学特性论、文学修辞论。而到了最后一编（第五编），则展开了他的"文学推移论"，由文学的横向的剖析转为文学史纵向发展演变的寻绎和描述。

漱石《文学论》对文学发展演变的描述，仍然紧扣（F+f）的文学定义，提出了"焦点意识的流动""焦点意识的推移""焦点意识的竞争""预期"等一系列命题。他认为，"焦点意识" F 是不断流动的，一个人的成长乃至人类社会发展的过程，都表现为"焦点意识" F 的不断流动和增殖，F 变成了 F'、F''、F'''……乃至 F"，不同的"焦点意识"之间的竞争是"焦点意识"推移的基本动力。他认为，文学所表现的一定是 F，最能反映作家本人的"焦点意识"也最能反映某一时代读者的"焦点意识"。若非如此，那就必然会导致读者的"厌倦"而由"焦点意识"进入"识末"，也就必然会退出文学史的舞台而被新的文学所替代。这就是"焦点意识"的推移亦即文学发展演进的根本原因。而从文学史上看，文学的推移，常常表现为一个时代的"集合 F"又称"集合意识"的推移。漱石所谓的"集合意识"具有社会性和时代性，基本相当于我们通常所说的"社会意识"。它大体可以分为三类，即"模拟的意识""能才的意识"和"天才的意识"。"模拟的意识"以互相模仿来维持稳定，"能才的意识"是少部分人（能才）以其机敏而先人一步，"天才的意识"则是超前的、创造性的。文学是这三种"集合意识"的复杂综合的表现。文学的推移首先为"暗示"的法则所支配，漱石所谓的"暗示"是有预示性、启发性、启示性的东西。他把"暗示"分为六种或四种，是来自过去的暗示、来自现在的暗示，或新的暗示、旧的暗示及其组合。由于接受了这种种暗示的刺激和启发，由于作家在创作中表现出这些"暗示"，就能够打破人们因循守旧的"预期"，而在此之前，人们只能依靠"预期"来维持现状。漱石认为："一方面我们有意欲求新之念，另一面又有怀古守旧之心。这两倾向同时活动，对意识的波动产生影响，那么为这两种倾向所支配而出现焦点内容，在逻辑上就必须如此：不能完全是新的，也不能完全是旧的。当试图移于新的时候，旧的就阻抑之；欲复于旧的时候，新的就遏制之。"因此，推移必须是"渐进的推移"。这种"渐进的推移"中有一些表现为逆势而动的"反动"现象（例如欧洲文学史上的古典主义），但"反动"也是"渐进的推移"的一种表现。或者说，正是"反动"保持了推移的渐进性而不致激进和失控。同时，推移只是人们的"趣味的推移"，因此推移并不一定意味着进步。

漱石的文学推移论正如其他论点一样，依然是独辟蹊径的。他不取社会历史决定论，没有把文学的发展演化直接与社会发展进程联系在一起，而是把文学看成是"焦点意识推移"的表现，是"暗示"的启发在起作用，同时又承认"某一时代焦点意识""集合意识"（集合 F）亦即社会意识对文学推移起着支配作用，因而他也没有忽视社会时代因素。他强调"渐进推移"的原则，对新与旧、传统与现代、革新与继承、激进与反动的复杂互动关系，做出了审慎稳妥的描述和判断。

至此，我们可以把漱石《文学论》的基本内容归纳为：

文学构成论：（F+f）论

文学特性论："幻惑"论

文学鉴赏论："去除自我""非人情"论

文学修辞论："观念的联想"及修辞八法

文学推移论："暗示"论、"集合意识"推移论、"渐进推移"论

还可以把《文学论》基本的逻辑思路和结论概括为：

> 人的"焦点意识"F，必须附带着"情绪"f才能成为"文学内容"或"文学材料"；"情绪"f的附属特征亦即文学的审美特征是"幻惑"；"幻惑"有"诗趣的幻惑""写实的幻惑"，依靠"观念的联想"分别以不同的修辞法及叙事间隔法加以制造；焦点意识F不断流动、竞争，导致"集合F"即社会时代的"集合意识"的推移变化，由此导致文学的推移，这种推移表现为"渐进"的特征。

现在看来，全书的这些基本结论对于大多数专门的文艺理论研究者而言，已经成为共识或者通识，但即便如此，这部充满文学家敏锐感觉和哲学家睿智的《文学论》仍然给人以新鲜感，仍对我们有相当的启发。更值得我们注意的，是《文学论》的特有的概念使用和"论法"（表述方式），还有独特的立场与姿态。

首先，《文学论》不同于此前相关著作的"主义"视角而取"全义"的视阈，突破了特定思潮流派、特定时代语境的束缚，全方位、多角度看待文学。在欧洲各国，各个时代的文学批评与文学研究往往与特定的哲学观点（例如唯物论、唯心论）联系在一起，又与特定的文学思潮、流派结合在一起，大多数是代表某一思潮流派发言，例如古典主义、浪漫主义、写实主义、自然主义等，这就免不了受既定的唯物或唯心的哲学立场、特定的思潮流派、特定"主义"的视阈局限。在日本，比漱石《文学论》早二十年问世的坪内逍遥的《小说神髓》是站在启蒙主义、写实主义的立场写出的文学理论著作，而漱石的《文学论》作为学院派的纯学术著作，则采取了更为超越的立场。构成《文学论》理论出发点的（F+f）的文学定义，以"社会心理学"的方法将社会学与心理学结合起来，将理智因素与情感因素结合起来，以此弥合了唯物与唯心的分野，既承认"焦点意识"的社会性与时代性，又不取社会物质决定论。在此前提下，对不同的文学思潮和流派、对各种"主义"的文学都一视同仁，采取了更为包容的态度。对于古典主义、浪漫主义、写实主义存在的必然性、必要性和局限性，都做了客观公正的分析判断，而对于当时甚嚣尘上的自然主义，也采取了旁观的、冷静分析的态度。对众所信奉的进化论，也从文学的角度表示了质疑，指出新的未必是好的，推移也不意味着进步。

第二，将英国式的文本批评和德国式的逻辑思辨结合起来。漱石《文学论》的一个显著特点，是追求体系性与思辨性，全书形成了较为严密的逻辑构架，使用公式、图标、数字计量等现代科学方法，试图超越此前的印象式、鉴赏式的文学批评，将文学理论加以科学化，体现出了建立"文学科学"或"文艺学"的企图。与以近代德国的黑格尔、法国的丹纳为代表的哲学家、美学家、文论家的精神科学及美学的建构是一致的。但另一方面，《文学论》又没有像德国美学或文艺学那样走纯粹思辨的路子，而是以大量的具体作品文本为例证加以解剖。所有的概念、观点和结论都落实在细致的文本分析的基础上，不做抽象的、架空的论断。因为漱石当时授课的对象是英文学科的学生，因而他直接地、大量地援引英国经典作家作品的原文，如乔叟、莎士比亚、弥尔顿、蒲柏、斯威夫特、爱迪生、华兹华斯、柯勒律治、拜伦、雪莱、丁尼生、勃朗宁、马修·阿诺德、简·奥斯汀、勃朗特、狄更斯、萨克雷、司各特、哈代、吉卜林、罗斯金等，还有古希腊、法国等其他欧洲文学，有时也援引中国古代文学和日本古典文学，每个概念、观点和结论都有具体作品的印证，都是从大量的作品实例分析中概括出来的。而且，漱石对文本的分析常常能够细化到、深入到语言字词的层面，对构成作品之基础要素的语言进行细致的语法、修辞分析，这已经摆脱了英国式的印象批评，事实上是后来的英美"新批评"的先驱。总之，漱石将德国式的体系架构与英国式的文学批评及作品论结合在一起，充分体现出了英国式文学批评的长处，也发挥了德国式思辨的效力。

第三，全面体现了横跨东西的世界文学视野，运用了比较文学的观念与方法。漱石专攻英语和英国文学，对以英国文学为首的西洋文学颇为了解。同时，正如他在《文学论》的自序中所说，他"少时好读汉籍，学时虽短，但于冥冥之中也从'左国史汉'里隐约感悟出了文学究竟是什么。"他在中国文学与英国文学的对照中深有感触地说："我在汉学方面虽然并没有那么深厚的根底，但自信能够充分玩味。我在英语知识方面虽然不能够说深厚，但自认为不劣于汉学。学习用功的程度大致同等，而好恶的差别却如此之大，不能不归于两者的性质不同。换言之，汉学中的所谓文学与英语中的所谓文学，最终是不能划归为同一定义之下的不同种类的东西。"漱石就是这样，作为一个日本学者，以其学贯东西的修养，站在日本文化及文学的立场上，一边玩味着中国古典文学，一边审视着英国文学及西洋文学，形成了横跨东西的世界文学视野与比较文学的观念方法，这一点集中体现在他同时期的另一部著作《文学评论》（原题《十八世纪英国文学研究》，该书汉译本由厦门国际书社 1928 年出版）中，在《文学论》的研究和撰写中也有广泛运用。《文学论》对西洋文学、中国文学、日本文学的作家作品，常常自然而然、信手拈来地加以比较，而且还在文学与艺术（例如绘画）之间，文学与哲学、美学、心理学之间进行跨学科、超文学的比较。可以说，漱石是日本最早一批践行比较文学观念与方法的先行者，在日本比较文学史上也占重要位置。

由于具备了这些特点，《文学论》在 20 世纪初年之前的欧洲与日本的同类著述中异军突起、出类拔萃。在 20 世纪初年之前，从理论上对文学做出如此周密的阐述的著作，是极为罕见的，就日本而言，此前成体系的著作只有坪内逍遥的《小说神髓》，该书1886年出版，比《文学论》早近二十年。《小说神髓》是站在提倡写实主义这一特定立场上的启蒙性、普及性的小册子，面对一直以来的"劝善惩恶"的传统文学观念，《小说神髓》提出"写人情"为主的主张，具有矫枉过正的启蒙主义动机，而夏目漱石的《文学论》则是试图建立科学的文学论体系，以求知益智为目的，是超越流派的纯学术的、学院派的著作。在西方，19世纪德国的黑格尔写出了体系化的《美学》、康德写出了《判断力批判》，法国人丹纳写出了《艺术哲学》，但这些著作都是作为哲学或美学，而不是按"文学理论""文学原理"的思路来构思写作的。至于英国，正如日本现代学者福原麟太郎在《文学和文明》（文艺春秋社，1965年）一书中所说：像《文学论》"这样的科学的演绎的文学理论，在英国是没有的。因为英国人的嗜好主要在于对具体作家作品的鉴赏和批评。对于什么是美，文学何以给人以快乐之类的抽象问题不感兴趣。"德国文学研究家、评论家小宫丰隆在岩波书店版《漱石全集第九卷》所收《文学论》的"解说"中也认为："历史地看，假定在此之前英国、德国等国也出了若干《文学论》，但像漱石《文学论》这样客观地、科学地，特别是动态（dynamic）地对文艺加以研究的著作，可以说不只是日本没有，西洋在那时候也没有。"这些话是可信的。假如当时英国人写出了类似的著作，相信专门去研究英国文学的夏目漱石就只有拜读借鉴，而不会再做重复研究了。现在我们可以肯定地说，漱石的《文学论》是世界范围内第一部超越"主义"和流派的、用"社会心理学"方法写成的、自成体系的文学概论著作。鉴于此，《文学论》刚刚出版两个月时，德国文学研究家、评论家登张竹风就在《评漱石君的〈文学论〉》中认为，《文学论》在理论的全面性和周密性上实属"破天荒"的著作。

诚然，《文学论》的学院派著述的高端品味难以为非专业读者所读懂，因而限制了它在一般读者中的阅读传播，它的读者和影响力远不及坪内逍遥的《小说神髓》。特别是漱石写完《文学论》讲稿后，由学术理论研究转向了小说创作，当出版商要求他拿出来出版时，他因没有更多的时间来修订，便委托一位年轻的大学生中村芳太郎代为校阅整理，包括编辑目录、划分章节。这种事情让学生来做，实在是很不靠谱的，自然也留下了一些遗憾，尤其在章节划分上明显有不合理之处，目录部分的有些标题、用词对内容的概括提炼不到位，全书各章节字数也不平衡，繁简粗细不一，部分段落的论述有些干巴滞涩，等等。这一切都明显带有漱石在序言中所说的"未定稿"的痕迹。

尽管如此，瑕不掩瑜，如今人们都会承认，《文学论》是名著，而且是不可多得的、出类拔萃的名著。大凡名著，盖因两个因素而得名，一是因读者多而有名，二是有独创性、不可替代，因而得名。前者的判断标准是接受人数的多寡，后者的判断标准是学术贡献。漱石的《文学论》的"有名"依赖于后者。随着时间的推移，《文学论》越来越被有识之士所认识。例如川端康成在 1925 年发表的《文学理论家》一文中说："在明治四十年代，夏目漱石根据心理学美学撰写了出色的文学概论，可以说是出类拔萃的。……在夏目漱石以后，我们已经找不到一本值得信赖的文学概论了。"现代著名学者吉田精一在 1975 年出版的《近代文艺评论史·明治篇》中认为《文学论》是"整个明治和大正时代唯一的、最高的、独创的"文学理论著作，"在思想的深刻性上，日本作家和文学家中无人能与漱石相比"，这一点如今也越来越被学者、读者所认识。如今，研究夏目漱石正如中国研究鲁迅一样成为一门热闹的显学；而夏目漱石的著作，多年来在日本读者"爱读书"的调查中常常位居榜首。他的《文学论》一般读者可能不太能读懂，但许多学习者和研究者对此书都兴致勃勃，出版了不少研究《文学论》的成果。

在中国，漱石的《文学论》的中文译本由张我军翻译，于 1931 年在上海出版，周作人写序推荐。虽然现在看来该译本错译、不准确翻译甚多，但对《文学论》在中国的传播是有贡献的。《文学论》中的观点也对中国现代文论有所影响。据方长安《选择·接受·转化》（武汉大学出版社，2003 年）一书的研究，成仿吾在 1922—1923 年间发表的《诗之防御战》等一系列理论批评文章，"对五四以来文学中出现的哲学化、概念化和庸俗的写实倾向，作了批评，提出了自己的救治方案。而如果将他们与夏目漱石的《文学论》相对照，便可发现其诸多立论与《文学论》相同，而这种相同，从基本概念、观点、论述方式等角度看，绝非跨文化语境的巧合，实属直接借用的结果"，这一结论是方长安在做了令人信服的分析后得出的。近年来，中国学者也发表了一些关于《文学论》的研究成果。例如日本文学学者何少贤先生在《日本现代文学巨匠夏目漱石》（中国文学出版社，1998年）一书中，对《文学论》做了较为细致的介绍和分析，有参考价值。林少阳先生在《"文"与日本的现代性》（中央编译出版社，2004年）一书的第二章，专门论述了他对《文学论》的理解，这个理解还引发了争议和争论。对于当代中国读者特别是文学理论研究者来说，漱石的《文学论》很值得细读，值得玩味，值得借鉴，值得研究。如果意识到我们的文学理论长期存在着意识形态的权力话语、"主义"的僵硬立场、西式术语概念的泛滥、陈陈相因的思路框架等，需有所改变，那么漱石的《文学论》的参考价值、启发意义将会更大。

最后，对翻译中的一些具体问题稍做交代和说明：

一、翻译方法上，我一如既往坚持"信"或"忠诚"是第一，能逐译（直译）的地方尽量逐译，少数不能逐译的地方才释译，而翻译出来的东西则必须是纯正的中文。在此前提下，也尽量总体上保持一些原作的风格，甚至不妨带上一些若隐若现的"日本味"。就《文学论》而言，因为曾经用作讲稿，在文字与叙述上，表现出了从容不迫、不紧不慢、娓娓道来的风格，对此应加以整体呈现。

二、《文学论》原文的全书目录中的文字，特别是"章"以下的三级标题用词，有混乱和繁冗之处，我做了若干删减优化处理，相信更能文对其题。

三、在注释方面，原作的注释均为文内注，译者的注释则采用页下注（脚注）的方式。考虑本书是专业的学术著作而不是通俗读物，译者的"脚注"不宜太多，注出的均为重要的人名、事项、术语等。

四、《文学论》原书援引了大量英文作品为例文，这是《文学论》的一个显著特色。对此，译者采用原文照录的方式以保持英文例文的作用与价值，这对今天通晓英文的大量中青年读者来说是必要和有益的。由于所涉及的作品绝大部分都已经有了中文译文或译本，有需要的读者可以按书中的章节提示，找来相关译文加以参照。

三

人生苦短。一个人的著作、译作，都是拿宝贵的生命时光换来的。写什么，译什么，都要考虑是否值得，是否浪费生命，而绝不是随意为之。不知别人是否也这样认为，反正我的看法一贯如此。

翻译夏目漱石的大作《文学论》，需要耗费许多的时日。而且这书是很阳春白雪的、很高端的、很学院派的，完全无法走"群众路线"的，译出来既不会赚什么钱，也不会吸引很多人的眼球，但是我还是自以为值得。

翻译《文学论》，首先是因为我对其作者夏目漱石心仪已久。早就知道他在不长的四十九年的生命中，在更短的十几年的创作生涯中，以其病弱的身体、过人的勤奋、旺盛的思想力与创造力，写出了等身的著作，取得了他人无法超越的成就，成为日本近现代文学的第一人、日本近代文化的代表人物；知道他一生都自觉以自由派的学者与作家身份处世立身，坚持"读自由的书，说自由的话，做自由的事"。他为了这些"自由"，毅然辞去了东京大学的教职，当了自由撰稿人；为了不受政治的束缚，他曾严正"固辞"了日本文部省授予他的名誉博士学位。他一生追求"余裕"的精神境界，守护"则天去私"的人生信条，内不媚权贵、不从俗众；外不媚洋人、不赶西潮，始终特立独行，甚至不怕被人看作"狂人"或"神经病"。我每每感叹像漱石这种人，在日本不多，在中国就更罕见了。

对于漱石的作品，我大学时代就爱读，但当时喜欢的主要是《我是猫》《哥儿》《草枕》《心》等小说。至于他的理论著作，则几乎没有涉及。近年来因为编译《日本古典文论选译·近代卷》才开始系统阅读漱石的文论，竟有"重新发现漱石"的感觉，更觉得他实在是了不起的思想家和文论家。特别是《文学论》，博大精深，新见迭出。过了一百年，如今看上去仍然卓尔不群，真可谓历久弥新。

夏目漱石在序言中称《文学论》是"有闲文字"。相信读者拿到这本书，不管是粗读还是细读，都会相信这不是作者的谦辞或自嘲，它确属"有闲文字"无疑。像这类文学原理、文学概论之类的书，世上有很多，但属"有闲文字"的少。有的在特定历史时期担当了社会启蒙之责，不是"有闲文字"而是"帮忙文字"；有的是为弘扬某种思想与主义而写，立意宣传教化；有的是为做教科书使用，对学生而言，需要记诵考试，也不是"有闲文字"。只有如漱石《文学论》者，才算得上是"有闲文字"。虽然它当初也被用作大学课程的讲稿，但据说效果不佳。可以想象，像这种慢条斯理的节奏，旁征博引、细致入微以至于繁琐的例举分析，在当时刚刚"文明开化"、匆匆忙忙、熙熙攘攘、追名逐利的日本，如何能引起年轻学生们的兴趣呢？说到底，《文学论》只适合那些真正想要弄懂"文学是什么"的人，在很有"余裕"（也就是"有闲"的意思）的悠闲心境下慢慢去读，才能读进去，才能读出滋味来。

读进去了，你就会发现，在《文学论》中，面对文学，漱石就像一个数学家，丈量文学的长长短短、计算其比例尺寸；像个化学家，化验文学的构成成分；像个物理学家，研究文学的存在方式、运动变化的轨迹；又像个心理学家，对作家与作品做心理分析；更是个美学家和艺术鉴赏家，津津有味地指点着哪里美、哪里不美。然而这一切，都只是为了文学而文学，为了求知而求知，此外没有别的功利目的。既不是为自己所信奉的某种"主义"张目，也不是为了言志载道、移风化俗、疗救国民精神，更不是出于遵命或听命，而只是为了说明"文学是什么"。想一想，这样的著作，即便在一贯注重文学理论的中国，究竟有多少呢？可恰恰是因为这一点，《文学论》的价值直到今天也无可替代。读夏目漱石的《文学论》，才能真正明白"文学是什么"，而不是仅仅是明白"文学被认为是什么""文学能做什么""文学做了什么"。所以近些年来,《文学论》被许多人重新认识。无论是在日本还是在中国和欧美,许多人常常提到它,研究《文学论》的文章日见增多,相关的硕士、博士论文也陆续出现了。

实际上,在我国,漱石文论及《文学论》的价值早就被发现和认可了并且早有了译本,那就是1931年由上海神州国光社出版的张我军先生的译本。一贯赞赏夏目漱石"余裕"主张的周作人还为那个译本写了一篇短序加以推荐,说了"读文学书好像喝茶,讲文学原理的书则是茶的研究"之类的话,把《文学论》比作"茶",就等于把读《文学论》比作"喝茶",真是一语中的,点出了"有闲文字"的本质,也点出了文学鉴赏的本质。译者张我军是有成就的文学家、翻译家,翻译态度基本上是认真的。但由于种种原因,该译本出现了大面积的错译,至于不准确的缺陷翻译就更多了。由于作者对原文的理解常常不能到位,只能死译、硬译,涉及古典文学引文的地方,甚至故意跳过去、漏译。加上现代汉语的变迁,那个译本现在看起来已经老化不堪,大部分段落已经莫知所云,难以卒读。但是,在新译本没有出版之前,不懂日文的读者只能读这个中译本;懂日文的固然可以,也应该读日文原作,但原作从内容到表述都相当艰涩难懂,若非老练的读者,真正读懂日文原作恐怕也不容易。

由于上述的种种原因,我下决心重译《文学论》。

和以往其他作品不同,《文学论》大部分的翻译工作是在特殊时间、特殊环境下,忙里偷"闲"地进行的。

两年前(2011年)的7月份,一向以身体健壮自许的父亲忽然被查出肺癌，而且到了中晚期。此后在家乡山东临沂陆续进行化疗、手术和放疗，许多时间需要家人陪护，到了最后几个月，则需要 24 小时轮流守护。为此，两年间我曾多次往返北京与临沂之间。离开北京，离开我的书房，我无法进行正常的研究写作。但做翻译的话，只要带上电脑和原作就可以了。于是，在医院或在医院附近的酒店里，或在父母的家中，在和弟弟、妹妹等陪护照料父亲之余，我就翻译《文学论》。在那些日子里，看着病榻上的父亲被癌细胞折磨得日见消瘦，直到骨瘦如柴，看到他那绝望而又渴望求生的眼神，我忧心、悲伤、无奈之情无以言表，只有坐下来翻译《文学论》的时候，才能使自己的情绪与注意力暂时移开。最终虽已用尽所有的治疗手段，却回天乏术，今年 6 月 24 日父亲去世。在料理丧事、陪伴母亲小住期间，我也依然带着电脑。《文学论》的大部分就是在这种情况下翻译出来的。

现在，《文学论》的翻译终于完稿了。7 月 28 日我到了山东老家的祖坟地为父亲上了五七坟，然后回到了北京的书斋，对译稿做了最后的整理并写出了译本序。在这段时间里，我脑海里经常控制不住地、不断地浮现出父亲的音容，以致不能进行以往那种深度思考。在这种情况下，翻译就成为最适合我做的工作了。我在心里早已默默地把这本译稿献给了我的父亲，因为它见证了我跟父亲在一起的最后一段时光；我也想把译稿献给我的母亲，感谢她对我的无微不至的疼爱。前段时间办完父亲丧事、在临沂家里小住的时候，八十多岁的母亲忍着悲伤每天为我做可口的饭菜，要我待在房间里安心工作。其实，她并不知道我在电脑上敲打些什么，但她历来相信，儿子坐在书桌前做的事情肯定是重要的。

　　当然，最终，《文学论》到底还是属于读者朋友的。我要对读者朋友说：对漱石的《文学论》的翻译，我用心了，尽力了。但无奈能力有限，译得如何，还请您来判断，并不吝批评指正。

2013 年 8 月 10 日

日本美学基础概念的提炼与阐发

——大西克礼《幽玄·物哀·寂》译本序跋①

—

"美学"作为一个从欧洲引进的新学科，早在明治初期就由西周等介绍引进到日本，但从那时一直到大正时代，日本基本上只是在祖述欧洲美学，日本的美学家基本都是德国美学的翻译介绍者。因此可以说，从明治到大正年间的半个多世纪中，作为学术研究，作为一个学科，日本固然是有"美学"的，但却没有"日本美学"，因为他们还没有把日本人自身的审美体验、审美意识及其相关文艺作品作为美学研究的对象。

由"美学"向"日本美学"的发展和演进，是需要基础和条件的，那就是"日本人的精神自觉"。明治维新之前的千年间，日本在精神文化、学术思想方面大都依赖于中国资源，

---

① 本文是《物哀·幽玄·寂》（大西克礼著、王向远译，上海文艺出版社，2017年）的译本序跋（最后一节为跋）。原题为：《日本美学基础概念的提炼与阐发——大西克礼〈幽玄〉〈物哀〉〈寂〉"三部作"及其前后》。

明治维新之后则主要依赖欧美。不过，至少到了 17 至 18 世纪的江户时代，日本思想文化的独立意识也慢慢抬头了。江户时代兴起了一股以本居宣长等人为代表的、旨在抗衡"汉学"的"国学"思潮，本居宣长为了证明"日本之道"不同于中国的"道"，通过分析和歌与《源氏物语》，提出了"物哀"的观念，"物哀"论以主情主义反对中国儒家的道德主义、以唯美主义来抗衡中国式的唯善主义，极大地启发了近代日本文学理论家、美学家的思路。例如，为近代日本小说奠定了理论基础的坪内逍遥的《小说神髓》就大段地引述本居宣长的"物哀论"作为其理论支撑点之一。此后，"物哀"也就成为第一个众所公认的标识日本文学独特性的关键概念。

但是，像日本这样一个一直处在"文明周边"位置、受外来文化影响甚大的国家，要在传统精神文化中发现独特之处、在思想文化方面确认独立性，较之在军事上、政治经济上取得自信力要困难得多，这需要经历一个较长的探索过程。从学术思想史上看，近现代日本人在这方面走过了一个由表及里、由外到内、由物质文化向一般精神文化、由一般精神文化向审美文化的不断发展、深化的过程。

1894 年，志贺重昂（1862—1927 年）出版了题为《日本风景论》的小册子，首次论述日本列岛地理上的优越性，说日本的地理风景之美、地理的优越远在欧美和中国之上。第一次试图从地理、风土的角度确认日本的优越性，以打消日本人一直以来存在的身处"岛国"的自卑感。这种日本地理风土的优越感的论述很快发展为以"日本人"本身为对象的学术性阐发。1899 年，新渡户稻造（1862—1933 年）在美国出版了用英文撰写的《武士道》，怀着一种文化自信向西方人推介日本人引以为自豪的"武士道"，引发了一系列关于日本人、日本国民性的文章与著作的大量涌现，其中正面弘扬的多，负面反省的也有，但无论是弘扬性的还是批判反省的著作，都在强调"日本人"不同于世界其他民族的"独特性"。不久，这种独特性的阐发和研究上升到了最高层次即审美文化的层次，1906 年，美术史家冈仓天心用英文撰写了《茶之书》，向西方世界展示了日本人及其茶道的独特的美，特别是指出了茶道所推崇的"不对称"和"不完美"之美及其与西方审美趣味的不同。

进入 20 世纪 20 年代之后，日本学术界逐渐开始将日本审美文化、审美意识自身作为研究对象。1923 年，和辻哲郎（1889—1960 年）发表了《关于"物哀"》，对本居宣长的"物哀"论做了评述。这或许是现代第一篇将"物哀"这个关键概念作为研究课题的论文。和辻哲郎肯定了本居宣长的"物哀"论"在日本思想史上具有划时代的意义"，指出本居宣长的立论依据是"人情主义"的，并从人情主义的角度对平安时代的"精神风土"做了分析。他认为，平安王朝是一个"意志力不足的时代，其原因大概在于持续数世纪的贵族的平静生活造就了日本人眼界的狭小、精神的松弛、享乐的过度、新鲜刺激的缺乏。从当时的文学艺术作品中可以看出，紧张、坚强、壮烈的意志力，他们完全不欣赏；而对意志力薄弱而引起的一切丑恶又缺乏正确评价的能力，毋宁说他们是把坚强的意志力视为丑恶"。他进一步将平安时代的"物哀"的精神特性总结为："带着一种永久思恋色彩的官能享乐主义、浸泡在泪水中的唯美主义、时刻背负着'世界苦'意识的快乐主义；或者又可以表述为：被官能享乐主义所束缚的心灵的永远渴求、唯美主义笼罩下的眼泪、涂上快乐主义色彩的'世界苦'意识。"① 由此可见，和辻哲郎的《关于"物哀"》实际上是对平安王朝贵族社会的一种"精神分析"，他的基本立场不是美学的，而是文化人类学的，由此他对平安时代的"物哀"文化做出了明确的价值判断，尤其是对"男性气质的缺乏"的不健全的文化状态明确表示了自己的"不满"。这与后来的大西克礼以"体验"的方式阐释"物哀"美学，尽量避免做出非审美的价值判断，其立足点与结论是有所不同的。

接着，作家、评论家佐藤春夫（1892—1964 年）发表了题为《"风流"论》的长文，将"风流"这一概念作为论题。他认为古人所说的"风流"在今天日本人身上仍能发现，仍具有活力和表现力，这在西洋文艺中是看不到的。"风流"就是"散漫的、诗性的、耽美的生活"，"是对世俗的无言的挑战"，认为"风流"中包含着传统的"物哀"（もののあはれ）、"寂枝折"（さびしをり）乃至"无常感"的成分。② 现在看来，这篇随笔风的文章在理论论述上并不深刻，但作者以"风流"这一关键词为研究对象并将"物哀""寂"等日本独

---

① 〔日〕和辻哲郎：《关于"物哀"》（『もののあはれについて』），《思想》杂志 1923 年第 1 期。

② 〔日〕佐藤春夫：《「風流」論》，《中央公论》1925 年第 4 期。

特的审美关键词统摄在"风流"这个概念中，这在思路方法上对后来者是有所影响的，此后陆续出现了栗山理一的《"风流"论》、铃木修次的《"风流"考》等文章。

　　和佐藤春夫交往甚密、同属于当时唯美主义文学阵营的著名作家谷崎润一郎（1886—1965年），在1933年至1934年间陆续发表了系列随笔《阴翳礼赞》。谷崎润一郎将日本人，特别是近世以降的日本人对幽暗、暧昧、模糊、神秘之趣味的审美追求与偏好，以"阴翳"一词概括之。"阴翳"这个词并不像"物哀""风流"那样曾被广泛使用，而是谷崎润一郎的独特用法，在含义上应该相当于传统歌论、能乐论中的"幽玄"，但"幽玄"这个词在进入江户时代以后基本不再使用了。对江户时代的文化无比缅怀的谷崎润一郎看出了江户时代之后的"幽玄"之美的遗存，用"阴翳"一词称之，实际上是将"阴翳"作为一个审美观念、美学概念来看待的。还需要指出的是，谷崎润一郎和佐藤春夫都是当时日本文坛上的唯美主义文学的代表人物，与此前的冈仓天心、和辻哲郎等学者与思想家的立场与方法有所不同，他们的"风流"论和"阴翳"论完全是站在唯美的、审美的立场上的，而且贯穿着作家特有的体验认知。此后的日本美学概念研究从一般的思想史研究的立场转向纯文艺学、美学的立场，将纯理论思辨与体验性的阐发结合起来，谷崎润一郎和佐藤春夫是起了一定的过渡作用的。

二

　　此后，训练有素的专门的文艺学家、美学家登场，开始了对日本传统美学中基础性的审美观念及重要概念的研究。在大西克礼登场之前，主要代表人物有土居光知、九鬼周造、冈崎义惠等。

　　土居光知（1886—1979 年）在《文学序说》（1927 年）一书中，从文学史演进的角度，认为奈良时代的理想的美表现为药师如来、吉祥天女，特别是观音菩萨的雕像所表现出的"慈悲的美妙的容姿"，而到了平安王朝时代，"情趣性的和谐"成为美的理想。在《源氏物语》中，"あはれ""をかし""うるはし""うつくし"等词汇都具有特殊的情趣内容，而其中最主要的是"あはれ"（哀）和"をかし"（可译为"谐趣"）两个词。他指出："あはれ"这个词在《竹取物语》中是"引起同情的""爱慕""怜惜"的意思，在《伊势物语》中是"同情""宠爱""赞叹"的意思，在《大和物语》和《落洼物语》中又增加了"令人怀念"的意思，到了《源氏物语》中其感伤的意味则更为浓厚，多用于"寂寥、无力、有情趣""深情""引起同情的状态""感动""哀伤"的意思。而"をかし"（谐趣）在《竹取物语》和《伊势物语》中是"有趣味"的意思，在《大和物语》和《落洼物语》中是"机智的""值得感佩的""风趣的""巧妙的""有趣的"等意思，在《源氏物语》中又增加了"风流""上品"的意思，《枕草子》中将有深情、寂寥之趣归为"哀"，将热烈、明朗、富有机智的事物归为"谐趣"，而且"哀"的趣味越是发达，谐趣也越是相伴相生；人们越感伤，越要求要有谐趣来冲淡。"哀"中含有"啊"的感叹，"谐趣"中含有"噢"的惊叹。① 土居光知在把"哀"置于平安时代物语文学演进史中予以考察并把"哀"与"谐趣"两个词相对举、相比较，是有新意的，但是他显然主要是从语义学的表层加以概括，至多是从文学理论的层面上而非"美学"的层面上的研究。

进入 1930 年代后，哲学家九鬼周造（1888—1941 年）出版了小册子《"意气（いき）"的构造》（1930 年），第一次将江户时代市井文学特别是艳情文学中常用的一个关键词"意气"（又写作"粹"）作为一个美学词汇来看待并加以研究，分析了"意气"的基本的内涵构造，认为"意气"就是对异性的"献媚""矜持"和"谛观"（原文"諦観"，即审美静观），② 构成了江户时代日本人在"游廓"（花街柳巷）中所追求的肉体享乐与精神超越之间恰如其分的张力、若即若离的美感。九鬼周造将江户时代的市井文学的审美趣味、审美观念用"意气"一词一言以蔽之，这是知识考古学意义上的重要发现。自此，江户时代二百多年间市井审美文化的关键词或基础概念的空缺得以填补。次年，哲学家、美学家阿部次郎

① 〔日〕土居光知：《文学序説》再订改版，岩波书店，1978 年，第 97—98 页。
② 〔日〕九鬼周造：《「いき」の構造》，岩波书店（文库版），1979 年，第 21—29 页。

（1893—1960 年）的《德川时代的艺术与社会》（1931 年）以江户时代的文艺为例，阐述了江户时代的平民文艺如何形成，又如何对后来的日本人产生无形的巨大影响。他断言江户时代的市井文化是一种"恶所文化"，是"性欲生活的美化"和"道学化"，这部书尽管没有提及"意气"等关键词，但所谓"性欲生活的美化"基本上就是九鬼所提炼的"意气"，因而阿部次郎仿佛是从文艺学、文化史的角度对九鬼周造的《"意气"的构造》做了很好的延伸和补充。后来，麻生矶次的《通·意气》，中冶三敏的《粹·通·意气》等一系列关于"意气"的著述和阐释，都是在九鬼周造和阿部次郎的基础上展开和深化的。九鬼周造的《"意气"的构造》在思路与方法上，对后来的大西克礼显然是有影响的。

此外，关于"幽玄"与"物哀"和"寂"等基础概念，在 1940 年代初期大西克礼将其作为日本美学的基础概念加以美学立场上的研究阐发之前，即在 1920 年代后期到整个 1930 年代的十几年间，还有一系列论文陆续发表。其中被研究最多的基础概念是"幽玄"。关于"幽玄"的主要论文有：久松潜一的《镰仓时代的歌论——"幽玄""有心"的歌论》（《日本文学讲座》第 12 卷，1927）、《"幽玄"论变迁的一个动机》（《东京朝日新闻》，1930.1）、《"幽玄"的妖艳化和平淡化》（《国语与国文学》，1930.11—12）、《幽玄论》（《俳句研究》，1938.12），西尾实的《世阿弥的"幽玄"与艺态论》（《国语与国文学》，1932.10），斋藤清卫的《幽玄美思潮的深化》（《国语与国文学》，1928.9），富田亘的《从歌道发展来的能乐的"幽玄"》（《歌与评论》，1933.7），冈崎义惠的《"有心"与"幽玄"》（《短歌讲座》第1卷，1936.6），风卷景次郎的《幽玄》（《文学》，1937.10），钉本久春的《从"幽玄"到"有心"的展开》（《文学》1936.9）和《"妖艳"和"有心"》（《文学》1937.10），竹内敏雄的《世阿弥的"幽玄"论中的美意识》（《思想》，1936.4），吉原敏雄的《歌论中的"幽玄"思想的胎生》（《真人》，1937.2—3）和《幽玄论的展开》（《短歌研究》，1938.4）等。可见，1920—1930年代是"幽玄"的再发现的时代。说"再发现"，是因为"幽玄"这个词不像"哀"或"物哀"那样贯穿于整个日本文学史及文论史，17世纪以后的数百年间，"幽玄"作为一个概念基本不用了，近乎变成了一个死词，以至于上述的谷崎润一郎虽然在江户时代后日本人的生活与作品中发现了普遍存在的"幽玄"的审美现象，却未使用曾在日本五百多年间普遍大量使用的"幽玄"，而以"阴翳"一词代之，可见"幽玄"这一概念是被人遗忘许久了。久松潜一、冈崎义惠等人的研究都从不同角度呈现了历史上"幽玄"的盛况，还对"幽玄"做了现代学术上的解释和阐发。在"幽玄"之外，这个时期对"哀"与"物哀"、"寂"等基础概念的研究也有不少成果，主要有久松潜一《"寂"的理念》（《东京帝大新闻》，1931.6.8）、《作为文学评论的"寂"》（《言语与文学》，1932.2）等；冈崎义惠《"哀"的考察》（《岩波讲座·日本文学》，1935.7）、《"风体"论与"不易、流行"论》（《文化》，1937.5）；风卷景次郎《"物哀"论的史的界限》

（《文艺复兴》，1938.7）；池田勉《〈源氏物语〉中文艺意识的构造》（《国文学试论》，1935.6）；钉本久春《寂》（《文学》，1936.10）；宫本隆运《"物哀"再考》（《国文学研究》，1936.11）；各务虎雄《关于"寂·枝折·细柔"的觉书》（《学苑》，1936.7）；藤田德太郎《"寂""枝折"的意味》（《俳句研究》，1937.1）等等。还有一些研究"虚实"论、"华实"论、"不易·流行"等概念的文章。

在这些研究中，值得特别提及的是久松潜一（1894—1976年）和冈崎义惠（1892—1982年）的贡献。他们是较早、较多涉及"幽玄""物哀"等基础概念研究的现代学者，在大西克礼的"三部作"之前的日本美学基础概念的研究中最有代表性。

久松潜一的研究的立场与视角是"日本文学评论史"，他在单篇论文和课堂讲义的基础上编写了皇皇五大卷的《日本文学评论史》（1937年后陆续出版），成为这个学术领域的开创者和集大成者。久松所说的"评论"就是"文学评论"加"文学理论"的意思，他认为文学评论的基准是文学理论，文学理论的基础是文学评论，日本文学评论的基本特征是：外部形式上是随笔性的，内容上是"非合理"的，也就是非逻辑的、无体系的。因此他认为要对"物哀"这个词的言语构造做出合理的说明是极其不容易的，对芭蕉所说的"不易、流行"的概念做出"变与不变"之类的合理性的说明，也会与芭蕉本人的意思有相当距离。日本文学评论相当博大深厚、丰富多彩，但要使其成为一个体系实在太难了。①基于这种认识，久松潜一在《日本文学评论史》中，主要采取描述性而非逻辑的和体系构建的方法，全书虽然资料丰富，但整体上看是叠床架屋、内容板块相互重叠交织，对"诚""物哀""幽玄""有心∕无心""余情""雅"等一系列基础概念的性质归属与定性、定位也不免有些凌乱，或将它们看作"思潮"，表述为"物哀的文学思潮""幽玄的文学思潮"等；或把它们看作是"理念"，表述为"物哀的理念""幽玄的理念"等；或把它们看作是美的"形态"，表述为"物哀美""幽玄美"之类；或把它们看作是评论用语，表述为"物哀的文学论""'寂'的文学论"，等等。这种情况的出现表明，在"文学评论史"的架构内，既是"文学评论"的概念又是"文学理论"的概念，还要上升为"美学"的概念，就难免会产生这样的定位、定性的诸多分歧。这也说明，这些概念还有待于放在更高的理论平台上加以凝聚和提炼。

几乎同时，冈崎义惠从"日本文艺学"的角度对这些概念做了一定程度的提炼和进一步的阐发。

冈崎义惠是"日本文艺学"这个学科概念的创始者和实践者。那么他的"日本文艺学"与"美学"是什么关系呢？对此他在《日本文艺学》一书的跋文中指出，日本文艺学是以美学为基础的，"日本文艺学在根本上是对美学的应用，同

① 〔日〕久松潜一：《日本文学評論史·綜論 歌論 形態論篇》，东京：至文堂，1969年，第31—36页。

时它又是美学的出发点。日本文艺学的研究将已有的美学研究成果作为阐释的基础，同时，美学又可以从日本文艺学的研究中开辟新的道路。……美学一旦成为一个庞大的不可驾驭的研究领域就会失去中心点，就难以对一个个具体的审美现象加以探究和说明。"而日本美学家一直忙于译介阐释欧洲美学，未能立足于日本之美的研究，所以他提出"日本文艺学"旨在致力于研究日本的美。1935年，冈崎义惠发表了《"哀"的考察》一文，开始了"日本文艺学"的实践，他对历史上的"哀"的使用做了语义学上的考察，他说："我所要探讨的问题并不是指出'哀'使用中的多样性、差异性，而是在多样性与差异性的底层寻求某种本质的统一性，指出这个本质统一性到底是什么。因此要从文献上出现的最初的用例开始，依次探讨该词的用法。这样做，乍看上去似乎只是从语言学史的立场上对词语的意义及历史变迁所进行的研究，但实际上我的目的是要把'哀'在日本文学中如何存在、在日本文学史及文学评论中起何种作用，明确地揭示出来。"[①] 为此他从最早的文献《古事记》与《日本书纪》开始到《万叶集》等和歌，再到平安王朝时代的物语文学中的"哀"的用例做了若干列举和分析。作为《"哀"的考察》的姊妹篇，次年冈崎义惠又发表了题为《"有心"与"幽玄"》（原载《短歌讲座》第1卷，1936.6）的长文，不仅发现了中国和日本文献中许多此前

---

① 〔日〕冈崎义惠：《日本文藝学》，东京：岩波书店，1935年，第440—441页。

从未被发现的"幽玄"用例，还运用了一般日本文学研究者们所忽略的跨学科方法，指出了"幽玄"与中国诗论及与道教、神仙思想和禅宗精神的关联，展现了"幽玄"逐渐日本化的轨迹，认为"这个'幽玄'所表示的不是优美的、现实性的情调，而是崇高和超脱的精神"。① 如此将"幽玄"定位于"崇高"，直接启发了此后大西克礼对"幽玄"的美学定位。总之，冈崎义惠使用的虽然主要还是文献学、语言学的方法，理论概括的高度还不够，但他在"日本文艺学"的框架内对"物哀""幽玄"的考察为这些基础概念进入美学视阈准备了一定的条件。

三

在上述研究的基础上，进入 1940 年代后，美学家大西克礼首次明确地站在"美学"立场上对"幽玄""物哀""寂"三个基础概念进行了较为深入的研究。

大西克礼（1888—1959 年），东京大学美学专业出身，1930 年后长期在东京大学担任美学教职，1950 年退休后埋头于美学的翻译与研究，译作有康德的《判断力批判》等，著有《〈判断力批判〉的研究》（1932 年）、《现象学派的美学》（1938 年）、《幽玄与哀》（1940 年）、《风雅论——"寂"的研究》（1941 年）、《万叶集的自然感情》（1944 年）、《美意

---

① 〔日〕冈崎义惠：《日本文藝学》，东京：岩波书店，1935 年，第 618 页。

识论史》（1950 年）、《美学》（上、下两卷，1960—1961 年）、《浪漫主义美学与艺术论》（1969 年）以及遗稿《东洋的艺术精神》等，是日本学院派美学的确立者和代表人物。

　　大西克礼在学术上最突出的贡献首先在于对日本古代文论中的一系列概念进行了美学上的提炼，最终提炼并确立了三个最基本的审美观念或称审美范畴，就是"幽玄""哀"（物哀）和"寂"。他的基本依据则是欧洲古典美学一般所划分的三种审美形态——"美""崇高"和"幽默"（滑稽），认为日本的哀（物哀）是从"美"这一基本范畴中派生出来的一种特殊形态，"幽玄"是从"崇高"中派生出来的一种特殊形态，"寂"则属于"幽默"的一种特殊形态。这一划分与西方古典美学加以对位和对应，虽然不免显得勉为其难，但在他看来，美学这个学科是超越国界的，"日本美学"或"西洋美学"这样的提法不过是在陈述各自的历史而已。这样划分和对位不管是否牵强，确实解决了日本美学范畴研究中的一个大问题。在大西克礼之前，日本学者大都是将"物哀""幽玄""寂"等范畴与其他范畴，诸如"诚"（まこと）、"谐趣"（をかし）、"有心"、"无心"、"雅"（みやび）、"花"、"风"、"风体"、"风雅"、"风流"、"艳"、"妖艳"、"枝折"（しをり）、寂枝折（さびしをり）、"细柔"（ほそみ）、"意气"（いき）、"粹"（いき）、"通"（つう）等等并列在一起加以研究的。在这种情况下，诸概念之间的级差与结构关系无法理清，一级概念、二级概念、三级概念的层次模糊，日本美学的体系构建便无法进行。大西克礼在这众多的概念范畴中将这三个概念提炼出来冠于其他概念之上，事实上构成了相对自足的"一级范畴"，而其他范畴都是次级范畴即从属于这三个基本范畴的子范畴，这就为日本美学的体系构建奠定了必要的前提和基础。

事实上，在笔者看来，即便不把"幽玄""物哀""寂"与西方的"美""崇高""幽默"相对位，也可以为这三个一级范畴或概念的确立找到基本依据。对此，笔者曾在一篇文章中做过简单的论述，认为：从美学形态上说，"物哀"论属于创作主体论，特别是创作主体的审美情感论，"幽玄"论是"艺术本体"论和艺术内容论，"寂"论则是创作主体与客体（宇宙自然）相和谐的"审美境界"论、"审美心胸"论或"审美态度"论。具体而言；从创作主体论上看，"哀"或"物哀"是一级范畴，而"诚""谐趣""有心""无心"等都属于"物哀"的次级范畴；从艺术本体论上和艺术内容论的角度看，"幽玄"是一级范畴，而"艳""妖艳""花""风"或"风体"则属于"幽玄"的次级范畴；从创作主体与客体（宇宙自然）相和谐的审美境界、审美心胸或审美态度上来看，"寂"是一级范畴，而"雅""风雅""风流""枝折""寂枝折""细柔"则属于"寂"的次级范畴。从三大概念所指涉的具体文学样式而言，"物哀"对应于物语与和歌，"幽玄"对应于和歌、连歌与能乐，而"寂"则是近世俳谐论（简称"俳论"）的核心范畴，几乎囊括了除江户通俗市民文艺之外的日本古典文艺的所有样式。从纵向的审美意识及美学发展史上看，在比喻的意义上可以说，"物哀"是鲜花，它绚烂华美，开放于平安王朝文化的灿烂春天；"幽玄"是果，它成熟于日本武士贵族与僧侣文化的鼎盛时代的夏末秋初；"寂"是飘落中的叶子，它是日本古典文化由盛及衰、新的平民文化兴起的象征，是秋末初冬的景象，也是古典文化终结、近代文化萌动的预告。①

　　大西克礼在三大基础范畴的研究中采取的虽然是各个击破式的相对独立的研究，但他强调其研究重心是在"美学体系的构建方面"，他在《〈幽玄与哀〉序言》中指出："我根本的意图是将日本的审美诸概念置于审美范畴论的理论架构中，进而把这些范畴置于美学体系的整体关联中展开研究。……我在对'幽玄'与'哀'进行考察的时候，始终注意不脱离美学的立场……本书只是暂且把单个独立的范畴从美学的体系性关联中独立出来……"② 他在《风雅论——"寂"的研究》序论中又强调指出：对于"幽玄""物哀""寂"的研究，"重要的不仅仅是把它们相互结合、统一起来，而是要把它们在一个统一性的原理之下加以分化。换言之，要对'幽玄''物哀''寂'这样的概念进行分门别类的美的本质的探究，也就是要从美学理论的统一根据中加以体系性的分化，以便使它们各自的特殊性得到根本性的理论上的说明。"③ 换言之，

---

① 王向远：《论"寂"之美——对日本古典文艺美学关键词"寂"的内涵与构造》，《清华大学学报》2012 年第 2 期。

② 〔日〕大西克礼：《幽玄とあはれ》，东京：岩波书店，1940 年，第 1—2 页。

③ 〔日〕大西克礼：《風雅論——"寂"の研究》，东京：岩波书店，1941 年，第 1—2 页。

三个基础概念的看似孤立的研究实际上是一种"体系性的分化"。

这种"体系性"的追求体现在三个基础范畴的具体研究中，就表现为对语义的结构性、构造性、层次性的追求。大西克礼之前的研究对相关概念的语义固然也做了不少的分析，但大多是平面化的，缺乏层次感的。大西克礼则运用西方美学的条分缕析的方法，对久松潜一所说的那些"非合理"的概念内容进行了"合理"的分析与建构，将相关概念的"意义内容"如层层剥笋般地加以由表及里、由浅入深的剖析，从而呈现出了一个概念的意义结构。

例如，关于"幽玄"，大西克礼认为"幽玄"有七个特征：第一，"幽玄"意味着审美对象被某种程度地掩藏、遮蔽、不显露、不明确；第二，"幽玄"是"微暗、朦胧、薄明"，是与"露骨""直接""尖锐"等意味相对立的一种优柔、委婉、和缓；第三，是寂静和寂寥；第四，是"深远"感，它往往意味着对象含有的某些深刻、难解的思想（如"佛法幽玄"之类的说法）；第五，是"充实相"，是以上所说的"幽玄"所有构成因素的最终合成与本质；第六，是具有一种神秘性或超自然性，指的是与"自然感情"融合在一起的、深深的"宇宙感情"；第七，"幽玄"具有一种非合理的、不可言说的性质，是飘忽不定、不可言喻、不可思议的美的情趣。

关于"哀"，大西克礼认为"哀"这个概念依次有五个阶段（层次）的意味：第一是"哀""怜"等狭义上的特殊心理学的含义。第二是对特殊的感情内容加以超越，用来表达一般心理学上的含义。第三就是在感情感动的表达中加入了直观和静观的知性因素，即本居宣长所说的"知物之心"和"知事之心"，心理学意义上的审美意识和审美体验的一般意味由此产生。第四，"静观"或"谛观"的"视野"超出了特定对象的限制而扩大到对人生与世界之"存在"的一般意义上去，多少具有了形而上学的神秘性的宇宙感，变成了一种"世界苦"的审美体验。于是"哀"的特殊的审美内涵得以形成。第五，"哀"将优美、艳美、婉美等审美要素都摄取、包容、综合和统一过来，从而形成了意义上远远超出这个概念本身的、特殊的、浑然一体的审美内涵，至此，"哀"在意义上达到了完成和充实的阶段。

关于"寂"，大西克礼认为"寂"含有三个层面上的含义。第一，"寂"就是"寂寥"的意思。在空间的角度上具有收缩的意味，与这个意味相近的有"孤寂""孤高""闲寂""空寂""寂静""空虚"等意思，再稍加引申就有了单纯、淡泊、清静、朴素、清贫等意思。第二，"寂"是"宿""老""古"的意思，所体现的是时间上的积淀性，是对象在外部显示出的某种程度的磨灭和衰朽，是确认此类事物所具有的审美价值。第三，是"带有……意味"的意思。也就是说，"寂"（"さぶ""さび"）这个接尾词可以置于某一个名词之后，表示"带有……的样子"的意思，通过这一独特的语法功能作用，就可以将虚与实、老与少、雅与俗等对立的事物联系起来、统一起来，充实其审美内涵。

在三大基础概念范畴的研究中，大西克礼明显受到了德国胡塞尔（Husserl）等人的现象学哲学与美学的影响，注重现象学美学所推崇的"直观""静观""价值意义"等，例如他特别注重研究三大基础概念所内含的"价值"问题，对"价值概念"与"样式概念"加以明确区分，对"价值意义"进行具体阐发；他对以往积淀起来的关于三大概念的知识特别是常识，都用"本质直觉""内在直观"的方法，以"面向事物本身"的审视的态度重新将其放到他的"美学菜板"上加以切分剖析。他践行现象学"凝视于现象，直观其本质"的主张，强调一个概念之所以能够由一般概念上升为审美概念，就在于其中包含了超越性的"静观"或"谛观"的因素。

大西克礼的"三部作"属于纯学院风格的作品，理论概括度较高，思想含量与创新意识较强，语言的哲学化倾向明显（有些表述时有学究气的晦涩），在理论思辨薄弱、容易流于常识化的日本现代学术著作中并不是主流，故而读者不多，更不曾成为畅销书，却具有经久不减的学术价值。后来，研究三大基础概念的著作论文不断出现，只是"物哀"研究有所不振，在"幽玄"研究方面，主要有能势朝次的《幽玄论》（1944 年）、谷山茂的《幽玄的研究》（1944 年）、河上丰一郎的《能的"幽玄"与"花"》（1944 年）、草薙正夫的论文集《幽玄论》等著作；在"寂"的研究方面，主要有山口论助的《日本美的完成——"寂"的究明》（1943 年）、河野喜雄的《寂·侘·枝折》（1983 年）、复本一郎《芭蕉的"寂"的构造》（1974 年）和《寂》（1983 年）等著作，还有河出书房出版的《日本文学的美的理念》（1955 年）和东京大学出版会出版的《日本思想 5·美》（1984 年）两书中的相关文章，都在一些方面有所推进。但总体上看，在研究规模和理论深度方面，似乎还没有出现堪与大西克礼的"三部作"相当的著作。可以说，"三部作"以其创新性的见解、体系性的建构和细致的理论分析，在日本众多的同类研究成果中卓荦超伦，对于读者深入理解日本民族的美学观念与审美趣味，有效把握日本文学艺术的民族特性乃至日本民族的文化心理，都极有参考价值。

从日本美学研究史的角度看，大西克礼的"三部作"所提炼和研究的"幽玄""物哀""寂"，与此前九鬼周造在《"意气"的构造》所提炼和研究的"意气"这一概念，两者一脉相承又异曲同工，共同形成了日本古典美学概念的四大基础概念与范畴，使得研究日本传统审美意识与审美现象的真正的"日本美学"成为可能，从比较美学的角度看，这些概念与中国古典美学诸概念的关系以及两者的比较研究也很有价值，而且，从深化中国古典美学研究的角度来说，如何将我们的一系列范畴如"意境""气韵""风骨""神思"等等进一步予以提炼和分级，使得若干基础概念与其他从属概念形成一种逻辑性的结构关系，从而进一步优化以基本范畴为支点的中国美学的理论体系，相信在这方面大西克礼的"三部作"对我们也会有一定启发。

四

本书是日本著名美学家大西克礼在中国翻译出版的第一部作品专辑。此前，我已经将《"幽玄"论》和《风雅论——"寂"的研究》两书译出并分别编入了《日本幽玄》《日本风雅》这两本以"幽玄"与"风雅之寂"为关键词的多人合集中。此次我又将他的《物哀论》首次译出，与上述两书合在一起编成《幽玄·物哀·寂》，至此，大西克礼的美学三部作得以合璧，也为读者购读提供了方便。

就翻译出版而言，多年来在中国所翻译出版的书，特别是学术理论方面的书，绝大多数是欧美（西方）人的著作。至于文艺理论和美学方面，欧美人的著作在中国几乎是一统天下。这显然是一种失衡的文化生态。实际上，包括日本、印度等在内的东方各国不仅在古代就有悠久丰厚的文论与美学遗产，而且近现代以来这方面的成果也极其丰硕。例如我在本书"译本序"中提到的那些日本学者的著作，绝大部分都没有译成中文出版，这是需要翻译家和出版家予以注意和重视的。我认为，无论从翻译、出版还是读者阅读接受的角度来看，都需要逐渐取得"两种文本"（作品文本与理论文本）、"两方学术"（东方学术与西方学术）之间的充分互补与平衡，而不是顾此失彼或重此轻彼。能够做到这一点的读者，才是真正的地球人和现代人；能够做到这一点的国家，才是世界上真正的"文化强国"。

我在卷首的"译本序"中曾经说过,大西克礼是日本学院派美学的代表人物,在日本现代美学史上是十分重要的人物。然而此人的作品在我国长期未得到译介。近来读到日本学者神林恒道的《美学事始——近代日本美学的诞生》(讲谈社,2006 年;中文译本由杨冰译出,武汉大学出版社,2011 年)一书,作者在《自序》中有这样一段话:

> 从森鸥外介绍哈特曼美学开始,日本的"美学"逐渐发展成"日本美学",比如说,继大冢保治之后担任东京帝国大学美学课程的大西克礼,他的《风雅论——"寂"的研究》就是最早探讨日本固有审美意识的杰作。但是令人费解的是,国外对日本文化及艺术的关注却不在专业的美学研究者的著作上,也就是说他们关注的都是一些"非美学"的美学,比如说西田几多郎、铃木大拙、和辻哲郎、久松真一等人的艺术论及文化论。

这种"令人费解"的情况,在中国的日本美学与文论译介中也长期存在,比如今道友信的《东方美学》《关于美》等书在中国翻译出版较早,中国似乎有不少读者认为那是日本现代美学研究的代表作,而实际上那只是普及性的美学读物而已。现在我们把大西克礼的书翻译过来,既可以让神林恒道先生免除"费解",也可以使中国读者得以窥知日本现代美学研究的独特风貌。既然是"美学"而不是通俗性读物,大西克礼的书就不是那么容易读，但正因如此，也颇有慢读与玩味的价值。我把他的三部代表作翻译出来，首先是让自己慢读和玩味，然后再与读者们分享。在我的心目中，这本书是为希望坐得下来、沉得下去的读者而准备的。书中谈的是日本之美，也是东方之美、人类之美，能在这样貌似枯燥的美学理论著作中获得阅读快感的读者，方可臻于最高的审美境界。

最后需要交代的是，原作中的少量注释都是文内注（用括号随文注出），而没有脚注。本书的脚注全部都是译者所加。考虑到本书并非通俗读物，注释以"少量"和"必要"为宜。书中的《"物哀"论》一篇由我的博士生、曾在大连外国语大学日语专业任教的祝然老师细心校读，在此表示感谢。

2011 年 12 月 31 日

茶、茶道与茶道美学

——《日本茶味》代译序跋①

　　我在一篇文章中曾说过，"以物载文"是以中国为代表的东方文化的一大特点，指的是在某种物质中寄寓、承载了某种精神、某种信念、某种文化。② "茶"作为一种物，最具有"载文"的功能。众所周知，种茶、饮茶起源于中国，往东经朝鲜半岛传到日本列岛，又往西传到印度，后来又进一步西传至欧美，成了一种世界性的重要商品。但是西传的茶主要是作为一种饮料与商品，而传到朝鲜、日本等东亚各国的茶，则以中国文化为基础逐渐形成了茶文化乃至"茶道"。茶道之谓"道"，其核心在于超越种茶的植物学、采茶制茶的农艺学、消食提神的吃茶养生学，而进入更高的"道"的层面。茶道的核心在于品茶。品茶的场合是"茶室"，载体是"茶器"

---

① 本文是《日本茶味》（王向远译，复旦大学出版社，2018 年）的译本序跋（最后一节为跋）。原序共分六小节，在此选收前三节。

② 参见王向远：《"一带一路"与中国的"东方学"》，原载《广西师范学院学报》2016 年第 5 期。

（茶具），创意设计者是"茶人"。品茶的要领在于品出"茶味"，茶味的极致美味在于"涩味"；茶道的社会功能是以茶会友，追求"和、敬、清、寂"的境界，体会"君子之交淡如茶"的孤寂之美即"侘"之美，其最高形式是"侘茶"。由此，茶道成为一种美学修炼，或者它本身就是一种美学，一种生活的美学。茶道美学有着一整套的美学程式与美学理念，体现其美学理念的关键词是"茶人""侘""侘茶""茶味""涩味""茶器"等。要理解茶道及茶道美学，需先从这几个关键词的解析入手。

一、茶味与"苦涩""涩味"

众所周知，"味"是中国诗学、美学中基于味觉体验而形成的一个重要概念。古人云："口舌之味通于道"。"道"是抽象的、超验的感悟，"味"是很具体的味觉感受，但通过味则可以入"道"。"味"与"道"相接，就成了"味道"。在众多的"味"中，"苦味"或"苦涩味"是一种消极的味，从纯粹味觉的角度来说，苦味往往是人们所排斥的、回避的。对于茶，明代朱舜水的《漱芳》有云："先声肇乎鼻端，亲炙在乎唇舌，历乎喉舌，沁乎心脾，盥漱之间，津津乎其有余味。清芳甘美，久而不歇。"[①] 推崇的是茶味的"清芬甘美"。宋徽

---

① （明）朱舜水：《漱芳》，《朱舜水全集》下册，北京：中华书局，1981年，第508页。

宗在《大观茶论》中说："夫茶以味为上。甘香重滑，为味之全。惟北苑、壑源之品兼之。其味醇为乏风膏者，蒸压太过也。茶枪，乃条之始萌者，本性酸；枪过长，则初甘重而终微涩。茶旗，乃叶之方敷者，叶味苦；旗过老，则初虽留舌而饮彻反甘矣。"① 讲的是茶的甘、苦、涩三味，以"苦"与"涩"为下而以"甘香重滑，为味之全"，这是对茶的最一般的味觉判断。在谈到茶味的时候宋徽宗又说："茶之美恶，尤系于蒸芽压黄之得失。蒸太生则芽滑，故色清而味烈；过熟则芽烂，故茶色赤而不胶。压久则气竭味漓，不及则色暗味涩。"② 可见在他看来，"涩"味是茶味中要尽量减免的。"苦"与"涩"虽是两种味，但一般是苦中必有涩，涩中必有苦，味觉相近，故往往被合为一谈，称为"苦涩"。中国的"苦涩"之茶是指茶味的低劣者。宋代释清远《偈颂》有"休粮方子斋兼粥，任运回乡苦涩茶"之句，以劣质的"苦涩茶"比喻艰辛人生。明代张源《茶录》论味云："味以甘润为上，苦涩为下。"③

但是另一方面，中国古人早就在茶味中发现了苦味的独特价值。《诗经·谷风》云："谁谓荼苦？其甘如荠。"意即：谁说荼是苦的？其实它也像荠菜（甜菜）那样有甜味。"荼"多训释为苦菜，但在先秦文献中"荼"与"茶"字相通，可知

① （宋）宋徽宗：《大观茶论》，见杨东甫编《中国古代茶学全书》，桂林：广西师范大学出版社，2011年，第100—101页。版本下同。
② （宋）宋徽宗：《大观茶论》，见《中国古代茶学全书》，第96页。
③ （明）张源：《茶录》，见《中国古代茶学全书》，第263页。

"茶"即是"荼"。这里也可以窥见古人对茶之"苦"与"甘"的辩证认识。陆羽《茶经》说:"其味苦而不甘,槚也;甘而不苦,荈也;啜苦咽甘,茶也。"其"荈""槚"都是茶的异名或者是茶的不同品种,而"啜苦咽甘"亦即刚喝的时候觉得苦,回味之后咽下去就有回甘味,这显然是最理想的茶味。五代时期毛文锡在《茶谱》中论茶味时使用了"味颇甘苦""其味甘苦"之类的表述。"甘苦"本是两种相反的滋味,却也合为一谈。宋人谭处端《阮郎归·咏茶》中云:"明道眼,醒昏迷,苦中甘最奇。"朱熹《朱子语类》卷一三八有载:"先生因吃茶罢,曰:'物之甘者,吃过必酸;苦者,吃过却甘。茶本苦物,吃过却甘。'问:'此理如何?'曰:'也是一个道理。如始于忧勤,终于逸乐,理而后和。'"① 说的是茶之美存在于"甘"与"苦"之间的张力与转换之间。

上述中国的爱茶人对茶的苦味或苦涩味的推崇,与其说来自对苦涩味的爱好本身,不如说是在"甘"与"苦"对立转化的意义上看待"苦"味的价值。在这个过程中赋予了苦涩之味以主观的"精神性",于是苦涩、清苦就成为人的一种生存状态的表征,从而把一种消极的、负面的状态转化为一种积极的、正面的精神状态。苦涩之味固然不是美味,但以苦味、涩味为美味的时候,苦味、涩味就美了;"清苦"固然不是人

---

① (宋)朱熹:《朱子语录》,王星贤点校,北京:中华书局,1986 年,第 3294 页。版本下同。

们都乐于追求的状态，但安于清苦甚至以"清苦"为美的时候，"清苦"就成为积极的了。重要的是，以"苦涩"为美味，就意味着摆脱了"俗味"，从而为人的个性与自由创造了可能，也就接近了审美的状态。

但是，这些还是属于观念层面上的东西。而苦味、苦涩之味本身究竟是不是一种美味呢？苦味、苦涩之味从一般的味觉感受上说，与人的通常的味觉取向是不太相符的。在一般食物中，苦涩的味道基本上是被人排斥的。但是人们逐渐在茶味中发现了苦涩味的独特之美。唐代及唐之前都在茶中添加桂、葱、姜、椒、盐等物，宁愿要咸味、辣味、麻味，也要掩盖苦涩味，可见当时的人们对苦涩是多么地不愿接受。时人饮茶的目的正如唐代诗人、画家顾况在《茶赋》中所写，有"滋饭蔬之精素，攻肉食之膻腻；发当暑之清吟，涤通宵之昏寐"的消食、去腻、祛暑的功能。而寺院中僧人饮茶，则主要是为了提神念经。正如释皎然《饮茶歌诮崔石使君》所言："一饮涤昏寐，情来朗爽满天地；再饮清我神，忽如飞雨洒轻尘。三饮便得道，何须苦心破烦恼……孰知茶道全尔真，唯有丹丘得如此。"饮茶是修行之道，故谓"茶道"（这也许是"茶道"一词的最早用例），这些都不是为了品味茶本身的味道。到了宋代，词人李清照的《鹧鸪天》中有"酒阑更喜团茶苦"之句，说的是苦茶的醒酒功能，宋代仍有许多人延续以往的习惯，但已经有先觉者明确表示，茶味就是茶味，应保持其纯粹的"一味"。如朱熹在《朱子语类》卷十五中就不主张往茶中掺杂他物，指出"一味是茶，便是真"。① 还有不少人对茶本身的苦涩味及其独有的味觉之美慢慢有了感受。更有一些人在不谈"甘苦"转换的情况下直接肯定茶的"苦"味。宋人袁文《瓮牖闲评》卷六中说："自唐至宋，以茶为宝。有一片值数十千者。金可得，茶不可得也。其贵如此！而前古止谓之苦茶，以此知当时全未知饮啜之事。"② 在他看来，此前饮茶者只在茶中品出苦味，谓之"苦茶"，是根本不知道饮茶为何物，只知道茶"苦"而不知"啜苦咽甘"，是不知茶也。或者，是不知"苦茶"之味的妙味，不知茶味之精粹何在。

到了明代，浙江钱塘人田艺蘅作《煮泉小品》，明确向传统的茶味观挑战，否定以前的末茶、饼茶，认为那样的制作方法破坏了茶叶的"真味"，"既损真味，复加油垢，即非佳品，总不若今之芽茶也。盖天然者自胜耳。"③ 极力推崇保持了茶叶苦涩本味的"芽茶"。实际上，明代中期以后，芽茶即煎茶基本取代了以往种种饮茶法而取得了压倒的优势，同时也东传至朝鲜半岛和日本。这不仅是制茶、饮茶方法的转变，更是茶味的转换，意味着东方人在茶味中品出了苦涩之美的至味与美感。中国人还拟人化地把茶称为"清苦先生"，如元人杨维桢有《清苦先生传》一文，明人支中夫作《茶苦居士传》，清代诗人许友（字有介）《春日园居》有"午眠方足新茶苦，啄木

① （宋）朱熹：《朱子语类》，第 304 页。
② （宋）袁文：《瓮牖闲评》，见（清）袁文、叶大庆《瓮牖闲评 考古质疑》，李伟国校点，上海：上海古籍出版社，1985 年，第 65 页。
③ （宋）田艺蘅：《煮泉小品》，《中国古代茶学全书》，第 185 页。

声移嫩叶中"的诗句,写得就是对新茶之苦味的品赏。乾隆帝为"味甘书屋"题诗《味甘书屋》(二首),有"甘为苦对殊忧乐,忧苦乐甘情率然";又作《味甘书屋口号》:"即景应知苦作甘。"自注云:"茶之美,以苦也。"把"苦"作为茶味之美味所在。把"苦""涩""甘"作为茶的三味,三者并列,苦涩之味即成为茶味的应有之味了。

如上所述,中国古人对茶的苦涩味的发现与确认,在后起的日本茶道中得到了进一步的品味、体会并最终形成了"涩味"(渋み)这个概念。"涩味"在汉语中就是单纯的一种味,而在日本茶道中,"涩味"作为一种茶味,作为茶味的精华而被抽象化,涩味是与"华丽""华美""绚烂""光彩夺目"相反的一种朴素、低调的美。在视觉上,"涩味"指的是类似于淡茶垢那样的陈旧而古雅的颜色;在格调、风格上,"涩味"则是指一种朴素淡雅、沉稳高雅的气质表现;在技艺修养上,"涩味"则是指一种练达、纯熟的境界。若说一种颜色是带"涩味"的颜色,则是说这种颜色高雅不俗,具有审美价值;说一种技艺具有"涩味"是说这种技艺已经达到了纯熟的境界;若说一个人是个有"涩味"的人是对这个人的气质风度的高度评价。因而,"涩""涩味"在日语中成为一种美的形态,且是一种最高的美。现代哲学家九鬼周造在其美学名著《"意气"的构造》一书中,从男女身体美学概念"意气"(いき)的角度把"涩味/甘味"作为一组对立的概念,"涩味"则是男女交往中一种高冷的、矜持的、倨傲的姿态并由此而具有一种特殊的魅力。①

对于"涩味"这个词与茶道的关系及其所包含的美学意义，日本现代茶道美学家、"民艺"学科的创始人及理论家柳宗悦在《日本之眼》一文中这样写道：

像"涩"这样平易的词，已经普及到国民中间。不可思议的是，如此简单的一个词却能够将日本人安全地引导到至高、至深的美。总之，这个"涩"字成为全体日本国民所具有的审美选择的标准语，这是多么令人惊讶的事情啊！这也可以作为茶道的巨大功绩来称赞。无论怎样喜好华丽的人都会反省并承认，"涩"的喜好应该更高一等。而且一般人随着年岁的增长，也会逐渐地有偏好"涩"的趣味。最近的一些时尚追逐者认为"涩"是一种古旧之美，与新时代不太相适应了。那只是"涩"与他们本人不太适应，而非"涩"本身的问题。

"涩"并没有在新与旧的二元对立中逡巡徘徊，而是存在于超越了时间的、常有常新的"诚"当中隐含着深深的禅意。带有临济禅师所说的那种理念，即"无事"之美。因其原本就不是造作的美，所以不会因时过境迁而发生变化。其实，在"日本之眼"

① 〔日〕九鬼周造：《"意气"的构造》，见王向远译《日本意气》，长春：吉林出版集团，2012年，第20—26页。

后面有着深厚的传统，在西方是看不到这种传统的。正是"无事"之美才能为将来的文化输入新的内容，才能充分弥补西方的缺陷。日本人岂不应该大力发扬这样的自主之"眼"吗？我之所以如此说，是因为具有如"涩"这一审美标准语的国民，除了东方世界，别处是没有的。①

这段话体现了柳宗悦作为一个艺术家与美学家的高屋建瓴的、敏锐的"审美之眼"。他把"涩味"作为一种"东方世界"的现象来看待，而不仅仅局限在日本来看，是颇有见识的。实际上，如上所说，是中国人在茶文化的发展史上，最早发现了"苦涩"或"涩味"，最早悟出了其独特的审美价值。但有清一代，中国茶文化的创造性一度衰弱，而与此同时，由于宋代日本的僧人、商人来华以及一些华人东渡日本，中国宋代已经很成系统的茶文化便传播到了日本，加上当时日本武士们希求在戎马倥偬中有所放松，于是专门喝茶的房屋"茶室"兴建起来，"茶汤"在日本大行其道，在安土桃山时代即织田信长、丰臣秀吉执政的 16 世纪末开始一直到 17 至 18 世纪的江户时代，日本在中国茶文化的基础上形成了一整套规范、仪式与美学理念，最终完成了"茶道"的建构。其中对茶味的"涩味"的体味以及"涩味"的审美趣味、审美观念的形成，

① 〔日〕柳宗悦：《日本の眼》，见《茶と美》，东京：讲谈社学术文库，2000 年，第 324—325 页。

也是在这个时期完成的。

日本茶道的"涩味"论在 20 世纪初期回返到中国，影响了中国人对茶味的思考。其中，对"苦涩"茶味的审美价值体会最深、表述最剀切的当属周作人。从 1930 年代起，周作人将自己的屋名取为"苦茶庵"并自称"苦茶""苦茶子""茶庵"，且作《苦茶随笔》，编《苦茶庵笑话选》。1934 年发表的《五秩自寿诗》中有"且到寒斋吃苦茶"一句，作为名句令人印象深刻。他还进一步把"涩味"引申到文学创作上，提倡散文写作的"涩味"。他在评论俞平伯的散文集《燕知草》时说："有人称他为'絮语'的那种散文上，我想必须有涩味与简单味，才耐读。"① 周作人的"涩味"概念很具有体验性，因而他并没有对此做学理上的界定，但从他自己的散文创作实践及他所推崇的文章风格来看，"涩味"与"甘味""甘滑"相对，就是不媚俗、有个性，就是在内容与表达上追求适度的阻隔，让读者在阅读中感觉不那么顺畅，却能够慢慢咀嚼回味。又如品苦茶，初入口有股淡淡的苦涩，细品之后则觉余味悠长，这就是文章的含蓄蕴藉，用周作人的话说就是"耐读"。也就是说，"品文"和"品茶"是同一味的。

二、涩味与茶人

茶有"涩味"则美，人有了"涩味"则是审美的人。而

---

① 周作人：《〈燕知草〉跋》，钟叔河编《知堂序跋》，长沙：岳麓书社，1987 年，第 317 页。

中国的"爱茶人"、日本的"茶人"则是有涩味的人的最好代表。

在中国茶文化史上，存在着"爱茶人"这样一群人。任何人只要喜欢茶，能在苦味、涩味中品出茶味之美，都可以成为"爱茶人"。他们虽然是非专业的、不固定的人群，但是在茶文化史上留下芳名的"爱茶人"大都是文人墨客，他们也是中国审美文化创造的主体。对他们而言，茶常常是一种助兴之物，在琴棋书画诸种艺术的创作与欣赏中起到了澡雪精神、提神清气的作用。这一功能与酒相同，但趣味却有很大差异。酒劲冲而浊，茶味淡而清；酒使诗人热血沸腾、慷慨激昂，茶使诗人神清气爽、两腋生风，因而酒诗与茶诗风格也迥然不同。在中国文学与美学史上，茶诗从魏晋时的左思之诗开始，盛于唐宋元明清，至今不衰。唐人卢仝的《走笔谢孟谏议寄新茶》洋洋十九联近三百言，写了收到朋友寄来新茶的欣喜，想到了采茶人采茶的艰辛不易，接着写自己"柴门反关无俗客，纱帽笼头自煎吃"，并且连饮了七碗："一碗润吻喉，两碗破孤闷。三碗搜枯肠，唯有文字五千卷。四碗发轻汗，平生不平事，尽向毛孔散。五碗筋肌骨清，六碗通仙灵。七碗吃不得也，唯觉两腋习习清风生。"该诗因写这七碗茶而被俗称"七碗茶"。卢仝是闭门孤饮，也有聚而群饮的，如清初汪士慎（1686—1759 年）喜欢一边饮茶一边作画。扬州八怪之一高翔（号西塘）为他作画《煎茶图》，汪士慎题诗《自书煎茶图》云：

西塘爱我癖如卢，为我写作煎茶图。

高杉矮屋三四客，嗜好殊人推狂夫。

时余始自名山返，吴茶越茶箬里满。

瓶瓮贮雪整茶器，古案罗列春满碗。

饮时得意写梅花，茶香墨香清可夸。

千蕊万萼香处动，横枝铁干相纷拿。

淋漓扫尽墨一斗，越瓯湘管不离手。

画成一任客携去，还听松声浮瓦缶。

　　此诗写"高杉矮屋"的"三四客"一起饮茶、观画、欣赏茶器、听"松声"，将视觉、味觉、听觉融为一体，所描写的当然不是日本茶道按程式预先准备的那种正式的"茶会"，但"高杉矮屋"酷似日本茶会的茶室，"三四客"也与日本茶会的人数差不多。这种环境、氛围简直就是日本茶道之"茶会"的写照。而其中的"殊人""狂夫"，也与日本"茶人"含义相当接近。虽然中国没有日本那样正式的、例定的茶会，没有职业的茶人，没有专门建造的茶室，但在以茶作为审美中介这一点上是高度一致的；中国的"爱茶人"同时又是诗人或者画家，是美的创造主体，他们与日本"茶人"在本质上也是相同的。

　　"茶人"两字，较早见于白居易《山泉煎茶有怀》："坐酌泠泠水，看煎瑟瑟尘。无由持一碗，寄予爱茶人。"如清人《采茶曲》有"后茶哪比前茶好，买茶须问采茶人"。不论"爱茶人"还是"采茶人"都是一个词组，与日本的所谓"茶人"尚有区别。中国的"爱茶人"没有形成日本"茶人"那样的职业群体，原因有种种，包括贵族家传制度的有无、茶道与佛教禅宗的结合度等。日本的"茶人"是专门从事"茶事"的人士，茶人的茶事包括茶室的建造设计、茶器的鉴赏订制、茶叶的采购与鉴别、茶会的组织、茶艺的展示，等等，这些都需要专门的训练，而且往往有家传。翻查日本的各种词典可见，茶人的定义除了"从事茶事、茶道的人"这个意思之外，还有"别具一格之人""脱俗之人""风流之人"的意思。如《广辞苑》"茶人"条有两个释义：一、喜欢茶的人，精通茶事的人；二、独出心裁的人（変わったことを好む人）、独辟蹊径的人（変わった者好き）。后者的定义实际上与"涩味"相通。换言之，茶人是有"涩味"的人。"涩味"就是不随俗、不从众、独出心裁，但又循规蹈矩，就是孔子所说的"从心所欲不逾矩"。这样的人就是上述汪士慎茶诗中的"殊人""狂夫"。因而，在日语中说一个人是"有涩味"的人，是对一个人品质或气质的高度评价。

日本的茶人，尤其是千利休一派的"侘茶"的茶人，每举行一次茶会，既要按老规矩做又要在既定程式中出新、出其不意，令出席茶会的客人耳目一新。包括露地及茶室的设计、茶室中的凹间（壁龛）的挂轴等摆件的摆放、本次所出示的茶碗等茶器的种类与搭配等，每次都是旧中有新，营造出独特的审美氛围。日本的茶书如《山上宗二记》等，所记录的都是千利休等茶人在这方面的钻研琢磨。茶人的"涩味"就在这里。有"涩味"的茶人就是低调、含蕴、沉稳而又个性鲜明、别具一格、独具匠心。这里面体现出茶人的审美心胸与艺术创造性。

正因为这样，在日本，茶人就成为最有艺术想象力、艺术创造力的一群。茶人们活跃在建筑、绘画、书法、陶瓷器、漆器、插花、工艺品、纺织品乃至美食料理等所有审美生活的领域。对此，冈仓天心在其名著《茶之本》中指出了茶人作为一流的艺术家对日本的艺术与美学的多方面的贡献。他写道：

> 茶人们对于艺术的贡献确是巨大的。他们完全革新了古典建筑和艺术装饰，建立了我们在"茶室"一章中所论述的那种新风格，16世纪以后所建的宫殿和寺院甚至都接受了这种风格。多才多艺的小堀远州在桂离宫、名古屋城、二条城，还有孤蓬庵等建筑里所表现出的自己的天才，就是有力的例证。著名的日本庭院都是茶人设计的。我国的陶瓷如果没有接受茶人的感化，恐怕就不可能有如此高的品质。茶道仪式对茶器制作的要求激发了陶器家们的极大的创造力。……我们的许多纺织品，很多是以设计它们色泽和图案的茶人的名字来命名的。确实，我们看到在所有一切艺术领域，都留下了茶人们天才的开创性的印迹。在绘画和漆器领域中历数他们所作出的巨大贡献也许是多余的。日本最伟大的画派之一就是由茶人本阿弥光悦所开创的，他同时还是著名的漆器艺术家和陶器制作家。……一般认为，整个光琳派都是茶道的

一种表现。在这一画派粗阔的线条中我们能感到自然本身的活力。

　　茶人对艺术的各个领域虽然都有重大影响，但他们对日常生活所产生的支配力更加巨大。不仅是上流社会的礼法习惯，而且在我们普通家庭日常生活细节中，我们都会感到茶人的存在。我们饮食上的配膳法，还有许多精致的料理，都出自他们的创意。他们教导人们穿色泽朴素的衣服，教导我们要以怎样的心境去接触花木。他们强调我们的天性本来就是爱好简朴，并且向我们展示谦让的美德。事实上正是由于他们的教诲，茶道才进入了庶民的生活。①

　　这就是"茶人"，他们是一群有"涩味"的、懂得"涩味"的人。所谓"涩味"，自然不同于"甘味"，往往是一开始不被众人接受的，是最为朴素、最为平常、最为低调的，但是一经茶人的点化，"涩味"却可以使任何事物都带上审美的价值，甚至是使本来不美的东西成为美的东西。例如，千利休曾用衰败的落叶做为"露地"的点缀，有意想不到的审美效果；从野外采来不起眼的野花插在茶室凹间的花瓶中，却胜过那些通常认为的艳丽的花朵；茶釜中的正在烧开的水声，亦即中国古代茶诗中反复吟咏的那种"松风"，在日本茶人精心调

---

① 〔日〕冈仓天心：《茶の本》，《日本の名著 39 冈倉天心》，东京：中央公论社，1971 年，第 310—311 页。

整的火候下，有意识地创造类似"松风"的乐音，成为茶室中的独特的听觉享受。"涩味"不仅是茶味的精华也是茶人的人格精华。

三、涩味与茶器

"涩味"是属于味觉的感受，但"涩味"也可以转化为一种视觉之美。在茶文化及茶道中，"涩味"赋予了茶器独特的视觉上的审美价值。

在中国传统茶文化中，茶器历来受到重视。宋代蔡襄的《茶录》下篇论茶器，以两三句话简述茶焙、茶笼、砧椎、茶钤、茶碾、茶盏、茶匙、茶瓶的样式、材质、用途等，从中可见宋代士大夫虽讲究精致，但主要偏重于实用价值，而对茶器的纯审美的价值则几乎没有触及。宋徽宗赵佶《大观茶论》论罗碾、茶盏、茶笼、茶瓶、茶杓诸种茶器，较之蔡襄的《茶录》更具体些，也主要着眼于实用性，但也可以看出那时贵族雅士对茶器已颇为讲究，实际上超出了一般实用的范畴。而南宋晚期申安老人的《茶具图赞》则不仅关注其使用价值，更将茶器加以诗意化、艺术化，作为审美对象来处理。作者使用拟人手法将宋代的十二种茶器称为"十二先生"，一一冠上人的姓名、字号、官职，各画其形并缀以赞语。赞语明写官之职守暗写其用途。其中一些赞语如对茶瓶"汤提点"的赞语有"养浩然正气、发沸腾之声，以执中之能，辅成汤之德"，如此，将诗情与画意结合起来突显了茶器的观赏价值、艺术价值与美学内涵。这些都对日本的茶器美学产生了影响。到了清代，随着古玩、瓷器、器皿的赏玩风气的浓烈，"爱茶人"对茶器之美有了更多的观照与发现。如清人吴梅鼎的《阳羡名壶赋》，是中国第一篇著名的茶器赞美诗。该诗写到了该壶的颜色变换多样，用水果的颜色、花草的颜色做比，"彼瑰琦之窑变，匪一色之可名"，写到阳羡壶的质地"如铁如石，胡玉胡金"。称赞它的审美价值："备五文于一器，具百美于三停。远而望之，黝若钟鼎陈明庭；追而察之，灿若琬琰浮精英。岂随珠之与赵璧可比，异而称珍者哉?!"

中国茶文化中对茶器的鉴赏及鉴赏趣味深深地影响了日本茶人。日本茶道形成初期，从丰臣秀吉时代所谓豪华的"书院茶"起，从中国进口的各种茶器尤其是唐宋时期的茶器，就成为日本茶会上的展示品乃至炫耀物。可以说，一场茶会的关键环节是本次茶会上拿出什么样的茶器来展示，乃是人们所翘首期待的。当时，一些茶器为众人所称赞，成为天下"名器"，于是人们都想一饱眼福，这个茶器便成为茶会上的"眼目"。但是直到那时，人们对茶器的欣赏趣味主要还是中国式的，看重的是质料的高端、价格的昂贵、做工的白璧无瑕、视觉上的精美精巧、手感触觉的细腻。到了珠光、绍鸥特别是千利休那里，茶器的鉴赏标准变了，变成了"涩味"或简称"涩"。据说武野绍鸥在举办茶会的时候，往往会出其不意地拿出一两件朝鲜人烧制的看上去粗陋的茶碗与中国进口的精致的茶碗摆放在一起，那朝鲜粗茶碗却显出了一种出人意料的独特的美。这种美就是具有涩味的美，简言之就是"涩"之美。

那么，什么样的美是"涩之美"呢？说到"涩"，人们会想到味道上的生柿子一般的涩味，想到声音上那种沙哑，想到形态上缺乏鲜活水灵的那种干涩。在这一点上，"涩"与日本的另一个重要的审美范畴"寂"相近。但是"寂"表现的是无形的内心世界，"涩"字却具有鲜明的体验性。"涩之美"在触觉上较为粗糙，缺少瓷质的玉感；在视觉上表现于形制、颜色与纹样，基本风格是简素、沉静、稍显粗糙的质地、暗淡淳朴而又自然的色调。特别是不规则、不对称之形，因为不是出自模造，所以往往是不太匀称、不太对称的，是手工操作而形成的"自由形"。对此，柳宗悦用了一个概念，叫作"破形"或者"奇数之美"，就是不对称之美，亦即冈仓天心所谓的"不完全的美"、久松真一所说的"对完全之美的积极的否定"。柳宗悦在《奇数之美》一文中从"美是自由"这一前提出发，论述了茶器的"涩之美"的美学根据：

> 假如造型是齐整的，那就事先决定了其完全性，也就没有什么余韵、什么另外的可能性了。也就是说，悬念之类都没有了，自由也就被拒之门外了。其结果，制作的东西是完整无缺的、静止的、被规定的、冷冰冰的。人们（人自身恐怕也是不完全的存在）就会从这种完全的作品中感受到不自由。因为已经切分完了，就没有了无限性的暗示。而美，是必须有余裕的。人们为什么喜爱奇数之美呢？为什么倾心于破形之美呢？就因为人对自由的美有着不懈的追

求，为此就要求具有"不完全"性。茶之美就是不完全之美；而完全之形，却不能成为充分的美之形。①

柳宗悦认为，茶人就是根据这个"涩"的美学标准来鉴定茶器之美的。在他看来，真正美的茶器乃至真正美的器物，绝不是在流水线上按照统一的模式生产出来的那些完全相同、没有个性的物件。而是那些工匠在自由的状态下按照自己的审美感觉所制作出来的东西。这些东西都是一次性的、不可复制的。制作者都是无名之辈，他们在制作时往往是无意识的，既没有美与不美的观念，更没有扬名谋利的打算，而只是以平常之心，以"无事"的心情来制作。使用者也以平常心在日常生活中使用。而恰恰就在这些器物中存在着可以用作茶器的极富有"涩"之美的物件。前辈茶人们早就在高丽人制作的杂器（主要是茶碗、饭碗，通称"高丽茶碗"）中发现了极美的茶道艺术品，其中最有代表性的是流入日本的一批被称为"井户茶碗"的茶碗。日本人一直把"井户茶碗"作为茶器的至高无上的珍宝来看待，因为它是"涩之美"的典型。

而后来日本人苦心孤诣特意制作的精致的茶碗（如最有名的"乐烧"），却无法具备这样的审美价值。因此，最美的茶器、具有"涩之美"的茶器，不是定制的，不是为了美而

---

① 〔日〕柳宗悦：《奇数の美》，见《茶と美》，东京：讲谈社学术文库，2000年，第300页。

刻意制作的，而是由民间的工匠（职人）们偶然而又必然地制作出来的。它们就隐含在民间寻常百姓家的日常用品中，需要艺术家、茶人们去寻找、去发现。而寻找、发现是有标准、有尺度的：

> 这个标尺并不是那么复杂，是世界上最简单的标尺。要问尺子上标记的是什么？那就是一个"涩"字。仅此而已。这就足够了。这个世界上有种种的美的样态，有可爱的、有强有力的、有华丽的、有"粹"①的，都各有其美。根据性情和环境，每个人都各有所求。然而性情若是得以修炼，最终要达到的就是"涩之美"。达于这种美就算到了美的极致，要探寻美的底奥，就有可能到达这里。表示美的奥义固然有种种词汇，但"涩"这一个词就道尽了一切。茶人们的审美趣味都在"涩"字上表示出来了。②

柳宗悦强调："'涩'之美是最高的美，是美的极致。""'涩'这个词除了日语之外，在任何一种其他国家的词典中都没有能够表示这种无上之美的词，而且也无法用复杂的汉语的熟字来表现，也不能用抽象的、知性的词汇来表示。这个来

---

① 粹，日本汉字写作"粋"，音读为"すい"（sui），训读为"いき"（iki），是日本传统美学的重要概念。现代哲学家九鬼周造在其《「いき」の構造》一书中做了阐发。
② 〔日〕柳宗悦：《茶道を想う》，见《茶と美》，东京：讲谈社学术文库，2000年，第150—151页。

自味觉的平常至极的'涩'字，只有东洋的生活才能孕育出来。"此外，我们还需要补充一句："涩"字只有包括中国、日本在内的东方人才能悟出其独特的美，因为它来源于茶味的苦涩，是纯然的茶味的延伸。当茶传到印度、西方的时候，人们为了去除苦涩味便往茶里面添加砂糖、奶等杂物，甚至印度人还像中国唐代人那样，直到今天仍往茶中掺加其他香辛料。在这种情况下，"苦涩味""涩味"就被完全排斥了，又岂能作为一种具有审美价值的美味来品赏呢？而基于东亚茶道的"涩之美"所追求的，正是自然的美也是自由的美，是有缺陷但更有个性的美；换言之，它所体现的天然的质朴是人的自由创造，是难以复制的独特性。

总之，"涩味"或"苦涩味"是古代中国人所发现、所品赏的纯然的茶味，中国人还最早把茶与养生、与佛教禅宗的修行、与诗词绘画陶瓷等艺术样式结合起来论茶中之"涩"，为茶道美学提供了几乎全部的艺术审美的体验，包括茶的味觉、视觉等，赋予苦涩味以精神性与美学价值，由此初步奠定了茶道美学的基础。茶及中国茶文化东传日本之后，日本人对中国的茶之苦涩味进一步加以确认与接受，并把"涩味"作为茶人的人格境界、茶器的美学尺度。到了现代，中国的周作人、日本的冈仓天心、柳宗悦等，又对苦涩味加以美学上的阐释与阐发，最终形成了具有东方美学特色的、基于茶道的"涩味"美学。

四

翻译是我繁忙的写作工作的一种调剂。本书的翻译也是我东方美学特别是茶道美学研究的一项基础工作。为了研究，就要阅读；为了好好地阅读，就要翻译，于是翻译也就成为我的另一种阅读方式，而且是一种最为认真、最为仔细、最为投入的阅读方式。翻译的阅读所提供给我的，是一种全身心的对文本的亲近、理解、感悟与把握。当然，翻译本身也具有独立的、自足的价值。

众所周知，茶文化及茶道文献（茶书），中国有很多。但毋庸讳言，属于植物学、博物学、风土学、养生学意义上的文献居多，而属于美学的文献则少。而日本的茶道文献出现得虽较中国晚，但属于美学层面的文献较多。在这方面，两者可以互参互照互补。

我在本书中所选译的，都是最有代表性的茶道美学的著作。古典的有，近现代的也有。所选篇目大部分为首译。其中，冈仓天心的《茶之本》（又译《茶书》《茶之书》）已经有多种译文，我这里又复译选入，一是因为它很重要，二是因为我相信，复译能够在以前译本的基础上再加优化并可以让有心的读者与旧译对读、比较。（不同译文与原文的对读比较，既是一种阅读也是"译文学"的一种学问。）

在本书的翻译中我深深感到，日本的这些茶道著作一方面都具有很强的学术价值，值得好好加以学术上的阐发；另一方面都写得很美，充溢着知性与感性之美，简直就是超一流的美文。冈仓天心的《茶之本》是慷慨激昂、行云流水、诗意盎然的高台演说；奥田正造的《茶味》是娓娓道来、低声细语、侃侃而谈的炉边话；柳宗悦的《茶之美》篇篇犀利、句句剀切、充满哲学的睿智与艺术家的机警敏锐，发人深省，令人振奋……。我在翻译过程中常常忘记自己是在伏案笔译，仿佛我是在为他们做着同声传译，用我的语言、我的情感和调子将他们复活。

　　"茶味"是需要细细品的，《日本茶味》也如是。

2017 年 12 月 25 日

俳句、俳论、俳味与正冈子规
——《日本俳味》译本序①

一、从和歌、连歌、俳谐连歌到俳谐

俳句，旧称"俳谐"，是日本文学中的一朵奇葩，是世界文苑中清新朴素的小花。它的产生与成长经历了上千年的漫长过程。其名称"俳谐"本来是汉语词汇，《辞源》"俳谐"释义："戏谑取笑的言辞。""戏谑取笑"当然是一种语言技巧和游戏，也含有语言艺术的成分，因此在中国，"俳谐"也是一个文学概念。中国文学中"俳谐文""俳谐诗""俳谐词""俳谐曲"之类的体裁类型概念，都含有对诗文词曲的"俳谐"特性的概括。但是长期以来，俳谐在中国文学中只是一个依托在诗文词曲上的一个概念，它本身并没有成为一种独立的文体样式。在日本，起初"俳谐"这个词和中国的用法一

① 原载正冈子规著，王向远、郭尔雅译《日本俳味》卷首（复旦大学出版社，2018 年）。

样，就是用来标注滑稽谐谑的文学体裁类型，除了"俳谐诗"之外，日本独特的文学样式"和歌"中还有"俳谐歌"这样一类滑稽、谐谑风格的和歌，10世纪初的《古今和歌集》把"俳谐歌"编在了"杂歌"中。

早在平安王朝时代（794—1192年），作为一种高雅的游戏，贵族歌人们将"五七五七七"五句共三十一个字音的短歌（"短歌"是和歌的基础样式），按"五七五"上句和"七七"下句的形式互相唱和，产生了"连歌"，是为"短连歌"。镰仓幕府时代（1192—1333年）又逐渐形成了以36首（称为"歌仙"）为一组、50首（称为"五十韵"）或100首（称为"百韵"）为一组的多人联合轮流吟咏（连歌会）的形式，与起初的"短连歌"相对而言，叫作"长连歌"。又因为"连歌"是把完整的"歌"拆分成"句"加以连锁吟咏，后又被称为"连句"。"连歌"与"连句"的不同称谓表明日本初步有了"歌"与"句"（和歌与俳句）的分别。到了室町幕府时代（1336—1573年）前期，连歌理论家二条良基（1320—1388年）对连歌做了系统的理论阐释，制定了连歌会的种种规则并在连歌理论中最早使用"俳谐"这一概念，把"俳谐"列入连歌的部类。比起传统的和歌来，连歌（连句）虽然也使用文言雅语，也秉承和歌的"物哀""幽玄""风雅""有心"的贵族文学的审美传统，但其本质在于社交性、游戏性、趣味性，故而发展到室町时代末期，趣味性的诙谐滑稽、幽默机智成为连歌的主流，这种连歌被称为"俳谐连歌"。

到了公元16世纪的室町时代末期至江户时代（1603—

1867 年）早期，随着贵族文化的没落和町人（市井）文化的兴起，俳谐连歌也受到市井平民的欢迎。山崎宗鉴（约卒于1553 年）、荒木田守武（1473—1549 年）把"俳谐连歌"中的"发句"（首句）加以独立，使其成为"五七五"三句十七字音的独立体裁并规定这样的俳谐中须含有表示特定季节的词语即"季语"，在风格上则强调通俗、滑稽、谐谑，以自由表达庶民的感受与感情，完成了在创作主体上由贵族向平民的转换。这类脱胎于俳谐连歌的新的样式，被简称为"俳谐"。而在此前，不管是"俳谐歌"还是"俳谐连歌"都是和歌或连歌的一种，和歌的"俳谐"趣味主要表现在题材上，吟咏轻快、谐谑的事物；而"俳谐连歌"的"俳谐"趣味则主要是集体联合吟咏本身所带有的那种社交性、程式性与游戏色彩，因而十分注重集体之间的协调配合、心照而宣、相互接续的技巧与规则。若是这方面做得恰到好处，连歌的俳谐趣味就自然表现出来。

到了 16 世纪后，松永贞德（1571—1653 年）主张俳谐不使用和歌那样的雅语而使用日常俗语，从而使俳谐在语言风格上与传统的连歌相区分，这样的语言就是所谓"俳言"。"俳言"包括了当时的俗语与汉语，是古典和歌和连歌所不用的。主张俳谐使用俳言，就等于跟古典和歌、连歌的"雅言"划清了界限并将"俳谐连歌"的"俳谐"趣味由连歌的集体游戏本身转到语言本身。换言之，不再是此前由多人吟咏的协调配合所产生的俳谐趣味，而是由俳谐语言（俳言）本身产生俳谐趣味。这就从根本上将古典和歌、连歌从贵族文艺样式转变为平民文艺样式，也促使"俳谐"脱离对和歌、连歌的依附从而获得独立，因而很受民众欢迎，形成了所谓"贞门派"。接着，西山宗因（1605—1682年）及其"谈林派"（又作"檀林派"）打破了"贞门派"的一些清规戒律，进一步将俳谐加以庶民化，主张即兴吟咏，以滑稽诙谐的游戏趣味为中心，为此将俳谐的题材范围扩大至日常生活的一切方面，将俳言的范围扩大到民间俗谣、谚语、佛教用语等，甚至有时候还可以突破"五七五"句的限制写"破格"之句。"谈林派"的俳谐虽打破了一切规矩，但也因过于自由随意而逐渐失去艺术规范，只要大体是"五七五"格律便百无禁忌，脱口而出。这样一来，滑稽趣味倒是有，但艺术韵味及文学品位则很难保持了。出现了像井原西鹤的"矢数俳谐"（"矢数"指在特定时间内射箭的箭数）那样的情况，一个人一昼夜可以独吟23500多句，数目惊人，但不免粗制滥造、俚俗不堪了。

在这种情况下，对俳谐的革新势在必行。如何将俳谐从俚俗、浅陋中提升起来使其获得纯正的艺术品位，如何使俳谐由滑稽的语言搞笑成为雅俗共赏、怡情悦性的文学样式，这成为一个时代的课题。就在此时，松尾芭蕉出现了。

二、松尾芭蕉与俳谐的古典化

松尾芭蕉（1644—1696年）之所以被尊为"俳圣"，就在于他及他的弟子（所谓"蕉门弟子"）在实践与理论上把俳谐由一种语言游戏而改造为一种语言艺术。芭蕉把佛教的博大、禅宗的悟性、汉诗的醇厚，以及和歌与连歌的物哀、幽玄与风流等，都有机统一起来，提出了"风雅之诚""风雅之寂"说，对后世影响甚为深远。

所谓"风雅"，指的是俳谐（俳句）这种文体，也指"俳谐"这种文学样式所应具有的基本精神。而"风雅"之所以"风雅"就在一个"诚"（まこと）字，"诚"是"风雅"的灵魂。若没有"风雅之诚"，本来以滑稽搞笑为特征、以游戏为旨归的"俳谐"就只能是一种消遣玩物。关于俳谐之"诚"，芭蕉的弟子服部土芳在其俳论著作《三册子》中有很好的阐述，他写道：

> 俳谐从形成伊始，历来都以巧舌善言为宗，一直以来的俳人均不知"诚"（まこと）为何物。回顾晚近的俳谐历史，使俳谐中兴的人物是难波的西山宗因。他以自由潇洒的俳风而为世人所知。但宗因亦未臻于善境，乃以遣词机巧知名而已。及至先师芭蕉翁，从事俳谐三十余年乃得正果。先师的俳谐，名称还是从前的名称，但已经不同于从前的俳谐了。其特点在于它是"诚之俳谐"。"俳谐"这一称呼本与"诚"字无关。在芭蕉之前，虽岁转时移，俳谐却徒然无"诚"，奈之若何！①

---

① 〔日〕服部土芳：《三册子》，王向远译《日本古代诗学汇译》下卷，北京：昆仑出版社，2014 年，第 631—632 页，版本下同。

服部土芳还对"诚"做了不同角度的阐释。他认为，"诚"首先应该具备审美之心，就是用风雅之心拥抱世界，用审美的眼光关注大自然的一切，特别是要在汉诗、和歌中不以为美的事物中发现美，服部土芳说："献身于俳谐之道者，要以风雅之心看待外物，方能确立自我风格。取材于自然并合乎情理。若不以风雅之心看待万物，一味玩弄辞藻，就不能责之以'诚'，而流于庸俗。"① 又说："汉诗、和歌、连歌、俳谐，皆为风雅。而不被汉诗、和歌、连歌所关注的事物，俳谐无不纳入视野。在樱花间鸣啭的黄莺飞到檐廊下，朝面饼上拉了屎，表现了新年的气氛。还有那原本生于水中的青蛙复又跳入水中发出的声音，还有在草丛中跳跃的青蛙的声响，对于俳谐而言都是情趣盎然的事物。"② 像这样"以风雅之心看万物"就是俳谐之"诚"。而另一方面，"风雅之诚"的"诚"也意味着尊重客观事物的"真"，俳人虽须风雅，但不能太主观，不能过分逞纵"私意"，据服部土芳说，其先师曾说过："松的事向松学习，竹的事向竹讨教。"他认为这就是教导俳人"不要固守主观私意，如果不向客观对象学习，按一己主观加以想象理解，则终究无所学。"服部土芳认为："向客观对象学习就是融入对象之中探幽发微，感同身受，方有佳句。假如只是粗略地表现客观对象，感情不能从对象中自然产生，则物

---

① 〔日〕服部土芳：《三册子》，王向远译《日本古代诗学汇译》下卷，第649—650页。
② 〔日〕服部土芳：《三册子》，王向远译《日本古代诗学汇译》下卷，第634页。

我两分，情感不真诚，只能流于自我欣赏。"① 而"如果不能融入客观对象，就不会有佳句，只能写出表现'私意'的句子。若好好修习，庶几可以从'私意'中解脱出来"。② 由此而提出了"去私"的主张。既要有风雅之心又要去除私意，达到主观与客观融通无碍，自然也就能做到"高悟归俗"。据服部土芳说，"高悟归俗"是其先师芭蕉的教诲，就是教导俳人首先要有"高悟"，也就是对自然与人事的高度的悟性、高洁的心胸、高尚的情操、高雅的趣味，然后再放低身段"归俗"，也就是要求俳人以雅化俗，具有贵族的趣味、平民的姿态。

　　蕉门俳论中的"风雅之诚"也被表述为"风雅之寂"。"寂"（さび，sabi）与"诚"一样，是芭蕉及蕉门俳谐美学的基本概念，两者内涵上有相通之处，但"诚"是心物合一、主客合一乃至天人合一的最高本体。《中庸》曰："诚者天之道，诚之者人之道也。"《孟子》曰："诚者天之道也，思诚者人之道也。""诚"是人所思、所追慕的主体，而"寂"则是"诚"的表现，有了"诚"才会表现为"寂"。同时，"寂"不仅适用于俳谐也适用于其他文学艺术，只是"寂"在俳谐中得到了更为集中的体现。对蕉门俳论中的"寂"论加以分析可以发现，"寂"的内涵构造有三个层面：第一是听觉上的"寂之声"，是"此处有声胜无声"，是在喧嚣中"寂听"，这

---

① 〔日〕服部土芳：《三册子》，王向远译《日本古代诗学汇译》下卷，第650页。
② 〔日〕服部土芳：《三册子》，王向远译《日本古代诗学汇译》下卷，第664页。

是审美之耳，是一种听觉的审美修炼；第二是视觉上的"寂
之色"，就是在陈旧、破损、灰暗、残破的事物上发现美之所
在，这是审美之眼，是视觉的审美修炼；第三是精神内涵上的
"寂之心"，就是在俳谐创作中进行心性的修炼，在"虚与实"
"雅与俗""老与少"和"不易与流行"（变与不变）的对立
调和中追求自由的境界，营造审美的心境。①

　　松尾芭蕉在世时及去世后，影响很大，而且越来越大。蕉
门弟子（最著名的是所谓"蕉门十哲"）对芭蕉的作品不断
加以辑录、品评，对芭蕉的俳论加以理解性阐发，也借此宣扬
自己的创作及理论主张。虽然互相之间有党同伐异之争，但对
芭蕉则都奉若神明。普通俳谐作者都以芭蕉为典范和榜样，芭
蕉的俳谐创作及其风格被尊为"正风"或"正风俳谐"，牢牢
地确立了其典范、正统的地位。

三、正冈子规的芭蕉、芜村论与俳句的近代化

　　但是，进入明治维新后，近代日本社会受到西方文学及文
学理论的强势影响，俳谐与其他文学样式一样，在理论与创作
上也面临着近代化转型。而领导并实现这个转型的，是明治时
代著名文学家正冈子规。

　　正冈子规（1867—1902 年），别名獭祭书屋主人、竹里

---

①　参见王向远：《论"寂"之美——日本古典文艺美学关键词"寂"的内涵
　　与构造》，载《清华大学学报》2012 年第 2 期。

人，著名歌人、俳人、散文作家，出身于松山的藩士家庭。东京大学国文学科肄业，1892 年移居东京根岸，加入《日本》报社创作小说并研究俳谐，提倡俳句革新。同年发表《芭蕉杂谈》，试图打破对松尾芭蕉的偶像崇拜。1895 年在《日本》上连载《俳谐大要》，将写实主义引入俳谐论，认为写实方法最适合于俳句，但同时也不排斥理想（想象），主张将写实与想象统一起来。在此基础上系统讲授了俳句的学习方法与创作要领，详细列举了各种类型的俳句作品进行品评，讨论俳谐创作中应该注意的问题，意在给俳句初学者提供入门书。在日本文学近代文论史上，《俳谐大要》堪与坪内逍遥的《小说神髓》媲美，可以说是"近代俳论中的《小说神髓》"。1898 年正冈子规主编《杜鹃》杂志并以此为阵地继续推进俳句革新。他后来主张将"俳谐"或"发句"定称为"俳句"（はいく），为后世接受和沿用。俳句革新后，正冈子规又进行和歌革新运动。1898 年连载的《致歌人书》提出革新短歌，推崇《万叶集》，贬低《古今和歌集》，对歌坛造成了相当的冲击。1899 年在他的倡议下成立了"根岸短歌会"。子规拥有一大批门人，包括夏目漱石、高滨虚子、河东碧梧桐等，形成了俳句上的"《日本》派"，在日本俳句史上占有核心位置。如果说松尾芭蕉是古代俳谐的偶像与祖师，那么正冈子规就是近代俳谐的本尊。

在俳句革新过程中，如何看待传统与近代的关系是一个根本问题。而如何看待俳谐的传统与如何看待松尾芭蕉及其遗产的问题是密不可分的。子规要实现俳句的近代化，就要与传统的俳谐做一定意义、一定程度的切割，就要触及传统俳谐的偶像松尾芭蕉，就要打破长期以来人们对芭蕉的崇拜。总体上，子规对芭蕉及其门人还是甚为赞赏的，他承认芭蕉在俳句史上的开创性及崇高地位，在《芭蕉杂谈·六》中子规写道："芭蕉之前的十七字诗（连歌、贞门俳谐、檀林俳谐）皆落入俗套，流于谐谑，缺乏文学价值……芭蕉的出世是贞享、元禄年间树起来的一面旗帜，不但使俳谐面目一新，而且也使得《万叶集》之后的日本韵文学面目一新。何况在俳谐的雄浑博大方面，芭蕉之前绝无仅有，芭蕉之后也绝无仅有。"在《俳人芜村》一文中他又认为："芭蕉的创造在俳句史上值得大书一笔，这自不待论，无人能凌驾其上。芭蕉的俳句在其多样的变化、雄浑与高雅的风调上，都可谓是俳句界中的第一流，加之其在俳句上的开创之功，自然博得了无上的赏赞。然而在我看来，他所得的赏赞于他俳句的价值而言，实在是过分的赏赞。"子规反对对芭蕉做过分赞赏，更反对对芭蕉的崇拜。在《芭蕉杂谈·二》中，子规写道：

> ……松尾芭蕉在俳谐界的势力，与宗教家在宗教中的势力非常相似。多数芭蕉的信仰者未必对芭蕉的为人和作品有多少了解，也未必吟咏芭蕉的俳句并与之共鸣，而只是对芭蕉这个名字尊而慕之，即便是在日常的聊天闲谈中说一声"芭蕉""芭蕉翁"或者"芭蕉样①"也正如宗教信仰者口念"大师""祖师"

---

① 样：日语读作"さま"，接尾词，接在人名后面表示尊敬。

等一模一样。更有甚者，尊芭蕉为神，为他建了庙堂，称为本尊，这就不再把芭蕉视为文学家，而是将他看成是一种宗教的教祖了。这种情形，在和歌领域除了人丸（柿本人麻吕——引者注）之外，无有其例。而芭蕉庙堂香火之盛、"芭蕉冢"之多，远远超出任何人。①

显然，子规所言是俳坛的实情。但他只是批判这种现象，却缺乏同情的理解。这是由于子规35岁时就因病去世了，虽然生前付出了常人难有的努力，但因为很年轻，毕竟生活沉潜不够，特别是没有走进日本及东方传统哲学与美学中对芭蕉加以理解，加上他对有关的"俳书"特别是蕉门的俳论著作似乎没有仔细研读。因而，对于芭蕉的"风雅之诚""风雅之寂"的概念、对于芭蕉俳句的"枝折"之姿、对于芭蕉的"高悟归俗""夏炉冬扇"等命题，子规甚至根本未曾触及。芭蕉及"蕉风俳谐"独特的文化美学的蕴涵亦即"俳味"究竟是什么，子规没有看出更没有点出来。他用以理解芭蕉的，只有刚刚传到日本不久的西方文学理论与美学理论。因芭蕉的"风雅之诚""风雅之寂"不在西方的美学理论框架中，所以也被子规严重忽视。在《芭蕉杂谈》中子规对芭蕉的评价，只能根据西方人的社会阶级的观念说芭蕉的创作是"平民化"

---

① 〔日〕正冈子规：《日本俳味》，王向远、郭尔雅译，复旦大学出版社，2018年，第21页。版本下同。

的，属于"平民文学"；又根据西方的"写实主义"观说芭蕉的名作《古池》"是最为本色最为写实的"；还根据西方美学关于"美"的形态（优美、崇高）的定义说芭蕉俳句"雄浑博大"，是"雄壮之美"。由于他对芭蕉及蕉门俳句理论与创作的理解过于单调与偏狭，子规对芭蕉的美学理解与发现就是很有限的了。所以他断言，"我认为芭蕉的俳句有一多半是恶句劣作，属于上乘之作者不过几十分之一，值得称道的寥若晨星"，"芭蕉所作俳句有一千余首，佳句不过二百首"。这些看法虽然过激偏颇，但其动机显然是为了打破芭蕉崇拜从而推动俳句的近代革新，确立近代俳句的新的美学规范。

子规否定了作为偶像的芭蕉后，却只能在古典俳人中寻找到另一种典范，那就是与谢芜村（1716—1783 年）。他在《芭蕉杂谈·补遗》中对芭蕉与芜村做了比较，认为芭蕉并非无人可比，而能够与他匹敌的就是与谢芜村。他说：

> 芭蕉的俳句只吟咏自己的境遇生涯，即他的俳句题材仅限于主观的能够感动自己的情绪以及客观的自己所见闻的风光人事。这固然应当褒扬，但完全从自己的理想出发而将未曾看到的风光、不曾经历的人事都排除在俳句的题材之外，这也稍能见出芭蕉器量的狭小（上世诗人皆然）。然而芭蕉因喜好跋山涉水，也就从实际经历中获取了许多好的素材。后世俳人常安坐桌边又不吟咏经历以外的事物，却自称是奉芭蕉遗旨，实在是井底之蛙，所见不过三尺之天；令人不

忍捧腹。而能够从空想中得出好的题材，作出或崭新或流丽或雄健的俳句并痛斥众人的，二百年来唯有芜村一人。①

在这里，子规根据当时刚从西方引进的"写实""理想"及"写实主义""理想主义"等概念评价芭蕉与芜村，认为俳句应该"写实"，吟咏状写所见之物，也应该表达未曾亲见但通过想象间接体验的事物亦即"理想"的事物，应该是"写实"与"理想"兼备。在《俳人芜村》中，子规更以"写实"与"理想"来评论与比较芭蕉与芜村。从美的形态上，他又把"写实"与"理想"的美表述为"客观的美"和"主观的美"。他认为芜村的俳句既有写实即客观的美也有理想即主观的美，是写实与理想的结合，但芭蕉就没有做到这一点。

芭蕉起初也曾作过像这样不无理想之美的俳句，但自从一度将"古池"之句定为自己的立足之本后，便彻头彻尾地只遵从纪实的方法作句了。而其纪实并非从自己所见闻的一切事物中寻索句作，而是将脱离了自我的纯客观的事物全部舍弃，仅止于以自己为本，吟咏与自己相关联的事物。今天看来，其见识的卑浅实在让人哂笑。这大概是因为芭蕉虽在感情上并

---

① 〔日〕正冈子规：《日本俳味》，王向远、郭尔雅译，第50—51页。

非完全不理解理想之美，但出于"理窟"①的考虑却将理想判定为非美的原因。芭蕉不为当世所知，始终立于逆境却意志坚定、严谨修身，他为人一丝不苟，从不说谎，或许就是因为这样，他在文学上也排斥理想；或者因为他爱读的杜诗多为纪实之作，他便认为俳句也应当如此。②

同时，正冈子规还用"积极的美"与"消极的美"这对概念，来比较芭蕉和芜村。在《俳人芜村》中，他写道：

美有积极与消极之分。所谓积极的美，指的是其意匠壮大、雄浑、劲健、艳丽、活泼、奇警的事物，而消极的美则是指其意匠古雅、幽玄、悲惨、沉静、平易的事物。概言之，东洋的艺术文学倾向于消极的美，而西洋的艺术文学则倾向于积极的美。若不问国别，只以时代区分而言，上代多为消极的美而后世多为积极的美（但壮大雄浑者却多见于上代）。因此，从唐代文学中获得启发的芭蕉在俳句上多用消极的意匠，而后世的芭蕉派也纷纷效仿。他们将寂、雅、幽玄、细柔作为美的极致，这无疑是消极的（芭蕉虽

① 理窟：日本古代文论中的一个概念，意即爱讲大道理、道理的陷阱，认为文学创作应该避免"理窟"。
② 〔日〕正冈子规：《日本俳味》，王向远、郭尔雅译，复旦大学出版社，2018年，第237页。

有壮大雄浑的句作，却并未传于后世）。因此学习俳句的人将消极的美作为美的唯一而加以崇尚，看到艳丽、活泼、奇警的俳句，则视之为邪道，以为是卑俗之作。这恰如醉心于东洋艺术的人以为西洋艺术尽属野卑而加以贬斥一样。①

像这样把"美"分为"积极"和"消极"两种形态，提出"积极的美"与"消极的美"的概念，似乎也不见于西方美学史。这是否为正冈子规自己的心得发明，尚待考察。但可以肯定的是，"积极"与"消极"是西语的译词，其中带有西方思想即西方式的价值判断的意味是毋庸置疑的。他以此来评价芭蕉的俳谐美学乃至整个日本传统美学，认为"寂、雅、幽玄、细柔"都属于"消极之美"，虽然他承认"我们难以对积极的美与消极的美加以比较并进行优劣判断，两者同为美的要素，这自不待论。从其分量而言，消极的美是美的一面，而积极的美则是美的另一面"，但是，他认为在日本传统文学中，在以芭蕉为代表的俳谐中，消极之美一直占了主流，甚至"将消极的美视为美的全部"。从矫枉过正的角度，子规显然是推崇"积极之美"而贬低"消极之美"的。他认为芜村比芭蕉更多"积极之美"。另外，他认为在描写"人事之美""复杂之美"与"精细之美"方面，在语言的运用方面，芜村

---

① 〔日〕正冈子规：《日本俳味》，王向远、郭尔雅译，复旦大学出版社，2018年，第223页。

也都胜于芭蕉。总之，"芜村的俳句技法横绝俳句界，以致芭蕉、其角均不能及"。

由以上分析可见，正冈子规对俳句的革新的基本策略就是打破芭蕉这尊俳坛偶像，以"写实之美"与"理想之美"、"积极之美"与"消极之美"之类的来自西方的美学标准，对芭蕉及传统的俳谐美学作重新估价，提倡俳句创作"写实"与"理想"的结合，推崇"积极之美"，为此而将江户时代的另一位俳人与谢芜村作为俳句的新的美学典范加以推崇。子规的俳论对传统有继承更有反逆，在俳谐美学的趣味上显示了与芭蕉及蕉风俳谐的一定程度的断裂，开辟了俳句史上的"近代"。

子规因肺病早逝，但他的俳句革新的精神被其弟子们继承下来，高滨虚子（1874—1959 年）主要继承了子规的写实论及写生论，推行稳健的俳句革新，使《杜鹃》杂志成为日本俳句史上历史最为悠久、影响最大的杂志；而另一个弟子河东碧梧桐（1873—1937 年）则以激进的姿态提倡"新倾向俳句"，主张摆脱季语、五七调等形式的制约，强调个性与即事感兴的主观表达，促使了自由律俳句的产生。二者都是对子规俳论的特定角度的继承与发展，都对现代俳句产生了深远的影响。

日语中有一个词叫作"俳味"，与"茶味""诗味"一样，属于东方"味"论美学的一个概念。俳味，通常的解释是："俳谐所具有的情趣，轻妙、洒脱的韵味"（《大辞林》）；"俳谐所特有的文雅而有俏皮的趣味"（《新明解国语词典》）。看来，"俳味"这个词就是俳句审美趣味、美学特征的概括。纵观日本文学史上从古典"俳谐"到近代"俳句"的演变，从早期"俳谐"的谐趣、滑稽到古代俳谐的"风雅之诚""风雅之寂"的自然观照的态度和"高悟归俗"的人生姿态，再到写实与理想、积极与消极之美相统一的近代俳句，都有一以贯之的"俳味"在。而正冈子规的俳句理论本质上也就是俳味论，是传统俳味的现代阐释，也是传统俳谐理论的继承、扬弃与发展。

因此，要了解日本俳句，品鉴日本俳味，我们就很有必要翻译正冈子规的俳论。首先，从中国翻译史上看，子规作为文学大家，汉译太少，其俳论在日本现代文学理论与美学理论中占有重要的位置，却一直未有译介，这个空白应该填补。其次，随着中国读者对日本文化与文学学习了解的全面与深入，俳句作为日本的特色文学已经引起了很多读者的关注与兴趣。子规的俳论纵古论今，在俳句理论史上承前启后，有助于我们了解俳句的历史沿革、来龙去脉与美学面貌。不读子规的俳论，俳句许多问题就难以搞清。

日本"歌道"的传统与流变

——《日本歌道》译本序①

日本"歌道"即"和歌之道",是日本"艺道"包括歌道、茶道、画道、俳谐道、能乐道、花道、书道等诸道的一种,经历了上千年的发展流变,形成了一种传统,是一代代歌人、和歌理论家、学者关于和歌的创作、理论与学问研究的整体化、系统化的形态。② 而且歌道作为较早形成的一种"艺道",是一切其他"艺道"(诸道)的基础与美学底蕴,诸道都是"歌道"直接或间接的表现或延伸,因而理解"歌道"是理解"艺道"的前提。对"歌道"的理解,也是我们中国读者了解日本文化、理解日本人、认识日本民族审美文化精神的一个重要层面。

① 原载王向远译《日本歌道》(上海:复旦大学出版社,2020 年)卷首;另载《广东社会科学》2020 年第 3 期。
② 古典歌学的大部分文献著作大都收于现代学者佐佐木信纲编《日本歌学大系》(全十卷,风间书店,1975 年版)。

一、"歌道"的形成及其家学化

和歌是日本民族诗歌的独特样式，和歌创作既需要"歌心"的修炼也需要"词"与"姿"的锤炼，还有种种不同的独特修辞手法与艺术手段，需要长期学习，需要由"技"进乎"道"，于是就有了"歌道"一词。

"歌道"（歌の道）一词较早见于纪贯之（870—945年）的《古今和歌集·假名序》（905年），其中曾有这样一段话："当今之世，喜好华美，人心尚虚，不求由花得果，但求虚饰之歌、梦幻之言。和歌之道，遂堕落于好色之家。"在这里，"和歌之道"就是歌之道，简言之就是"歌道"，意思是和歌本来属于"道"，而不是华丽、虚饰、梦幻、好色之言，强调的是和歌非雕虫小技；又云："人麻吕虽已作古，歌道岂能废乎？纵然时事推移，荣枯盛衰交替，惟和歌长存。"这里的"歌道"含有"道统"即道之传统的意思，认为柿本人麻吕（《万叶集》时代和歌的代表人物）去世后，歌道不可荒废，须长存有继。《古今和歌集·假名序》被公认为日本和歌理论的奠基之文，同样也是"歌道"论的滥觞。

在纪贯之去世近一百年后，歌人源俊赖（1055—1129年）在《俊赖髓脑》（1111—1115年）一书中，仍然延续着纪贯之挽歌道于既衰的思想。源俊赖认为："当今和歌，却将古代歌人的乐感丧失殆尽，词不达意。身处当今末世，我不知如何才能恢复昔日和歌之鼎盛。"提出："和歌之道，在于能够掌握和歌体式，懂得八病，区分九品，领年少者入门，使愚钝者领悟。倘若不加传授，难以自悟；若不勤奋钻研，学会者少。"①强调歌道传承中和歌学习的重要性，俊赖所说的"八病"承袭的是藤原滨成（724—790 年）在《歌经标式》（现存最早的和歌论）中提出的"七病"，喜撰在《倭歌作式》中提出的"四病"，孙姬在《和歌式》中提出的"八病"。俊赖所说的"九品"指的是藤原公任（966—1041 年）在《和歌九品》中提出的"九品"，即和歌优劣的九个品级。这表明，源俊赖的"歌道"论本身是继承了此前三百多年间日本歌论传统的。《俊赖髓脑》序论的末段写道："和歌之道不继，可悲可叹。以俊赖一人之力，坚守和歌之道，经年累月不懈，却上不能得天子褒奖，下不能教世人理解。朝夕叹怀才不遇，日夜怨人生多艰。"他在日常政治生活中郁郁不得志，而将"和歌之道"作为精神寄托，反映出当时许多宫廷贵族的一种心理状态。当不久日本社会由平安王朝时代而进入武士幕府主政的镰仓时代之后，宫廷贵族在政治上失去的权力只有在歌学、歌道等审美活动中得以补偿和慰藉了。

源俊赖感叹并深恐"和歌之道不继"，但实则后继有人。藤原俊成（1114—1204 年）自小跟随源俊赖学习和歌，1197年，他应一位贵人之请求写出《古来风体抄》一书，在序言中俊成这样写道：

---

① 〔日〕源俊赖：《俊赖髓脑》，王向远译《日本古代诗学汇译》上卷，北京：昆仑出版社，2014 年，第 11 页。版本下同。

如今有贵人向我提出：您深谙和歌之道，就请您把如何才能表现歌姿之妙、辞藻之美，如何才能写好和歌等，写出来与大家共享，即使篇幅很长却也无妨。我确实深知和歌之道，犹如樵夫知道筑波山何处树木繁茂，渔民知道大海何处深浅，所以才承蒙提出这样的请求。世间有些人，仅知道和歌只要平易咏出即可，却并不予以深究。然而要深究此道，需要广泛涉猎，需要旁征博引，如此成书，绝非易事。为此，我上自《万叶集》，中至《古今集》《拾遗集》，下迄《后拾遗》及此后的和歌，以时事推移为序，在历代和歌集里见出和歌之“姿”与“词”的演进与变化，并加以具体陈述与分析。①

　　这里很清楚地显示出，在当时的宫廷歌人中藤原俊成被认为是“深谙歌道”的人，他自己也当仁不让地承认这一点。这里的“歌道”，不仅仅是纪贯之所指的和歌传统，也不仅仅是源俊赖《俊赖髓脑》中所指的和歌体式、技巧等艺术层面上的东西，而是一个包含着“道”与“艺”在内的完整的、统括性的概念。

　　首先，藤原俊成为和歌之道找到了更为高远的“道”作为依托，那就是“佛道”，即佛之道。他强调：“佛法为金口

---

① 〔日〕藤原俊成：《古来风体抄》，王向远译《日本古代诗学汇译》上卷，第145页。

玉言，博大精深，而和歌看似是浮言绮语的游戏之作，但实际上亦可表达深意并能解除烦恼、助人开悟，在这一点上和歌与佛道相通。故《法华经》中说：'若俗世间各种经书，凡有助资生家业者，皆与佛法相通。'《普贤观》也说：'何为罪，何为福，罪福无主，由自心定。'因而，关于和歌的论述，也像佛教的空、假、中三谛，两者相通。"① 藤原俊成的"佛法与歌道相通"这一论断在和歌道理论中极为重要，和歌之为"道"，根本就在于此。表面看起来，佛道"博大精深"，和歌则是"浮言绮语"，是"游戏之作"，两者显然有道与器之分，然而藤原俊成从功能论上见出两者的相通，就是两者的目的都是"解除烦恼、助人开悟"。而且，他认为和歌与佛法佛经一样，"亦可表达深意"，意即可以具有"道"的深刻度。和歌要有深度，歌人须有"道"之心。那么和歌要怎样才能与佛道相通呢？于是他提出"幽玄"这一概念。提出和歌之"心"（内容）与和歌之"姿"（亦称"词"）都要"幽玄"。俊成在多次"歌合"（和歌比赛）中担任"判者"（裁判），在给出的"判词"中，他每每使用"幽玄""幽玄之体""入幽玄之境"等用语，对当时著名的歌人西行、慈圆、寂莲、实定等人的作品加以高度评价，主张和歌的"心""词""姿""体"都要"幽玄"。"幽玄"在歌中的主要体现就是"心深"。为此，藤原俊成在《古来风体抄》中推崇源通俊的一句

---

① 〔日〕藤原俊成：《古来风体抄》，王向远译《日本古典诗学汇译》上卷，第 144 页。

话："辞藻要像刺绣一样华美，歌心要比大海还深。"①

在源俊赖所处的平安王朝末期，歌学崇信权威，歌道也出现了以"家学"为核心、为单元的若干宗派。源俊赖继承其父源经信的歌学，其子女有俊重、俊惠、俊盛、待贤门院新少将等，被称为"六条源家"；而以藤原显辅为源头，后继者有其儿辈清辅、重家、显昭，及孙辈显家、有家等一脉相承的歌学流派，以歌学的学问性、知识性、资料性的研究见长，被称为"六条藤家"；以藤原道长—藤原长家—藤原忠家—藤原俊忠—藤原俊成—藤原定家组成的历代相传的和歌家学，以理论上的建树见长，被称为"御子左家"。较之六条家的保守态度，"御子左家"对和歌创作采取的是开放、前瞻的姿态。

最终，"御子左家"一家独大，这与藤原俊成之子藤原定家（1162—1241 年）的能力与影响力密切相关。藤原定家继承并发挥俊成以"幽玄"为中心的歌道思想。在《近代秀歌》中，定家开门见山地指出："和歌之道，看似浅显，实则深奥；看似简单，实则困难。真正理解和歌者，仅极少数而已。"强调的还是歌道的"心深"及"幽玄"。为此，歌人就要有历史的纵深感，于是他提出了一种以学习古人——即所谓"稽古"——为主要途径的复古的、古典主义的"新的歌风"。在《近代秀歌》中他提出："'词'学古人，'心'须求新，'姿'求高远，学习宽平之前（亦即《万叶集》时代——引者

---

① 〔日〕藤原俊成：《古来风体抄》，王向远译《日本古典诗学汇译》上卷，第144页。

注）之歌风，自然就能够吟咏出优秀的和歌。"① 在和歌创作方法上定家则提出了所谓"本歌取"，亦即"取自本歌"的意思，主张将古人的和歌（"本歌"）的词语、立意、意境等各种要素加以借用和改造，从而以陈出新，化旧为新，以收新旧相成、古今相通之效，形成一种特殊的审美张力，使和歌别具一番美感。藤原定家的这些理念集中体现在他与藤原良经等五人合编的《新古今和歌集》中，也体现在藤原良经代为执笔的《新古今和歌集·假名序》中，其中有云："今人皆轻目前之所见，重昔日之耳闻，然今人若不及古人，应以为耻也。惟愿此歌集能探源析流，振兴歌道，纵经时光流逝，而使其经久不湮，随岁月推移而能代代流传。"② 这是一种慕古求新的态度。

藤原定家的"歌学"产生了深远影响。二百多年后，歌人正彻（1381—1459 年）在《正彻物语》中开篇写道：

> 歌道方面，谁要否定藤原定家，必不会得到佛的庇佑，必遭惩罚。
>
> 定家的末流有二条、冷泉两派，后又有为谦为代表的京极派，三足鼎立，正如大自在天有三只眼，三派相互抑扬褒贬。学习者何弃何取，难以定夺。应该

---

① 〔日〕藤原定家：《近代秀歌》，王向远译《日本古代诗学汇译》上卷，第173 页。

② 〔日〕藤原良经：《新古今和歌集·假名序》，《新编日本古典文学全集·新古今和歌集》，东京：小学馆，1996 年，第21—22 页。

将三家作为一个整体，取其所长，不可偏于一家。纵使做不到这一点，也要追慕定家的遗风，此乃进取之正道，其他途径无可替代。也有人不学定家，而学习末流之风体。但我认为，学上道者，可得上道，若不能至，心向往之；上道不能，中道可得。佛法修行以得佛果为目的，不能只是以修成声闻、缘觉、菩萨三乘之道为最终目的。难道不是这样吗？学习末流之风体，只模仿遣词造句，岂不可笑吗？无论如何，应该学习定家的风骨精神。①

这里把定家的歌道传统视为神圣，视为"上道"，而且与佛的奖惩联系到一起。这些话足以表明那个时期歌人们对藤原定家的推崇与膜拜，表明了定家已经完全成为歌道的守护神式的人物，其独一无二的歌道权威已经确立，成为歌道的象征、歌学的偶像。在这种情况下，一些和歌理论著作如《愚秘抄》《愚见抄》等等，都被冠以定家之名而流行于世。这些歌学伪书虽基本可以确定并非出自定家之手，但确实是对定家歌道思想的一种发挥与延伸，特别是在"幽玄""有心"的审美意识方面有更为细致的阐发。

在某种意义上说，从俊成、定家活跃的 12 世纪后期一直到 16 世纪，在长达三四百年间，定家的孙辈、重孙辈形成的

---

① 〔日〕正彻：《正彻物語》，《日本古典文学大系 65・歌論集 能樂論集》，东京：岩波书店，1961 年，第 166 页。

二条派（为藤原为世为代表）、京极派（以藤原为谦为代表）、冷泉派（以藤原为成、藤原为秀为代表）共三派，各从不同角度与侧面几乎完全把持了和歌从理论到创作的话语权，日本的歌学实际上成为了定家一族的"家学"。正因为有了这样的家学，才使古代"歌道"有了明确的、众所公认的传承人、责任人，也使歌道的传承落实到实处，有了保障。

二、从"歌道"到"连歌道"

和歌不仅是一种个人的创作活动，也被广泛运用于社交活动。古代的两人对咏到平安时代后期逐渐成为贵族社会的一种风气，发展为多人联合吟咏的"连歌"。连歌既然是一种集体活动，必然要求有一定的规矩规则，这叫作"连歌式目"。

谁来制定这些"式目"呢？藤原定家的后人们在"式目"的制定上仍然具有权威性，其中，以京都为中心的所谓"京连歌"以二条家的藤原为世（定家之孙）为权威，而幕府所在地镰仓的连歌式目则以冷泉家的藤原为相（定家之孙）为圭臬，他们各自制定了自己的连歌式目，相互竞争。到了室町时代，时任关白太政大臣的二条良基（1320—1388 年）凭借政治上的高位及和歌连歌的修养将两派统一起来。二条良基写了一系列连歌论的文章与书籍，包括《僻连抄》《连理秘抄》《击蒙抄》《愚问贤注》《筑波问答》《九州问答》《连歌十样》《知连抄》《十问最秘抄》等，对连歌各方面的知识做了整理概括，提出了包括连歌创作、吟咏、唱和、欣赏等在内的一整套"式目"，成为日本"连歌道"最重要的奠基人和建构者。此后，宗祇（1421—1502 年）写了《吾妻问答》、心敬（1406—1475 年）写了《私语》等著作，于是，由"歌道"而生发出了"连歌道"。

"连歌道"的出现标志着日本歌道的一种延伸、分化与转折，标志着和歌的个人性转换为连歌的集体性、和歌的抒发个人感情转换为连歌的联络集体感情、和歌的尊重个人内心感受转换为连歌的顾及歌会上的气氛养成、和歌的审美目的转换为连歌的社交目的、和歌的"物哀""幽玄"转换为连歌的对趣味性乃至滑稽性的偏重。所以在这个意义上，后世也有人认为连歌不是"艺术"而只是一种社交游戏。不过，二条良基、心敬等连歌理论家都是把"连歌道"与"歌道"视为同道的，认为两者都需要追求"心"与"姿"（词）的"幽玄"。

关于和歌、连歌之间的密切关系，心敬在《私语》中以佛道做比，认为两者都通于佛法。"和歌、连歌犹如佛之三身，有'法''报''应'三身，'空''假''中'三谛的歌句，能够即时理解的歌句相当于'法身'之佛，因呈现出'五体''六根'，故无论何等愚钝者均能领会。用意深刻的歌句相当于'报身'之佛，见机行事，时隐时现，非智慧善辩之人不能理解。非说理的、格调幽远高雅的歌句相当于'应身'之佛，智慧、修炼无济于事，但在修行功夫深厚者眼里则一望可知，合于中道实相之心。"[①] 这是从"道通为一"层

---

① 〔日〕心敬：《私语》，王向远译《日本古代诗学汇译》上卷，第 471 页。

面上而发出的议论。

同时，和歌与连歌有相通之处，也有不同之处，在《筑波问答》（1357—1373 年）中，二条良基明确地指出了歌道与连歌道的根本不同，他说：

> 和歌之道有家传秘传，而连歌原本就不靠祖上秘传，只以临场发挥、催人感动为宗旨。即使是高手，如果连歌听上去滞涩、不美，那也不会被人认可。①

又说：

> 连歌之道不能有违于世道，无论是多么有趣的连歌，违背道理的都不可取。所谓连歌的高手，就是连"てにをは"之类的助词都很用心，同时力求符合物理人情。假若不小心思路偏颇，吟出一句不合道理的歌，那就会使前后七八句都丧失价值。所以，慈镇法师曾深切地说过：佛法、世法，惟有道理两字而已。心正、词爽，即是治世之声，自有风雅的连歌。②

这也就是说，连歌之道重在临场的即兴性，还要注意

---

① 〔日〕二条良基：《筑波问答》，王向远译《日本古代诗学汇译》上卷，第243 页。

② 〔日〕二条良基：《筑波问答》，王向远译《日本古代诗学汇译》上卷，第244 页。

"不违世道"，即尊重当时一般人的常识与感受。这样一来，歌道的"家传秘传"就显得无关紧要了。所以他强调"和歌之道有家传秘传，而连歌原本就不靠祖上秘传"，从根本上否定了以往歌道的家学式垄断。可以说，连歌道的崛起特别是二条良基连歌理论的出现，使得藤原俊成—藤原定家一脉的"御子左家"的歌道从此走向了衰微。

三、歌的"国歌"化、"歌道"的"国学"化

进入江户时代后，特别是进入江户时代中期即公元 18 世纪以后，传统的"歌道"发生了根本的转折。歌道的传承者由此前的贵族阶层转到了以町人（工商业者）出身为主的学者手里。这些人面对当时鼎盛的汉学与儒学，面对刚刚从欧洲传入的"洋学"，逐渐形成了与之对立的"国学"观念意识，产生了日本的特殊的学问形态"国学"，出现了一批阐释日本文化独特性的国学家。这些国学家继承了此前关于"歌道"的一切遗产，极为珍视从《万叶集》到《古今和歌集》再到《新古今和歌集》的和歌传统。但是另一方面，他们对此前将歌学作为家学、将歌道作为私道的做法，一般都明确表示否定，特别是对 15 世纪以后将《古今和歌集》进行私家传授、秘不示人的所谓"古今传授"，都不表赞同。他们不主张把和歌之学搞成此前那种家学，而是普遍地将"歌学"作为"国学"来看待。这样，"歌学"就成为"国学"的最早形态，日本的"国学"即发源于"歌学"。于是，"歌学"的发展传承

之道即"歌道"，就由日本宫廷贵族的审美意识形态逐渐地普泛化、国民化，进而转换为日本人所特有的文化形态与审美形态了。

较早明确宣布"歌道"的这一转换的，是国学家荷田在满（1706—1751年）。1742年，他发表了一篇引起轰动的名文《国歌八论》。"八论"包括歌源论、玩歌论、择词论、避词论、正过论、官家论、古学论、准则论。其中心主题是主张和歌与政治、与道德无关，推崇和歌的辞藻与语言美，流露出娱情主义、唯美主义倾向，把《新古今和歌集》的"新风"和歌作为和歌的典范。尤其值得注意的是，荷田在满明确地把和歌称为"国歌"。他强调："我日本国虽为万世父母之邦，但文华晚开，借用西土（指中国——引者注）文字，至于礼义、法令、服装、器物等，都是从异邦引进而来。而唯有和歌，用我国自然之音，毫不掺杂汉语。至于冠词、同音转意等，均为西土语言文字所不及。这是我国的纯粹之物，应加倍珍惜。中古以后的宫廷贵族，因天下政务转移于武家，便有了闲暇，才开始雅好和歌，却称之为'我大敷岛之道'，此不仅不知和歌之根本，也是不知'道'为何物的无知妄言，不值一驳。"①这里所说的"敷岛之道"中的"敷岛"是古代地名，在大和国（今奈良县），古代曾有崇明、钦明两代天皇建都于此，所谓和歌乃"敷岛之道"，是说和歌起源于皇宫贵族，是宫廷贵

---

① 〔日〕荷田在满：《国歌八论》，王向远译《日本古代诗学汇译》下卷，第767页。

族文化的特殊产物，而荷田在满认为这是"无知妄言"，他既然把和歌视为日本的"国歌"，也就不会承认有什么所谓"堂上"（贵族）之歌与"地下"（庶民）之歌的分别，站在这样的立场上，荷田在满对当时公卿贵族的和歌创作与理论痛加抨击：

　　环顾现在的公卿贵族歌人，也只有区区两三人偶尔能作出刚强有力、用词恰当的和歌。其他人则以埋头吟咏那些调子舒缓的歌为能事。看看他们的作品，风情淡薄、风格柔弱，如同飘摇的柳枝。吟咏那样的歌有什么意思呢？以我之不才，那样的和歌拿起笔来，一口气写出几百首，谅无问题。而那些以舒缓为能事的人，一看到刚劲有力的作品，就说"那是下等人的东西，不算是歌"；或者说"那是俳谐，不是和歌"。而有人听到那帮公卿贵族的批评之词，意识不到自己受批评是因为自己比批评者高明的缘故，反而以为自己的作品不及那些公卿贵族，对他们的批评从来不抱怀疑。你把真正的和歌说成"不是和歌"，那你所根据的"当然之理"是什么呢？不说出个道理来，却妄自以贵族的眼光，一律斥之为"下等人的东西"，这就是当今那些贵族老爷的态度。①

――――――――――

① 〔日〕荷田在满：《国歌八论》，王向远译《日本古代诗学汇译》下卷，第772—773页。

与此相关地，对于中世以来的歌道权威与偶像藤原定家，荷田在满也加以大胆的批判。在回顾歌学与歌道历史的时候，荷田在满写道："到了后鸟羽天皇、土御门天皇时代，出现了藤原定家那样一个人。从那以后直到如今，不知何种缘故，人们都将定家卿奉为和歌圣人而崇信有加。然而实际上，定家卿并不见得懂歌学。为什么这样说呢？因为只要看看他所写的和歌及其他著述，就可知他对古代和歌的意思并不理解，对于古语的含义也有误解，有关的例证很多，不能一一例举。"① 他痛判歌人们对定家的盲信，同时极力推崇同时代的国学家契冲、荷田春满等对《万叶集》及和歌研究的成果，"相信不出数年，必有过半的学者会了解两人的思想精华并以抄写、传播契冲的著作为乐，从而打破对定家卿的盲目崇信，歌学也会由此走向正道。"②

　　另一位国学家贺茂真渊（1697—1769 年）也发表了题为《歌意考》《书意考》《国意考》《语意考》和《文意考》的系列文章，合称"五意考"，其中心思想是将日本固有的思想文化称为"国意"，将儒、佛等外来文化思想称为"汉意"。他认为"汉意"不符合日本的政道与现实。在《歌意考》中，他称日本固有的"歌道"（和歌之道）虽然看似无用，反倒可以成为治世之理；他反对拘泥于儒教义理，强调根植于天地自

---

① 〔日〕荷田在满：《国歌八论》，王向远译《日本古代诗学汇译》下卷，第776 页。
② 〔日〕荷田在满：《国歌八论》，王向远译《日本古代诗学汇译》下卷，第779 页。

然的日本固有之"古道"亦即"神皇之道"。他还指出，长期以来，外来的儒、佛之道遮蔽、歪曲了"古道"，因而必须加以排斥，回归纯粹的日本古道。为此他推崇《万叶集》中的上古和歌，认为学习万叶古歌，不仅可掌握歌道，而且还会学到"真心"，而万叶歌的"真心"正是天地自然的真心，亦即"大和魂"，从而将日本的"歌学"从"汉意"、从儒教朱子学的劝善惩恶的观念中解放出来。这些观点为他的学生本居宣长所继承光大。

"国学"的集大成者本居宣长（1730—1801 年）毕生都在研究日本之"道"。在本居宣长看来，"歌道"是日本之道的重要组成部分，为此他写了《石上私淑言》一书，以一百多条问答体的形式，回答了"歌道"这个词的古来演变，阐述了歌道的方方面面。他一方面认为汉诗与和歌情趣相同，"但随着世事推移，无论人心抑或风俗，均各有变迁，及至后世，我国与中国的差异越来越大，'汉诗'与'和歌'也迥异其趣"；① 他认为："汉诗虽有风雅，但为中国风俗习气所染，不免自命圣贤、装腔作势，偶尔有感物兴叹之趣，仍不免显得刻意而为。"② 强调和歌不同于汉诗的载道言志，可以表达一种纯朴的自然人性，表现"物哀"并使人"知物哀"才是和歌的本质。在本居宣长看来，"歌道"也仅仅是日本之道的一种表现而已，他写道："世人一般认为，和歌之道乃我日本大

---

① 〔日〕本居宣长：《石上私淑言》，王向远《日本物哀》，长春：吉林出版集团，2010 年，第 219 页。版本下同。

② 〔日〕本居宣长：《石上私淑言》，王向远《日本物哀》，第 220 页。

道。但堪称为'大道'的是'神道'。因历代学者受中国书之迷惑，以儒学的生硬说教解释我'神道'，遂至牵强附会、强词夺理。于是，大御神之光遭到掩蔽，率直优雅的神国之心也岌岌乎丧失殆尽，岂不可悲可叹！但另一方面，在歌道中却未失神代之心，则又殊为可喜。"① 说来说去，就是把歌道作为日本之道的一种载体。

"歌道"论发展到江户时代末期、明治维新前夕，开始由传统向近代转型，而代表这个转型的人物是香川景树（1768—1843 年）。香川景树在创作和理论上受其师小泽芦庵及《古今集》歌风的影响，反对贺茂真渊、本居宣长、平田笃胤等"古学派"的复古主义，体现了由传统向近代转型时期的某些特点。他写于 1812 年的名文《〈新学〉异见》是对贺茂真渊《新学》一书的复古主义的批判。该文将《新学》的初章（相当于绪论部分）拆分为十四段，逐段加以剖析批驳，从而申明自己的歌学见解。他指出，和歌是时代的产物，是不同时代人的感情自然而然的率直表现，具有不可重复与不可模仿性，不同时代有不同时代的和歌，因而现代人不必模仿古代和歌；他认为，《万叶集》的阳刚歌风与《古今集》的阴柔歌风都是时代使然，各有千秋，不能厚此薄彼。在《歌学提要》（1843年）中他更进一步强调，歌道必须顺应时代、反映时代，而不能模仿古人之歌。他说："模仿千年古人，虽然不奢不费，但后患却大。纵然可以返古，却背离今世，意欲何为？历朝历

---

① 〔日〕本居宣长：《石上私淑言》，王向远《日本物哀》，第 224 页。

代敕撰和歌集，有多少雷同？斗转星移，风俗变迁，皆非人力所能干预。如要返古，就如同堵塞流水，能够留住何物？结果必然是洪水四溢，愈加浑浊，泛滥不可止，永世不得清流。"①他主张一个时代应有一个时代之歌，和歌是时代的产物，因此他反对模仿古人，这就等于否定了历史上以藤原定家为中心的传统主义的歌道观。

四、传统歌道的近代颠覆

进入明治时代以后，西方文学的价值观特别是浪漫主义文学观影响到日本歌坛，人们以浪漫主义的个性张扬与个性解放来要求文学风格上的豪放与雄阔，并以此来看待传统和歌。如此一来，歌道传承下来的以物哀、幽玄为核心的美学观受到质疑与挑战，是可想而知的。

最早对歌道传统提出挑战的是与谢野宽（号铁干，1873—1935年），他反抗当时歌坛的陈腐气息，推动和歌的革新，与其妻与谢野晶子一起，成为和歌领域浪漫主义革新运动的急先锋。他的和歌创作一扫古风，风格激昂、雄壮、粗犷有力，喜欢用"虎""剑"之类传统和歌中几乎不使用的词，被称为"虎剑派"。他的和歌革新的主张集中体现在《亡国之音——痛斥现代无大丈夫气的和歌》（1894年）一文中。该文批判

---

① 〔日〕香川景树：《歌学提要》，王向远译《日本古代诗学汇译》下卷，第1047页。

"宫内省派"和歌的文弱纤细，抨击格局狭小的、女人气的和歌风格，主张格局宏大的、有"大丈夫"气的和歌，从现代浪漫主义精神的高度对传统和歌的审美趣味做了彻底否定。他把一直以来表现风花雪月、男女私情、物哀幽玄的和歌称为"亡国之音"。在当时，这的确是一种大胆的惊世骇俗之论。他自己也承认"盛世之中胆敢发此不祥之语是胆大妄为，但实乃不得已而为之"。众所周知，"歌道"一直被称为日本之道，是日本人的审美圣域与精神家园，现在却被指斥为"亡国之音"，于传统观念的日本人而言，与谢野宽的这些言论不啻为离经叛道之论。从这一意义上看，与谢野宽对传统歌道的颠覆是毫不留情的，是彻底的。

与谢野宽颠覆传统"歌道"，与香川景树一样反对复古主义，反对师古，主张师法自然，尊重个性。他写道：

> 大丈夫一呼一吸都是直接吞吐宇宙，以这种大度量来歌颂宇宙，宇宙即是我的歌。和歌须有师传，但师传只有在学习和歌的形式时是需要的，在和歌创作中的精神层面上则需要直接和宇宙自然融为一体。想依赖老师的怎样的谆谆教导呢？一呼一吸、吞纳宇宙这样的胸怀，是老师无法传授的。拥有这样的胸怀才能完成大丈夫的和歌创作。而现在的和歌诗人却没有这种见识，他们万事模仿古人，争论模仿的高超与笨拙，想依靠模仿而终其一生。

> 如果就和歌向他们提问，从他们马上就搬出

《古今集序》以及其他古人的和歌理论，鹦鹉学舌般地重复"和歌以人心为种"的行为来看，他们也肯定可以脱口吟颂出《古今集》《千载集》以及《桂园一枝》等前人创作的和歌，并把它们作为和歌创作的圭臬。他们只知道古人，现实宇宙自然中的音律已经许久不能震动他们的耳膜了。

小丈夫就是小丈夫，不可能在短时间里培养出大丈夫的度量。虽然模仿眼低手拙的古人也可以创作和歌，但正像狗只能弄懂狗的事情，青蛙只能弄懂青蛙的事，小丈夫最终也不能欣赏大丈夫气概的和歌。①

与谢野宽的这些"大丈夫"的主张，可谓发千年和歌史所未发。历来歌道的传承就是《万叶集》《古今集》和《新古今集》的传承，一直到香川景树，歌道史上不同的争论，实际上主要表现为推崇《万叶集》还是推崇《古今集》之争，而《古今和歌集·假名序》则是歌道理论的源头滥觞，历来被奉为不刊之论。如今，与谢野宽把这些都加以否定，也就等于把"歌道"的传统价值观都给否定了。

但是，从另一个角度看，这也标志着和歌的近代转型与浴火重生。从此，和歌不再是所谓"敷岛之道"，不再是贵族的雅玩，而是民众之歌。此前，歌道的一切清规戒律都只被作为

① 〔日〕与谢野宽：《亡国之音》，王向远译《日本古典文论选译·近代卷》上，北京：中央编译出版社，2012年，第89页。

历史遗产来看待。进入现代社会后，和歌这种日本民族诗歌的独特样式也和汉诗、外来的自由体诗一样，可以广泛地表现自然、社会、人生，百无禁忌，就连传统和歌的外在体式都可以突破，产生了口语体的和歌、自由律短歌等体式。日本战败后曾一度出现过"人民短歌（和歌）运动"，将和歌与社会政治密切关联起来，彻底超越了和歌"脱政治"的纯美性质，甚至还受到来自西方的现代派的冲击洗礼，出现了现代派的和歌。

当然，在这些与时代共进退的和歌起伏出没的背后，还有一个似乎超越时代的"歌道"传统一直默默地、低调地存在。同时也有不少人坚持以传统的、怀古的风格来吟咏和歌，标志着歌道永续的宫廷歌会也年年召开并为大众媒体所关注。传统"歌道"在现代条件下并未断绝，且成为日本审美文化传统中的重要部分。

后　记

　　我在《王向远文学史书系》的"卷末说明与志谢"中有这样一段话：

　　2020 年 1 月初，有出版界朋友建议我，将以往三十多年间出版的单行本著作予以修订，出版一套学术著作集……于是在二十多位弟子的帮助下，将已有的作品做了编选、增补、修订或校勘，编为二十卷。6 月份，当全部书稿完成排版后，被告知《"笔部队"和侵华战争》等侵华史研究的三部著作按规定须送审，且要等待许久。考虑到二十卷若缺少这三卷，就失去了"学术著作集"的完整性，于是决定放弃二十卷本的编纂出版方式，另按"文学史书系"（七种）、"比较文学三论"（三种）、"译学四书"（四种）、"东方学论集"（四种）几类不同题材，分别陆续编辑出版。

　　原定二十卷就这样拆成了四套小丛书。其中，《王向远文学史书系》（七种）先行编出并于 2021 年 9 月由九州出版社出版，《王向远比较文学三论》（三种）由广西师范大学出版社于2020年9月和2021年10月出版。现在这套《王向远译学四书》（四种）仍由九州出版社出版。

《日本美学译谭》作为《王向远译学四书》之一，所收录的译本序跋主要来自我主持翻译的三套丛书：一是吉林出版社出版的《审美日本系列》，二是上海译文出版社的《日本文学经典译丛》，三是复旦大学出版社出版的《日本味道译丛》，还有收于《国家社科基金后期资助文库》的《日本古典文论选译》（古代卷、近代卷）和收于《东方文化集成》丛书的《日本古代诗学汇译》。

我对这些日本美学原典的翻译开始于2008年，一直持续至今，今后若干年还将继续进行下去。其目标就是有计划地将日本传统美学及文论的名篇名著陆续翻译出来交付出版，以填补我国日本美学、文论翻译出版的空白，改变西方美学与东方美学汉译之间的严重不平衡状况，为中日美学的交流研究与比较研究，乃至东方美学的总体研究提供基本文本资料，更为一般读者的审美阅读提供选择。

作为译者，我很感谢吉林出版集团、复旦大学出版社、上海译文出版社、中央编译出版社，不二家出版以及一页等各家出版机构为出版这些译作所提供的支持，更感谢广大读者的热心购读。有了读者的青睐与支持，这些译本不仅没有让出版机构亏本，而且还成了常销书，甚至有几本书还成了名副其实的畅销书，多次重版重印，并且衍生了几种供"小资读者"阅读的精编本。如今，"物哀""幽玄""侘寂""意气"（色气）

与"涩味"等，已成为许多读者耳熟能详的审美概念。这些不仅可以表明我国读者阅读品味的不断提升，也可以表明审美阅读、审美共鸣是超越时空的，包括中国日本内在的东方审美文化是有着深刻的历史渊源、内在相通性和共鸣机制的，具有形成一个审美文化共同体的历史与现实基础。实际上，我的翻译工作的主要意义价值就在于此，现在又将这些译本序跋辑为一书，其根本宗旨也在于此。

本书的书稿经张焕香副教授校对修改，在此深表感谢！

王向远

于广州白云山下，广东外语外贸大学东方学研究院

2021 年 10 月 5 日